A LIBRARY OF
DOCTORAL
DISSERTATIONS
IN SOCIAL SCIENCES IN CHINA

中国
社会科学
博士论文
文库

"翻搅乳海":
吴哥寺中的神与王

"Churning the Sea of Milk": The God and the King in Angkor Wat

李 颖 著

导师 段 晴

中国社会科学出版社

图书在版编目（CIP）数据

"翻搅乳海"：吴哥寺中的神与王/李颖著 . —北京：中国
社会科学出版社，2016.8

（中国社会科学博士论文文库）

ISBN 978 - 7 - 5161 - 8142 - 3

Ⅰ.①翻… Ⅱ.①李… Ⅲ.①吴哥窟—建筑艺术—研究
Ⅳ.①TU - 098.3

中国版本图书馆 CIP 数据核字（2016）第 099858 号

出 版 人	赵剑英	
责任编辑	侯苗苗	
特约编辑	曹慎慎	
责任校对	周晓东	
责任印制	王　超	

出　　　版	中国社会科学出版社	
社　　　址	北京鼓楼西大街甲 158 号	
邮　　　编	100720	
网　　　址	http：//www.csspw.cn	
发 行 部	010 - 84083685	
门 市 部	010 - 84029450	
经　　　销	新华书店及其他书店	
印　　　刷	北京君升印刷有限公司	
装　　　订	廊坊市广阳区广增装订厂	
版　　　次	2016 年 8 月第 1 版	
印　　　次	2016 年 8 月第 1 次印刷	
开　　　本	710×1000　1/16	
印　　　张	17.5	
插　　　页	2	
字　　　数	286 千字	
定　　　价	66.00 元	

总　序

　　在胡绳同志倡导和主持下，中国社会科学院组成编委会，从全国每年毕业并通过答辩的社会科学博士论文中遴选优秀者纳入《中国社会科学博士论文文库》，由中国社会科学出版社正式出版，这项工作已持续了12年。这12年所出版的论文，代表了这一时期中国社会科学各学科博士学位论文水平，较好地实现了本文库编辑出版的初衷。

　　编辑出版博士文库，既是培养社会科学各学科学术带头人的有效举措，又是一种重要的文化积累，很有意义。在到中国社会科学院之前，我就曾饶有兴趣地看过文库中的部分论文，到社科院以后，也一直关注和支持文库的出版。新旧世纪之交，原编委会主任胡绳同志仙逝，社科院希望我主持文库编委会的工作，我同意了。社会科学博士都是青年社会科学研究人员，青年是国家的未来，青年社科学者是我们社会科学的未来，我们有责任支持他们更快地成长。

　　每一个时代总有属于它们自己的问题，"问题就是时代的声音"（马克思语）。坚持理论联系实际，注意研究带全局性的战略问题，是我们党的优良传统。我希望包括博士在内的青年社会科学工作者继承和发扬这一优良传统，密切关注、深入研究21世纪初中国面临的重大时代问题。离开了时代性，脱离了社会潮流，社会科学研究的价值就要受到影响。我是鼓励青年人成名成家的，这是党的需要，国家的需要，人民的需要。但问题在于，什么是名呢？名，就是他的价值得到了社会的承认。如果没有得到社会、人民的承认，他的价值又表现在哪里呢？所以说，价值就在于对社会重大问题的回答和解决。一旦回答了时代性的重大问题，就必然会对社会产生巨大而深刻的影响，你也因此而实现了你的价值。在这方面年轻的博士有很大的优势：精力旺盛，思想敏捷，勤于学习，勇于创新。但青年学者要多向老一辈学者学习，博士尤其要很好地向导师学习，在导师的指导下，发挥自己的优势，研究重大问题，就有可能出好的成果，实现自己的价值。过去12年入选文库的论文，也说明了这一点。

什么是当前时代的重大问题呢？纵观当今世界，无外乎两种社会制度，一种是资本主义制度，一种是社会主义制度。所有的世界观问题、政治问题、理论问题都离不开对这两大制度的基本看法。对于社会主义，马克思主义者和资本主义世界的学者都有很多的研究和论述；对于资本主义，马克思主义者和资本主义世界的学者也有过很多研究和论述。面对这些众说纷纭的思潮和学说，我们应该如何认识？从基本倾向看，资本主义国家的学者、政治家论证的是资本主义的合理性和长期存在的"必然性"；中国的马克思主义者，中国的社会科学工作者，当然要向世界、向社会讲清楚，中国坚持走自己的路一定能实现现代化，中华民族一定能通过社会主义来实现全面的振兴。中国的问题只能由中国人用自己的理论来解决，让外国人来解决中国的问题，是行不通的。也许有的同志会说，马克思主义也是外来的。但是，要知道，马克思主义只是在中国化了以后才解决中国的问题的。如果没有马克思主义的普遍原理与中国革命和建设的实际相结合而形成的毛泽东思想、邓小平理论，马克思主义同样不能解决中国的问题。教条主义是不行的，东教条不行，西教条也不行，什么教条都不行。把学问、理论当教条，本身就是反科学的。

在21世纪，人类所面对的最重大的问题仍然是两大制度问题：这两大制度的前途、命运如何？资本主义会如何变化？社会主义怎么发展？中国特色的社会主义怎么发展？中国学者无论是研究资本主义，还是研究社会主义，最终总是要落脚到解决中国的现实与未来问题。我看中国的未来就是如何保持长期的稳定和发展。只要能长期稳定，就能长期发展；只要能长期发展，中国的社会主义现代化就能实现。

什么是21世纪的重大理论问题？我看还是马克思主义的发展问

题。我们的理论是为中国的发展服务的，绝不是相反。解决中国问题的关键，取决于我们能否更好地坚持和发展马克思主义，特别是发展马克思主义。不能发展马克思主义也就不能坚持马克思主义。一切不发展的、僵化的东西都是坚持不住的，也不可能坚持住。坚持马克思主义，就是要随着实践，随着社会、经济各方面的发展，不断地发展马克思主义。马克思主义没有穷尽真理，也没有包揽一切答案。它所提供给我们的，更多的是认识世界、改造世界的世界观、方法论、价值观，是立场，是方法。我们必须学会运用科学的世界观来认识社会的发展，在实践中不断地丰富和发展马克思主义，只有发展马克思主义才能真正坚持马克思主义。我们年轻的社会科学博士们要以坚持和发展马克思主义为己任，在这方面多出精品力作。我们将优先出版这种成果。

2001 年 8 月 8 日于北戴河

摘　　要

　　取材自古印度神话的"翻搅乳海"主题，是吴哥艺术中较为流行的一个题材。相关的艺术作品，多以小型的门楣浮雕形式出现，但在吴哥寺中，这一主题被刻画在一面长达 48 米的大浮雕壁上，同时还在吴哥寺的正面及平面结构中都得到了表现。鉴于吴哥寺既是国王苏利耶跋摩二世表达宗教虔信的神圣场所，又是国王用以加冕、彰显至高王权的国庙，因此在吴哥寺中得到着力刻画的"翻搅乳海"主题，必然能够相应地反映出神性与王权的特质。本书的写作目的，即是以吴哥寺中的"翻搅乳海"主题艺术品（浮雕、建筑）为研究对象，对这一主题在吴哥寺中表现神王关系、彰显神王理念的实际功能进行综合的讨论。

　　本书主要采用图像学研究法，从艺术品的形式、内容和特定背景下的文化寓意这三个角度，以文献和社会历史记录作为主要依据，在特定历史情境下对主题艺术的表现形式、内涵及功能展开详细的分析。其中，综合运用多种文献是本书的一大特色。这些文献不仅包括源头故事《翻搅乳海》，也包括多种古印度宗教文化典籍。通过符号情境分析及单个符号分析，本书将吴哥寺"翻搅乳海"主题的核心意义，总结为以"君权神授"和"神王一体"为主要内容的神王理念。

　　在此基础上，本书进一步引入相关史料，从文化的角度，将神话中的"神"与现实中的"王"建立起关联，指出这一题材在吴哥寺内的存在意义，就是为吴哥寺神王文化提供可依附的神话情境，以引发联想的方式塑造神王偶像，达到维护君王统治的目的，并令其功绩永垂不朽。以此为建筑题材的吴哥寺，不论是寺庙的整体性质，还是朝向和通道行进方向等具体的形制设置，都相应地体现出了神王文化的特质。在神话的框架下，吴哥寺以自然现象结合人工造物，以苏利耶跋摩二世为中心，着力渲染

"君权神授"与"神王一体"，以求在群体心中引发对神王的广泛认同及长盛不衰的虔敬心。作为神王文化的物质承载体，吴哥寺也显示出极为明确的纪念性本质。随着历史情境与神王文化的不断变迁，吴哥寺在后世人群的认知中，又相继呈现出了"墓"和"庙"的面貌。

对于吴哥寺"翻搅乳海"主题艺术的探究，能为吴哥寺其他浮雕壁的解读提供有益的线索，也能为有兴趣了解吴哥寺及神王文化的读者提供一个新的认识视角。对于以主题造型艺术作为切入点的吴哥神王文化研究，也具有一定的参考价值。

关键词："翻搅乳海"　吴哥寺　神王

Abstract

"Churning the sea of milk", a motif derived from Indian mythology, is frequently depicted on small – scale relief sculptured lintels of Angkorian temples, while in Angkor Wat, a large bas – relief of the "churning the sea of milk" dominates across 49m of the eastern wall in the third gallery, and related representation could also be found in the temple's front view and its plan. Since Angkor Wat is not only a Vaishnavism temple to show the King Suryavarman II's religious devotion, but also a royal place for coronation, it is evidently that the "churning the sea of milk" scene in Angkor Wat implies the intrinsic meaning of both religion and kingship. In this dissertation, the author will present detailed exploration to this meaning and its function of revealing the relevance between the God and the King.

The research method is basically the iconological context analysis. In this book, the author presents detailed discussion from the aspects of form, content and intrinsic meaning of the "churning the sea of milk" scene in Angkor Wat under the guidance of various documental materials and historical records. The comprehensive application of various documental materials ranging from the reference stories to other religious classical texts is one of the most unique features of this book. Based on the analysis of the main context and single character, the author summarizes that the "churning the sea of milk" scene in Angkor Wat manifests the idea of God – King (Devaraja) consisting of Monarch power given by God and the God – King integration.

By consulting historical documents recording the King's process of ascending to the throne, the author creates correlation between the God in the myth and the King in real, and finally concludes that the significance and being value of the "churning the sea of milk" scene in Angkor Wat is to provide a sacred attaching context for Angkorian God – King culture in order to immortalize a God – king idol by associating the real king to the myth, so as to assert the king's authority and achieve his immortality. Under the frame of the churning myth, Angkor Wat serves as a meeting place of natural phenomena and manual work, depicting king suryavarman ii as a perfect god – king to envoke group identification. Meanwhile, as a material carrier of the god – king culture, Angkor wat also clearly shows its monument nature. With the transition of historical and cultural circumstance, Angkor wat's role has changed in people's cognition as royal cemetery and religious temple.

The research on the "churning the sea of milk" scene in Angkor Wat provides a new perspective for Angkor Wat study, and it is worthy of reference for the interpretation of other bas – reliefs in Angkor Wat. For the angkorian god – king culture study from the perspective of plastic arts, this book would also be helpful and of certain reference value.

Key words: "Churning the sea of milk"   Angkor Wat   God – King

缩略语

AV = Atharva Veda 阿闼婆吠陀本集

BEFEO = Bulletin de l'École Française d'Extrême – Orient 法国远东学院学报

CC BY – SA = Creative Commons Attribution – Share Alike 署名—相同方式共享许可协议

RV = Rig Veda 梨俱吠陀本集

ŚB = Śatapatha Brāhmaṇa 百道梵书

ŚBh. = Śrīmad Bhāgavatam = Bhāgavata Purāṇa 薄伽梵往世书

WYV = White Yajur Veda 白夜柔吠陀本集

目　　录

Contents

第一章

导　论

第一节　研究史回顾

西方对于吴哥遗迹的正式研究始于 20 世纪初，以法国远东学院（École Française d'Extrême – Orient）的考古学家为先驱和主力军。随着吴哥遗迹、遗物不断得到发掘和清理，一大批关于吴哥古迹的考古调查报告接连问世，在学界掀起了一股吴哥研究的热潮。这些报告展示了大量的考古成果和图片数据，为吴哥学的兴起和发展做出了极其重要的基础性贡献。而学者们对于建筑遗迹的修复与研究，也使得尘封已久的吴哥古迹重新焕发出数百年前的风采。由他们发现和整理的众多考古资料，以及著作中以物质资料为出发点的解析思路，多年来一直泽被后人。

早期法国远东学院的工作重心是对古迹进行发掘和清理，相关研究也主要围绕发掘过程中的考古发现展开，旨在以针对遗迹、遗物的勘测、发掘和整理为基础，以物质资料为出发点，对吴哥社会文化状况进行推演和论证。第一大类的成果即是对吴哥古迹内各个主要建筑遗址做综合介绍的考古笔记，包括让·考梅耶（Jean Commaille）撰写的《吴哥古迹指南》（*Guide aux ruines d'Angkor*）、莫里斯·格雷泽（Maurice Glaize）的《吴哥遗址》（*Le monuments d'Angkor*）等。这些著作对于众多古迹的形制特征及考古发现做出了综述式的讲解，并附有十分清楚的照片和结构示意图，其中大量宝贵的考古信息，奠定了吴哥学研究的基石。同时，学者们从考古经验出发，以实物对照实物，对古迹形制特征及建筑实际用途所做出的推测，也为后人提供了有益的思路。例如，博施（F. D. K. Bosch）借鉴古代爪哇的建筑风格来分析吴哥寺的形制成因①，这种跨文化比较的研究视角，是值得后人学习的。

在这一阶段，学者们开始对吴哥寺及其他寺庙中的浮雕图像进行考察，包括判断画面主题，说明主题的象征意义等。关于吴哥寺“翻搅乳海”主题浮雕壁，以乔治·赛代斯（George Cœdès）为代表的学者，在未做严格的文献比对的情况下，判定这面浮雕壁刻画的是天神与阿修罗为求永生不死而翻搅乳海，主题的核心理念是“不死”，进而认为这面浮雕表现的是国王苏利耶跋摩二世渴望永生的寓意。② 由于考古学家们当时在吴哥寺中发现了国王的石棺，寺庙的墓葬功能得到确认，吴哥寺“翻搅乳海”主题表现国王永生意愿的观点，在不追究文献细节的情况下，看似是说得通的。后来，随着不同时期的“翻搅乳海”主题艺术品在吴哥古迹内被频繁地发掘出来，学者们逐渐开始在脱离墓葬因素的情境之下，再度对这一主题的象征意义进行审视。与此同时，考古资料的日趋丰富，以及碑铭释读工作取得的巨大进展，使吴哥历史社会状况得到了进一步的细化，而针对吴哥艺术品的时代价值的讨论，也因此增添了新的视角。其中，贝纳德·格洛斯利耶（Bernard Philippe Groslier）在谈及吴哥王城“翻搅乳海”主题艺术时，已经注意到主题可能涉及王权方面的象征意义③，但由于缺乏充分的文献及史料从旁佐证，格洛斯利耶的观点只停留在推测阶段。而吴哥寺的“翻搅乳海”浮雕壁的文化内涵和象征意义，也因此始终未能得到充分的揭示。

20 世纪 90 年代初，随着越来越多的国家和机构加入吴哥古迹维护与研究的队伍，国际吴哥学研究又掀开了新的一页。1995 年 2 月，柬埔寨吴哥寺暨暹粒区域保护和管理局“仙女局”正式成立，在联合国教科文

---

① “Angkor Wat”通常被译为“吴哥窟”。这一名称是在柬华侨根据粤语发音（Wat = fat = “窟”）所作的音译。北京大学裴晓睿教授指出，将“Angkor Wat”译为“吴哥窟”实际不算恰当，因为其名称“Angkor Wat”的字面意义是“大城之庙”，与“窟”无关，将其译作“吴哥窟”从意义上来说并不准确，建议笔者将“吴哥窟”一名更改为“吴哥寺”。在此谨向裴老师表示感谢。在此须补充说明的是，“Angkor Wat”本身也并不是建筑的本名，而是在公元 16 世纪，它转变为佛寺后被赋予的新名称，因此“吴哥寺”一名并不能指示建筑本来的用途、建造意义和属性，我们不可因为这个名称便认定它是一座寻常的宗教寺庙。

② Henri Parmentier, *Angkor Guide*, Saigon：Albert Portail, 1950，p. 45.

③ Bernard Philippe Groslier, *Le Bayon*：*Inscription du Temple*, Vol. 2, Paris：Publication de EFEO（Mémoires archéologiques, 3），1973，p. 171.

组织及其他国家的帮助下，对吴哥古迹建筑群进行管理与研究。除了法国之外，日本、美国、印度、中国等国家也陆续派出专家，以单座或多座寺庙为对象开展维护和研究工作，开启了从科技角度入手、以现代技术手段为依托的吴哥学研究新潮流。吴哥学者的学科背景和研究领域进一步丰富起来，新的一批研究成果随之接连问世，吴哥学自此进入了一个百家争鸣的新阶段。

1996 年，美国学者埃莉诺·曼尼加（Eleanor Mannikka）的著作《吴哥寺：时间、空间与王权》（Angkor Wat：Time，Space and Kingship）在美国夏威夷大学出版。该书最大的亮点，在于将研究的焦点从物质遗迹本身转向了那些凝聚于物质载体中的显性及隐性文化，开始关注遗迹与吴哥社会的互动关系。作者从印度教宗教文化的角度，对吴哥寺中的若干考古数据及建筑设施的文化内涵进行了讲解，例如引入"因陀罗加冕"（Indrābhiṣeka）的概念①，来解释"翻搅乳海"主题的王权象征性，从而将格洛斯利耶的推测进一步清晰化了。虽然该书对于文献资料的运用仍然比较有限，分析中也遗留了一些问题，例如仍未准确、详尽地重建主题内容，未能构建起一个相应的社会历史情境，对浮雕角色的判断也存在若干值得商榷之处，同时也未能从历史角度对主题意义进行深入的剖析，但这并没有影响到这部著作的意义和参考价值。书中还对此前来自数学、天文等自然科学领域的学者对于吴哥寺的研究成果进行了整合与归纳，提出了寺庙天文学理论。②吴哥学研究的天地由此进一步变得宽广，显示出旺盛的生命力。

从上述研究历程中，我们能够看到前人在吴哥学领域创下的累累硕果，也能看到不同学术背景的学者，从不同的专业角度，采用各种研究方法与思路，针对同一个问题提出自己的见解。这种集合了多样性与开创性的学科特质，正是吴哥学的魅力所在，也是笔者尝试另辟蹊径，首度以一种主题艺术作为研究对象和切入点，综合参照物质遗迹和文献材料，开展吴哥神王文化研究的前提。与考古的吴哥学研究不同，本书以神王文化的物质承载体为研究对象，以神王文化作为研究内容，关注的是神王文化在

① Eleanor Mannikka, *Angkor Wat*：*Time，Space and Kingship*, Honolulu：University of Hawaii Press，1996，pp. 43 – 47.

② 参见 Robert Stencel, Fred Gifford, Eleanor Moron，"Astronomy and Cosmology at Angkor Wat"，*Science*，New Series，Vol. 193，No. 4250，Jun. 23，1976，pp. 281 – 287。

特定历史情境下的形式特质及背后的社会历史动机，这决定了本书的研究材料不能仅限于遗迹、遗物等实物，而是还必须引入各类文献、社会历史记录及口述神话等大量资料，作为重建符号情境及社会历史情境的主要材料，以此指导文化分析，并对假说进行证实或证伪。如果对古代社会文化的推演过程缺乏必要的文献支持，其结论也无法在特定的历史情境下被验证为合理，则研究本身便不免流于臆测，而这正是一项科学、严谨的文化研究所应尽力避免的。

有鉴于此，本书在研究过程中十分注重文献的使用，致力于展现吴哥寺神王文化在"翻搅乳海"主题浮雕壁及吴哥寺建筑中的体现形式，同时对一直悬而未解的若干文化谜题及特殊形制的成因做出解答，为以文化为进路的吴哥学研究做出微薄的贡献。仍需指出，虽然对文献及史料的运用是本书的一大特色，但求索文献本身也只是研究中的一个环节，针对古代物质文化遗产开展的研究，必须建立在详尽的测量数据、观察报告和结构图样等资料之上，而这些资料均来自前人留下的考古学成果。笔者才疏学浅，唯愿能站在众多巨人的肩膀上，迈出自己的一小步。

第二节　研究对象、框架及方法

吴哥时期，因受古印度文化传统的影响，宫廷不曾修纂篇幅冗繁的文字史籍，仅在一些寺庙中镌刻了少量用梵文或古高棉文写就的碑铭，简要记录国王开疆拓土、加冕称王的事迹。这些文字记录无疑是一把开启吴哥王朝历史文化宝库的秘匙，不过从广义上说，今人对于吴哥宫廷文化的了解渠道并不仅限于书写资料，还包括附着有一系列文化意义的图像造物和口述传说。[①] 在这些文化承载体中，神话与"真实历史"的分界线十分模糊，特定神话与某个历史事件、神话角色与特定人物之间存在着类比和模仿的可能性。国王往往被塑造为一个神圣的、理想化的偶像，他的统治受到最高神的庇护，王权神圣合法，不可侵犯。他本人则完美无缺，具备一切美德与神性。这种包含着"君权神授"和"神王一体"等内容的自我

---

① 曹意强：《图像与历史——哈斯科尔的艺术史观念和研究方法》，载曹意强、麦克尔·波德罗等：《艺术史的视野——图像研究的理论、方法与意义》，中国美术学院出版社2015年第3版，第47页。

神化，在很长一段时期内都被作为一种定型性的、对群体心理进行引导和控制的统治手段，为众多吴哥君主所采用。它通过雕塑、建筑等媒介在空间中被具体化，通过用建筑部件或图像标记宇宙周期节点而在时间中被现时化。① 它们与碑铭记录相互配合，是今人获取吴哥王朝社会文化信息的重要渠道。

在这些多姿多彩的造型艺术中，以"翻搅乳海"为主题的艺术品格外引人注目。这一主题取材于古印度梵语神话《翻搅乳海》，早在吴哥王朝建立以前便已成为寺庙门楣浮雕的流行题材，在吴哥时期各阶段的造型艺术中也频繁出现。鉴于《翻搅乳海》故事讲述的是天神如何在最高神的协助下战胜对手、赢得特权之事，不难猜测该主题背后的内涵及象征意义很可能就是来自上述有关神王的文化记忆。至于主题在不同时期表现出的形式差异，则应是由具体的社会文化情境造就的结果。在吴哥古迹内众多"翻搅乳海"主题艺术品中，吴哥寺"翻搅乳海"主题艺术的表现风格，在对前期作品有所继承的同时又有显著创新，并且极大地影响了随后的巴戎寺同主题艺术，不但具有很高的艺术价值，而且也为针对特定时期社会历史状况的研究提供了线索。同时，吴哥寺用于承载神王文化的建筑空间空前广大，围绕神王文化的种种表现形式也都富于新意，从"毗湿奴世界"到"吴哥寺"的名称变化也体现出神圣文化世俗化的典型历程，对于神圣文化研究有着十分重要的意义。

有鉴于此，本书选择以吴哥寺内的"翻搅乳海"主题艺术作为研究对象，具体包括位于寺庙浮雕走廊东部的"翻搅乳海"主题浮雕壁，和吴哥寺正面及平面建筑布局中的主题设置。其中，由于浮雕图像对于主题的表现比较直观、具体，而建筑正面及平面布局的主题表现形式则相对抽象隐晦，因此本书选择以浮雕图像作为研究的切入点。在系统分析浮雕的表现形式特质，并在文献的引导下构建图像内容和符号情境之后，再逐一解析图像符号的文化内涵，并在相应的寺庙结构中寻找对应部分，从而展现寺庙所承载的文化寓意。

这样的研究次序意味着，随着主题浮雕被成功解读，吴哥寺的文化象征性就能一并得到揭示。而相关的结论，又能为寺庙内其他主题浮雕及特

---

① ［德］扬·阿斯曼：《文化记忆：早期高级文化中的文字、回忆和政治身份》，金寿福、黄晓晨译，北京大学出版社2015年版，第31页。

殊设施的文化内涵提供解析线索。综观整个研究过程，研究对象由小及大，研究范围也从局部推至整体。存在于浮雕壁与寺庙建筑间的主题关联性，为我们提供了理解吴哥寺文化内涵的绝佳渠道，而研究深度由浅及深、从具体到抽象，则要求研究的总体框架应相应地按照艺术品的形式、内容和内涵这三个层次进行搭建。具体来说，即是以一种与艺术品实际诞生次序刚好相反的“再创造”的方式①，首先对艺术品的形式特质进行细致的观察与描述，并通过将其与不同时代的同主题艺术品进行比较，找出形式上的不同点，并就导致不同点的社会文化根源提出相应的假设；随后则应利用已收集到的图像信息，在相关文献的协助下还原相应的主题故事，重建符号情境，以便有效地发掘出图像中各个角色的文化内涵，并据此对假设进行调整；最后则须引入更多史料与文献，构建相应的历史文化情境，对假设进行验证。随着主题艺术的文化根源得到说明，它作为一种意识形态传播工具的实际功能，也便能一并得到揭示。这几个研究步骤，依次回答了“有什么”、“是什么”、“为什么”的问题，体现了研究过程的逻辑性，它们共同构成一部完整的图像学研究框架。②

　　需要指出，图像学理论虽以“图像”二字为名，但它的适用范围并不局限于二维图画，而是适用于一切有特定主题、以或具体或抽象的形式对其予以表现的造型艺术分析。同时，图像学理论指导下的研究也并非仅针对艺术品的形式风格进行艺术赏析，而是以其形式特质作为研究的切入点，借助多种文献及艺术品诞生时代的相关历史记录，在历史学、考古学、宗教学、政治哲学等多种学科理论的指导下，综合运用观察法、比较法、考据法等多种研究方法，系统探究艺术品背后的文化内涵及其实际功能。在分析过程中，附着于艺术品之上的有关神圣空间、宇宙周期、神话理念、宗教特质等众多文化元素将依次浮现于前，从不同角度展现出造就该艺术品的历史文化情境，而史料所记载的有关国王弑亲登基等实际局势，也令我们意识到主题艺术所负担的使命及其指向性明确的作用力。对于上述信息的成功发掘，就是本书对主题艺术的“再创造”行为的终点，

---

　　① ［美］埃尔文·帕诺夫斯基：《造型艺术的意义》，李元春译，台湾远流出版社1996年版，第13—14页。

　　② 这一框架基于潘诺夫斯基的“艺术形式与内涵”图像学理论和卡尔·波普尔的历史学“客观理解”理论搭建，意在保证研究过程及结果的客观性。

也是现实中艺术品诞生的起点。①

由此可见，科学的图像学研究以参考资料、涉及学科和研究方法的多样性与综合性为一大特色，这要求研究者尽可能多地掌握相关历史文化信息，同时也须根据研究对象的实际情况，在综合分析艺术品的创作背景、创作者身份、与源头故事的相似度等情境因素之后，有意识地对下一步分析所需要的信息范围进行限定和调整。在主题判定和符号情境重建环节，它体现为一种有针对性的筛查。例如，吴哥寺由婆罗门班智达主持建造，"翻搅乳海"浮雕的源头故事来自古印度两大史诗及印度教宗教经典，因此在图像分析过程中就应选择相应的文学文献及宗教经典作为主要参考。此外，在不同的社会历史情境之下，同主题图像的人物、布局等均会因实际表达需求而发生改动，例如，在早期"翻搅乳海"主题浮雕画面中，在须弥山顶上盛开着一朵莲花，花中坐有梵天；而在吴哥寺同主题浮雕壁中，位于须弥山顶上的是手握一件奇特器具的因陀罗。在探究此类差异的文学依据及更深层次的历史文化因素时，研究者需要收集和处理的信息范围更广，但这个过程本身并非毫无方向性，因为神话与历史所关注的都是高于群体的人、高于世俗生活的事件。正如浮雕中的因陀罗不会被用来类比一个寻常的村夫，研究者在探求神话与历史的关联性时，也应考虑到历史的服务对象与实际受益者的特殊性，到相应的人和事件中去寻找。

此外，图像学研究的综合性，还体现为研究者的主观感受与资料信息在研究过程中的相互配合。正如前文所述，对于艺术形式特质的准确把握，是后续分析的基石，它能否顺利达成，取决于研究者洞察力的敏锐程度。并且横亘在"创作者的表达"和"观者的理解"之间的鸿沟，也必须用研究者对往昔遗物的主观想象与富有人情的主观反应来充当理解之桥。② 但是，如果过分依赖主观经验，那么对于艺术品的理解就势必会流于非理性；而一旦完全去除主观经验，理解的基石就不复存在。③ 有鉴于

---

① ［美］埃尔文·帕诺夫斯基：《造型艺术的意义》，李元春译，台湾远流出版社1996年版，第12页。

② ［英］恩斯特·贡布里希：《艺术与人文科学 贡布里希文选》，范景中、杨思梁、徐一维译，浙江摄影出版社1989年版，第14页；曹意强：《图像与历史——哈斯克尔的艺术史观念和研究方法》，载曹意强、麦克尔·波德罗等《艺术史的视野——图像研究的理论、方法与意义》，中国美术学院出版社2015年第3版，第47页。

③ Elwin Panofsky, *Studies in Iconology*：*Humanistic Themes in the Arts of Renaissance*，Colorado：Westview, 1972, pp. 14 – 15.

此，为保证研究过程科学、结论可靠，研究者的主观感受与资料信息缺一不可，就好比一人腿瘸而有眼，一人有腿而目盲，必须二人通力合作，才能向正确的方向大步前行。

昔日王国维先生提出考古学二重证据法，主张以实物对照古籍，不断对考证过程和结论进行释正、补正和参正。① 这一方法的本质，正是借助相关的书写历史记录和各类文学宗教典籍，不断调整自己对于研究对象的主观印象，使"再创造"达到主观性与客观性的平衡。相比之下，本书在图像分析与情境重建的过程中引入大量资料，一方面对主题艺术品实物、书写资料和口述历史三者进行综合比照；另一方面将所研究的问题、对它的解答和历史文化情境进行相互修正，可算是在二重证据法的基础上进一步细分而成的"三重证据法"。而正如德罗伊森所述，对于视觉艺术史的探索，须综合使用技术的、社会的、形式分析及文献批评等方法，本书在每个具体的研究步骤中，也将根据实际需要，灵活选择研究方法。例如在图像描述环节，考虑到研究对象是融合了自然天象的大型石质造型艺术，笔者会在实地考察过程中，采用以记叙性描述为手段的观察法，以及比较同主题作品形式异同的比较研究法，以便全面、细致地掌握研究对象的形式特质；在分析环节，则会综合运用考证法、分析法及诠释法，利用多种文献与史料来复原艺术品的符号情境及历史文化情境，从而发掘出艺术品的文化内涵。

需要补充的是，由于文化记录本身同样受到社会时代、人群、宗教等多种因素的影响，若不加分辨、拿来即用，必会对分析结论产生误导。这就要求研究者即使在面对重要的信息来源、如隶属于"异邦古史"的中国游记史书时，也要将书中内容放在具体社会背景之下进行检视和考量。

第三节　题目相关说明

秩序位于存在共同体的中心，是人、神、宇宙、社会四者的交点。总的来说，它可被认为是一种能对事物或现象的发生、存在与消亡进行规律性约束的力量，它的存在使得有关"神"及"神圣"的概念在古人心中

---

① 王国维：《古史新证——王国维最后的讲义》，清华大学出版社1994年版，第2—4页。

诞生。① 在认识世界的过程中，古人逐渐意识到在种种现象背后都有某种力量在发挥这种约束作用，万物因此而井井有条地运作②，而对于这种力量，不同民族在不同时期的理解各不相同。其中一些民族发展出多神崇拜，进而察觉到众多现象会随昼夜、季节等周期更替而规律地生起和止歇，而昼夜、季节则是由太阳等天体的周期运行造就，并且天体运行的周期性也表明它仍受制于一种更为宏大的宇宙规律。这一认知促使这些人将秩序主导者即"神"与"神圣存在"的集团划分出泾渭分明的等级：众神中存在一个高于群体的领袖，他的领袖地位能追溯至推动宇宙生灭、体现终极真理的最高主宰，即创世神的意志。③ 在这个排序模型中，处在群体和最高神之间的群体领袖，地位至关重要（图1.1）。他是"世俗"与"神圣"的分界点，最高神的意志和力量须透过他而辐射至整个世间。他出于群体而高于群体，是兼具神性与王性的特殊存在。④

　　这个模型也适用于印度教文化认知中的存在结构。⑤ 婆罗门教多神崇拜始于吠陀时代，维护世间繁荣有序的众神之王在早期吠陀赞歌中便已出现，而更高级别的创世主则在较晚期登场。⑥ 到了随后的主神膜拜时期，群体与最高神的双重极端化使得这一排序得到进一步的明确，领袖在充当"相对世俗"与"至高神圣"的分界点之余，与最高神的联系也日趋紧密。许多印度教神话都有类似的叙述，当众神陷入危机时，必须且只能由

---

　　① 所谓"存在共同体"，即是由"神—人—宇宙—社会"共同构成的四元存在。秩序位于共同体的中心，神、人、宇宙和社会通过秩序发生彼此关联。此理论源由埃里克·沃格林提出，详见［美］埃里克·沃格林《秩序与历史　第一卷：以色列与启示》，霍伟岸、叶颖译，译林出版社2010年版，第40、43—45页。同时，自然界中的秩序引发人类对于神的印象这一观点，出自恩斯特·贡布里希的著作《秩序感》，详见［英］恩斯特·贡布里希《秩序感——装饰艺术的心理学研究》，范景中、杨思梁、徐一维译，湖南科学技术出版社1999年版，第6页。

　　② ［美］埃里克·沃格林：《秩序与历史　第一卷：以色列与启示》，霍伟岸、叶颖译，译林出版社2010年版，第42页。

　　③ Steven French, *The Structure of the World*: *Metaphysics and Representation*, Oxford: Oxford University Press, 2014, p. 94.

　　④ 这个排序模型在政治层面和宗教层面都适用。例如在政教分离的文化中，政治领袖与宗教领袖不是同一个人，但从政治领袖的角度来看，宗教领袖属于被自己统治的群体中的一员，而从宗教领袖的角度来看，政治领袖本身也属于世俗群体，所以二者并不相悖。

　　⑤ M. Krishnamachariar, *History of Classical Sanskrit Literature*, Delhi: Motilal Banarsidass, 1989, p. iii.

　　⑥ 观点详见 Alain Danielou, *The Myths and Gods of India*: *The Classic Work on Hindu Polytheism*, Rochester: Inner Traditions, 1991, p. 92；吠陀原文详见 RV. 1. 50. 1 – 7, 1. 136. 1 – 4 等篇章中献给伐楼拿、密多罗、雅利耶曼等多位太阳神的颂诗。

其领袖出面与大神沟通求助。而在相应的社会结构中，一个群体内必会诞生领袖，并且该领袖作为群体代表，必然高于一般世俗因而值得尊敬，但其神圣性在至高神与领袖的关系层面上缺乏如同太阳周期般自然存在的证据。当领袖管辖的群体越大、成员越复杂，领袖本人对于权威、群体认同和功绩不朽等的渴求越迫切，这种关系便越发必要。因此，为树立这种"神圣关系"，他会挑选一个发生在过去类似的情境之下、表现神王间神圣关系的神话来映射当下，借助"神圣过去"来定义现在，并使用诸如文本、图像、建筑、舞蹈等固定下来的客观外化物作为这种神王文化的支撑和载体。① 以印度神话故事为主题的吴哥寺造型艺术，正是在这样的情境和实际需求下诞生的。

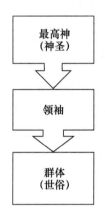

图 1.1　存在结构示意图

在吴哥时期，新任国君大多会举行由婆罗门主持的加冕仪式，表示自己接受最高神的任命，统治权为最高神所认可。② 仪式完成后，即被称为"神王"（Devarāja）或"世界之王"（Kamrateng jagat ta rāja）。这个头衔在定义统治疆域的层面上与印度的转轮圣王（Cakravartin）相似，但鉴于

---

① 关于文化记忆的叙述，引用自阿斯曼在著作《文化记忆》中的观点。详见［德］扬·阿斯曼《文化记忆：早期高级文化中的文字、回忆和政治身份》，金寿福、黄晓晨译，北京大学出版社 2015 年版，第 46 页。

② George Cœdès, "The Cult of Deified Royalty, Source of Great Inspiration of the Great Monuments of Angkor", *Art and Letters*, Vol. XXVI, 1952, pp. 51 – 53; Jean Fillozat, "Le Symbolisme du monument du Phnom Bakheng", *BEFEO* LIV, 1954, pp. 527 – 554.

它在神话故事中常被用于称呼因陀罗、梵天、湿婆等神明，当它被用作人间国王的称号时，比起"转轮圣王"显然更具有封神意味，并且相关神话也能由此介入，对当下产生影响。通过自比为一个理想化的神，国王身为凡夫所无法避免的道德瑕疵就将不复存在，夺权过程中的杀戮行为也能被解释为绝对必要、彰显大义的英雄之举。对于那些武力篡位的吴哥统治者来说，这种融合了"君权神授"和"神王一体"的神王文化，在论证王权合法性、稳固君王统治、实现功绩不朽等方面，都极为必要。

根据碑铭记载，吴哥寺之主苏利耶跋摩二世在年少时凭借武力推翻叔公陀罗尼因陀罗跋摩一世的统治，一举夺得王位，在位期间也多有征伐，战绩十分显赫。从他的继位过程来看，证明王权合法性的需求，以及功绩被永远铭记的希冀，显然都是存在的，但简单的碑铭内容并不能完全满足这一需求。他需要一个等级更高、绝对正确且不容置疑的认证者——最高神来为自己保驾护航，因此必须选择一件发生在神圣过去、已被证明绝对正确的相似事件作为范本，通过自我类比，将王权连同继位手段一并合理化。而《翻搅乳海》神话恰好就是这样一个理想的、能为统治者所用的神王故事。它以天界为背景，讲述神王因陀罗在最高主宰毗湿奴的扶持下，率领天神与阿修罗一道翻搅乳海，最终搅出不死灵药并成功夺回了宇宙控制权。故事实际是将宇宙周期中秩序战胜混沌的过程比喻为一场发生在合法者与非法者间的政治争斗，并且明确指出秩序一方的胜利，乃是源自最高神对其领袖的扶持，不但在社会层面上与寺内其他几幅"摩诃婆罗多"、"罗摩衍那"等主题浮雕的核心理念相一致，而且它对于存在结构的提示和明确的价值判断，也令现实中的领袖得以在"翻搅乳海"主题的框架下，借助宇宙周期现象，构建起有关"君权神授"及"神王一体"的群体认同，而领袖及其功绩也同时升华为神圣，实现不朽。

有鉴于此，本书选择以"翻搅乳海"作为主标题，即是对本书的研究对象和研究范围做出规定，表明论述将围绕吴哥寺"翻搅乳海"主题展开和深入；同时以"神与王"作为副标题，点明本书的研究内容是主题背后的神王文化和它在吴哥寺内的体现形式，以及它在特定历史时期下的意义与功能。须指出的是，"神与王"作为多神论文化存在结构中十分重要的一环，在本书的研究范畴内，既指《翻搅乳海》神话中的最高神毗湿奴与神王因陀罗，又指现实中致力于构建"君权神授"和"神王一体"的苏利耶跋摩二世与其膜拜的最高神，二者通过"翻搅乳海"主题而产生联系。在这一神圣关系的背后，凝聚了关于群体记忆、存在秩序及神圣时空等丰富多彩的文化内涵，对于这些内涵的发掘与整理，同样是本书的重要内容。

第四节 资料说明

本书的参考资料分为两大类，第一类是理论著作，涵盖图像学、历史学、神话学、考古学、宗教学、政治哲学等学科，主要用于构建本书的理论框架，为论述提供思路、理论依据和方法指导，协助从文化角度分析主题及其表达形式与特定时期的历史、宗教神话、哲学思想、政治理念之间的关联性，体现论题的普遍意义与价值。有必要说明，虽然瓦尔堡（Aby Warburg）、库尔茨（Otto Kurz）、贡布里希（Ernst Gombrich）等艺术史学家都明确反对理论在图像研究中的滥用，但艺术品就其创作地点、时代、创作者、资助者、建造目的等诸多因素而言各有差异，不能一概论之，并且对其历史文化内涵的全面、深入的探索，不仅需要大量资料的支持，也需要来自其他领域的多种稽考知识与方法论的积极参与和引导。一个科学的论证过程，必然不是先有理论、后有推导结论，而是在对艺术品的某一部分进行分析与验证假设的过程中，意识到理论的可适用性，以及存在于所研究对象与理论范例之间的联系，从而能将论题纳入更加广阔的学科体系下以展开对话，实现学术研究的基本目的。

考虑到研究对象是由古代君主斥资、由婆罗门主持建造的神话主题造型艺术，形式风格与前后期相比具有十分明显的独特之处，本书在针对图像的解析过程中选择综合参考福西永在《形式的生命》一书中提出的艺术形式理论、恩斯特·贡布里希的著作《艺术与人文科学》中的艺术功能理论与卡尔·波普尔于《历史决定论的贫困》中提出的"情境分析"方法论，在充分关注艺术形式及风格演变过程的同时，亦将主题艺术品视为一种解决实际需求、承载文化意义的产物，在大量资料的协助下，重新构建起艺术品诞生时期的社会历史情境，探寻主题艺术的文化寓意与实际功能。

在探讨吴哥寺作为神王文化物质载体的各方面特质时，笔者从扬·阿斯曼的著作《文化记忆：早期高级文化中的文字、回忆和政治身份》中获得重要启发，尝试从主题神话内容、表现形式、传播媒介、时间结构及

文化承载者等几个方面，系统解析吴哥寺中的神王文化内涵。值得注意的
是，阿斯曼在著作中指出，在文化的维度下，隶属于"绝对过去"的神
话与当下之间并不存在壁垒，这一点对于理解为何神话可作为当下人间事
务的指导与范例，以证明现世王权的合法性等问题极为关键，对于理解人
间君王成为一位神王偶像的过程同样至关重要。同时，这部著作对于纪念
文化的回溯性、现时性与前瞻性的论述，也极大地启发了笔者，对于本书
深入阐述吴哥寺主题艺术的实际功能极有助益。

在寺庙的神圣属性方面，本书在分析古印度宗教建筑相关资料、重建
历史文化情境的过程中，意识到吴哥寺的四方形形制、寺内结构的秩序性
特质及须弥山式布局等种种设置的用意，在于营造一个有神力显现于其中
的、有别于世俗空间的宇宙模型，供国王与大神在其内部建立起联系。这
一推测与米尔恰·伊利亚德在《神圣与世俗》、《比较宗教的范式》等著
作中阐发的关于"神圣空间与神显"的观点相应和，不但能为吴哥寺空
间形制的宗教文化内涵提供解读思路，而且也能从"神圣空间"的角度，
证实吴哥寺构建神王联系、表现神王文化的实际功能。

此外，为深入解析"翻搅乳海"主题在表现宇宙秩序及人类社会秩
序方面的双重属性，并论证宇宙秩序与社会秩序间的可类比性，本书基于
埃里克·沃格林在其著作《秩序与历史　第一卷：以色列与启示》中提
出的宇宙论国家的秩序历史观，以吴哥寺"翻搅乳海"主题艺术中的人
造秩序及宇宙秩序为切入点，通过系统探讨秩序如何将神、王、宇宙和社
会串连起来，从宇宙论国家秩序的角度论述"翻搅乳海"主题中的神王
关系在当下的意义，对主题作品的创作渊源和政治寓意进行考证与说明。

除上述理论著作以外，本书的第二类参考资料是那些能够配合论题的
特殊性、在特定对象及具体问题上提供必要信息或卓有洞见的专业资料，
包括考古资料、古印度文献资料以及古代文史资料。其中，考古资料主要
是指记录了重要数据信息的考古学笔记，对相关自然现象的观测分析报
告，以及古代碑铭记录等。古印度文献资料以印度教毗湿奴派经典《薄
伽梵往世书》（Śrīmad Bhāgavatam Purāṇa）及两大史诗《罗摩衍那》和
《摩诃婆罗多》为主，佐以《梨俱吠陀》（Rig Veda）、《阿闼婆吠陀》
（Atharva Veda）、《百道梵书》（Śatapatha Brāhmaṇa）、《广集》（Bṛhat
Saṃhitā）、《摩耶工巧论》（Mayamatam Vāstu Śāstra）等多种梵语文献。
"古代文史资料"则同时包含书写资料和口述传说，主要有来自古代中

国、暹罗等国的异邦文史材料，以及流传于高棉人中间的本土传说。这一类资料在论述过程中主要起到佐证和参考的作用。

在考古资料方面，"考古笔记"主要指法国远东学院考古学家撰写的考古学著作。其中既有针对整个吴哥古迹的考古综述，如艾提奈·爱莫尼尔（Etienne Aymonier）撰写的《柬埔寨：吴哥古迹及其历史》（Le Cambodge：Le Groupe d'Angkor et son Histoire）[1]，也有针对某一方面问题的专门讨论，如赛代斯的《吴哥寺浮雕》（Les Bas – reliefs d'Angkor Vat）。[2] 此外，还有针对建筑各个部分尺寸的完整记录，例如盖伊·纳菲利扬（Guy Nafilyan）编订的《吴哥寺：寺庙图解》（Angkor Vat：description graphique du temple）。[3] 这些考古笔记详细记录了吴哥寺及浮雕的形制特质和重要数据，对于吴哥寺建筑艺术史研究作出了极其重要的贡献，在本书的研究中发挥着基础性的参考作用。

"观测分析"主要指美国学者埃莉诺·曼尼加的著作《吴哥寺：时间、空间与王权》（Angkor Wat：Time，Space and Kingship）中的考古学内容。在这部书中，曼尼加对法国远东学院的吴哥寺考古笔记做了进一步的整理，并运用印度古代文化知识对建筑中的若干数据做出了令人信服的分析。此外，曼尼加还记录了吴哥寺及"翻搅乳海"浮雕壁对太阳年度周期节点进行标记的现象，从而令人意识到自然现象在人造艺术品中的重要参与。这部著作既有对前期考古笔记的再度挖掘，又有重要的观测发现，为后来的研究者提供了十分重要的信息。

"碑铭记录"主要来自法国远东学院考古学家乔治·赛代斯编译的《柬埔寨碑铭》（Inscription du Cambodge）。[4] 这部书将吴哥古迹中的多部铭文整理汇编并译成了法语，今人由此得以知晓吴哥君主的家族世系、登

---

① Etienne Aymonier, Le Cambodge：Ⅲ. Le Groupe d'Angkor et son Histoire, Vol. 3, Paris：Ernest Leroux, 1904. 其中，对于吴哥寺建筑的描述在该书第182—231页，对于吴哥寺浮雕的描述在第232—236页。

② George Cœdès, "Les Bas – reliefs d'Angkor Vat", Bulletin de la Commission de Archéologique d'Indochine, 1911, pp. 170 – 220.

③ Guy Nafilyan, Angkor Vat：Description Graphique du Temple, Paris：ècole Française d'Extrême – Orient, A. Maisonneuve, 1969.

④ 本书所使用的碑铭信息有一部分来自 G. Cœdès, Inscription du Cambodge, Vol. 5, Paris：E. de Boccard, 1954, 另一部分则摘自赛代斯在《印度化的东南亚国家》（The Indianized States of Southeast Asia）一书中引用该书的相关内容。

基时间等历史信息，并能借此还原当时的社会历史背景，从而在此框架内具体探讨吴哥寺庙的象征意义与实际功能。尤其值得一提的是，吴哥时期的神王文化，也是因为相关铭文被成功释读之后才引起了学者的注意，铭文在提供历史信息方面的重要性可见一斑。不论是重建主题创作时期的历史情境，还是验证关于主题实际功能的推测，铭文史料都是不可或缺的依据。

在古印度文献资料方面，本书立足于浮雕的图像信息，选择《薄伽梵往世书》及古印度两大史诗《摩诃婆罗多》及《罗摩衍那》中的《翻搅乳海》故事作为建构图像内容的主要参考。其中，两大史诗虽不属于纯粹的宗教文献，但一直在吴哥宫廷享有崇高地位，在民众中间也保有较高的认知度。[①] 选择这两部史诗作为浮雕的创作依据之一，是合理的。而《薄伽梵往世书》是印度教毗湿奴派最重要的大往世书之一，讲述了最高主宰毗湿奴在宇宙中的种种存在方式，揭示宇宙的终极真理。鉴于吴哥寺敬奉毗湿奴为最高神，在创作浮雕时参考《薄伽梵往世书》，也符合逻辑。不过，虽然浮雕中大部分角色都能在上述版本的故事中找到相应描述，但若干新符号的加入，仍提示了二次创作的可能性，图像与原版故事不能完全重叠。[②] 这就要求研究者在参考原版故事的同时，也必须注意到具体的社会文化因素的影响力。

除了《翻搅乳海》故事，本书使用的古印度文献资料还包括《梨俱吠陀》、《百道梵书》、《广集》、《摩耶工巧论》等众多梵语文献，主要协助本书进行角色分析和艺术形制分析，揭示人物和符号在印度宗教文化体系中的具体内涵。鉴于吴哥寺的主人苏利耶跋摩二世信奉印度教毗湿奴派，吴哥寺的设计者提婆伽罗班智达也是精通吠陀经典的婆罗门，在有关吴哥寺的研究中参考正统的印度教经典及相关论书实属必要。同时也要指出，虽然真腊在地理上距离印度文明中心地较远，但这种距离并未使相关文化的表现形式变得随意，而是反过来激发了人们对于印度教理念正统性

---

① 吴哥寺庙的经典题材，例如女王宫、巴方寺等，同时，从现存的古高棉语版本《摩诃婆罗多》和《林给》（Reamker，即梵文 Ramakirti 的高棉语变体，意为"罗摩的令誉"，是高棉版本的《罗摩衍那》）等文献及相关舞蹈剧作来看，两大史诗在广大人民群众中也十分受欢迎。

② Vittorio Roveda, *Image of the Gods*, *Khmer Mythology in Cambodia*, *Thailand and Laos*, Bangkok：River Books, 2005, pp. 4 - 5.

的强烈要求。① 从这一点来看，虽然学界一直避免在针对古代南夷诸国的文化研究中过分强调来自印度的影响，但在本书所涉及的具体论题中，对于根源文献的回溯仍是必要环节。

至于"古代文史材料"方面，首先是指异国人士对吴哥寺、《翻搅乳海》故事或真腊社会风土人情等方面的记述，例如元代周达观所著《真腊风土记》，以及流传于别国、对图像判定有所助益的神话传说，如暹罗版本的《翻搅乳海》故事。不过，由于这些资料本身带有异国文化色彩，在使用前，必须对它们在吴哥寺案例中的可参考度进行评估。就《真腊风土记》而言，它对吴哥寺的建筑功能有明确记载，但此书作者是异邦人士，写成时间也较晚，今人在利用书中信息时必须将这两个因素考虑在内。又比如，考虑到暹罗的印度教文化基本是由真腊传去的，《翻搅乳海》神话也不例外，因此暹罗版本《翻搅乳海》故事中的说法，无疑有助于判定浮雕中的某些有争议角色的真实身份。

此外，古代文史材料还包括流传于民间的吴哥相关神话传说。从本质上说，"翻搅乳海"主题作品，虽然取材自印度教神话，但在吴哥社会文化土壤的培植下，体现的是吴哥宫廷独有的文化特质。而广大群体作为这一文化的受众，他们对此文化的认同度，以及此文化在群体记忆中的变迁，均能通过这些流传于民间的口述信息被有效地传达出来。在神王文化记忆相关的分析研究中，这部分资料同样不可或缺。

第五节 研究目标

总体而言，本书希求达成的首要目标，是以整体视野做专业分析，力图在阐明吴哥寺及"翻搅乳海"浮雕壁的诸多特殊性的同时，也充分关注它们作为一种可激活的人类文化的普遍意义，使吴哥艺术研究不再局限于考古学或图像志分析的传统范畴，而能进入历史文化、政治哲学等人类学科研究的视野，参与到更广泛的学术对话当中。通过对神王文化进行溯源式的研究，本书力图将神王符号与民族认同结合起来，以期对当代高棉文化研究也做出一定的贡献。与此同时，本书虽以艺术主题背后的神王文

---

① 此观点由北京大学外国语学院南亚学系段晴教授向笔者建议，在此谨向段老师表示感谢。

化作为研究内容，但对于主题艺术品的形式特质也将予以充分的关注。此外，本书虽以特定地区、特定历史时期下的一种主题艺术作为研究对象，但为充分展示研究对象在形式及内容上的特质，分析中也会涉及同时期内同一地区的其他主题作品、前后期同主题作品、不同地区同主题作品等，力求能在一个较大的格局之下研究具体问题。

在专业层面上，本书的研究目标，可依照研究思路和具体步骤而细分为如下几项。

首先，在图像描述阶段，本书将从整体结构和细节的角度，对主题艺术的时代风格、材质、构图、动态表达等方面特质依次进行观察和描述，对其特殊的表达形式进行详细考察，并通过比较不同历史情境下同主题作品在表现手法上的差异，总结出研究对象的风格特质，以此作为研究的切入点，为随后的图像内容建构与情境分析提供必要的线索。鉴于主题艺术品的形式与内涵本就是一个和谐统一的有机整体，其文化寓意必然会在形式中有所体现，因此，准确地找出吴哥寺"翻搅乳海"浮雕壁在形式上有别于以往的特征，是科学研究的第一步，也是本书所要达成的第一个目标。

其次，对于多种古印度梵语文献的整理、翻译和使用，是本书研究的基础，也是本书的一大特色。在研究过程中，本书将在六个版本的《翻搅乳海》故事及多种宗教神话文献的引导下，比对和确认图像信息，建构图像内容、复原符号情境，并从中提炼出一个主要的思想，据此对主题艺术的创作动机作出假设，为随后的深入分析提供线索。在此过程中，浮雕中若干个长久以来身份存疑的符号，也会逐一得到判定和详细的解析。总体而言，在这一阶段，借助多种文献的指引，在主题艺术的形式与寓意间搭起桥梁，是本书所要达成的第二个目标。

在这之后，本书将引入更多资料，包括当地民众和异邦人士对吴哥历史文化的文字及口头记述，以复原吴哥寺"翻搅乳海"主题作品诞生时的社会历史文化情境，探寻主题艺术在该情境下的实际功能。具体来说，即是以历史对于当下的意义作为出发点，打破神话角色与真实人物、神话与历史、神之宇宙与人类帝国之间的壁垒，将艺术品的形式、内容与它诞生的那个历史时代结合起来，在隶属于久远过去及神圣领域中的"神"与当下的"王"之间建立起关联。这一步是本书研究的重点所在，也是本书所要达成的第三个目标。

在横向层面上，本书在对主题浮雕图像做出全面解析的同时，还将找出"翻搅乳海"浮雕与吴哥寺建筑结构（立面、平面）在形式和主题上的共性。这样一来，建构完毕的浮雕符号情境，以及主题在历史情境下的具体功能，就都能同时适用于解释吴哥寺。与此同时，在吴哥寺的主题和功能均得到明确判定以后，庙中若干处特殊的建筑形制，如面向西方的朝向、呈逆时针方向行进的回廊、具有特殊寓意的尺寸数字等，它们的成因和文化内涵，也就都能一一得到解答。这就是本书所要达成的第四个目标。

随着吴哥寺在特定历史情境下所承载的文化本质得到揭晓，本书也将在考据的基础上，针对学界长期争论的、关于吴哥寺的实际用途究竟是拜神还是殡葬的问题，提出自己的见解。在分析与验证结论的过程中，本书也将对元人周达观所著《真腊风土记》中的"鲁班墓"一名的由来做出必要的分析与说明。

第二章

吴哥概述

第一节　吴哥概况

"吴哥"是现代在柬华侨对于柬埔寨语词汇"Angkor"的音译名词，用以称呼位于柬埔寨暹粒省的一个大型古建筑遗址区。在今天，这片名为"吴哥"的古建筑区已成为柬埔寨最为绚烂夺目的一个文化符号，在全世界享有盛誉。从词源来看，"Angkor"源于梵语词汇"nagara"的柬文变体"nokor"，本意为"城"。元人周达观在其游记《真腊风土记》中将吴哥称作"州城"，正是基于此意。① 以"城"为名的吴哥，兼具社会学及地理学内涵。根据古印度工巧经典《摩耶工巧论》的记载，负有"naga-ra"之名的都市应当坐落在人丁兴旺的河边、丛林地区及王国的中心处②，应有众多商贾云集，各色人等混居。③ 反观今日的吴哥遗址区，它坐落在葱郁的柬埔寨东北部丛林中，又有暹粒河汨汨流淌而过，正是一座符合经典要求的理想之城。从自然环境来看，河流不仅能提供日常生活生产所需的水源，为商贾贸易、石材运输提供便利的航道，同时也凭借季节性的涨落，滋养当地土壤，使之利于耕种水稻及各种杂粮蔬菜。④ 而茂

---

① （元）周达观著，夏鼐校注：《真腊风土记校注》，中华书局1981年版，第43、46页。

② Bruno Dagens, *Mayamatam*：*Treaties of Architecture*, *Iconography and Sculpture*, New Delhi：Indira Gandhi National Center for the Arts, 1994, p. 93.

③ Ibid. , p. 95.

④ 时人主要是以修建小型水渠、水沟的方式，将流经荔枝山的暹粒河上游河水引到吴哥地区以灌溉农作物。详见 Nicholas Tarling, *The Cambridge History of Southeast Asia*, Vol. 1, part. 1, Cambridge：Cambridge University Press, 1999, pp. 230 – 231.

密的丛林则一方面为都城提供充裕的木材、枝叶及各类动物肉食；另一方面也是天然的屏障。一些学者分析，吴哥都城曾是世界上最大的城市之一，占地面积超过一千平方公里，人口逾百万。[①] 虽然今人无缘目睹过去城内人丁兴旺、车水马龙的景象，但从它水草丰美的自然环境、遗留下来的宽阔城门与道路、恢宏的高阁建筑等迹象中，仍不难想见昔日的繁华盛况。

据经典所言，被称为"nagara"的都市应位于王国的中心处。此处的"王国中心"，并不是地理上的区域中心，而是指该国社会组织结构及文化结构的中心，即一国之君所在之地。因此吴哥不仅是"城"，而且是国都（图 2.1）。《真腊风土记》所言之"州城"，其中的"州"字，正是古代汉人对于外国首都的特定称谓。[②] 也正因为"吴哥"一词的本意是"首都"，周达观在游记中将该国称为真腊，二者并不矛盾。今人在吴哥遗址区参观的一座座庙宇古迹，大多数都是曾经的众多国王在其都城的核心区域修建的纪念性建筑。在漫长的几百年间，国王们划定的都城区域不尽相

图 2.1　公元 10 世纪时的高棉帝国疆域图，都城吴哥位于王国的中南部

---

① Clive Ruggles, *Ancient Astronomy, An Encyclopedia of Cosmologies and Myth*, California：ABC - CLIO, 2005, p. 14.

② （元）周达观著：《真腊风土记校注》，夏鼐校注，中华书局 1981 年版，第 46 页。

同，各座中心建筑也因此而方位各异。它们就像一枚枚不断被安插在广阔画布上的图标，在古代中南半岛的大地上勾勒出了吴哥都城的大致轮廓。

总的来说，所谓吴哥古迹区，一般是指位于今天的柬埔寨暹粒省境内的一片面积约 400 平方公里的遗址区（图 2.2）。这片区域在洞里萨湖（Tonlé Sap）以北，覆盖了自公元 9 世纪到 15 世纪间，历任吴哥帝王建立的几处都城遗址，具体包括阇耶跋摩二世（Jayavarman Ⅱ，公元 770—835 年在位）建立的三座都城①拘底（Kuti）②、诃利诃罗洛耶（Harihara-laya）③、阿美连陀罗补罗（Amerendrapura）④，以及阇耶跋摩二世举行神王加冕仪式的地点荔枝山（Phnom Kulen，古称"大因陀罗山"：Mahendra Parvata）；还有耶输跋摩一世（Yasovarman Ⅰ，公元 889—910 年在位）建立的都城耶输陀罗补罗（Yasodharapura），及随后由阇耶跋摩四世（Jayavarman Ⅳ，公元 921—941 年在位）在耶输陀罗补罗以北 100 公里处，即今天的柏威夏省贡开（Koh Ker）地区建立的都城林伽补罗（Lin-gapura）。后来，罗贞陀罗跋摩二世（Rajendravarman Ⅱ，公元 944—968 年在位）又将都城迁回了耶输陀罗补罗，随后再未更改，直至公元 1434 年迁都金边。这片区域内的古迹相对集中，有闻名遐迩的巴肯寺（Prasat Bakheng）、女王宫（Banteay Srei）、巴方寺（Prasat Baphuon）、吴哥寺（Prasat Angkor Wat）、巴戎寺（Prasat Bayon）等多座宏伟的建筑，以及龙蟠水池（Neak Pean）、东巴莱水库（East Baray）、高布斯滨（Kbal Spean）等景观设施。它是各国观光客的主要游览区，也是大多数吴哥学者的主要战场。⑤

---

① 根据 Sdok Kak Thom 的碑铭，阇耶跋摩二世回归后（公元 781 年左右）的第一个驻扎地是因陀罗补罗（Indrapura），在今天的柬埔寨磅湛省。除了诃利诃罗洛耶之外，阇耶跋摩二世在因陀罗补罗、拘底、阿美连陀罗补罗都仅做了短暂的停留。

② 拘底在拘底室伐罗（Kutisvara）遗址附近，靠近班迭喀黛（Banteay Kdei）。

③ 即今天的罗洛斯（Rolous），在暹粒市东南面约 13 公里处。

④ 以阿约寺（Prasat Ak Yum）为中心，部分遗址在公元 11 世纪修建西巴莱水库（West Baray）时被掩埋。见 Jacques Dumarçay & Pascal Royère, *Cambodian Architecture*: *Eighth to Thirteenth Centuries*, trans. & edited by Micheal Smithies, Leiden: Brill, 2001, p. 46。

⑤ 必须指出，虽然国人将这些建筑称呼为"寺"，但它们在高棉语中均被称为"prasat"，对应梵语词汇"prāsāda"，意为"宫殿、高楼"。本书虽沿用中文的通用名号，但这并不代表本书接受"寺"的定义。笔者认为，与其将这些建筑勉强译为"寺"，不如称其为"宫"，更能贴合高棉语词的本意。

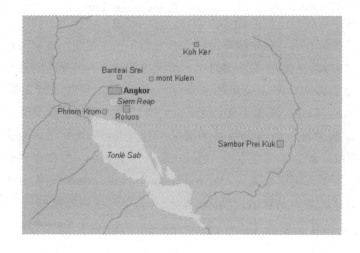

图 2.2 洞里萨湖以北的吴哥主要遗址区示意图①

　　早在吴哥都城建立以前，真腊国土上便已出现如伊奢那补罗②这样的著名大都城。在公元 7 世纪末，当时的真腊统治者阇耶跋摩一世（Jaya-varman Ⅰ，公元 657—690 年在位）将都城从伊奢那补罗迁往普兰陀洛补罗（Purandarapura③），随后王国陷入分裂，关于真腊的文字记录出现了近百年的空白，直至公元 8 世纪末阇耶跋摩二世结束分裂局面、建立集权统治，才再度连贯起来。④ 这段空白由此成为两个王朝的分水岭，而阇耶跋摩二世也因此被视作新王朝的开创者。在逐步消灭分裂势力的过程中，

　　①　图片作者为 Baldiri，发表在维基共享资源网（Wikimedia commons），依据 CC BY－SA－3.0 协议授权。资源地址为：https：//commons. wikimedia. org/wiki/File：Angkor＿ rodalies. jpg? uselang＝zh－cn。

　　②　由真腊国王伊奢那跋摩一世（Isanavarman Ⅰ，公元 616—637 年）建立的都城之一，遗址在今天的柬埔寨磅同省桑波坡雷古（Sombor Prei Kuk）。玄奘在《大唐西域记》卷十中，将它称作伊赏那补罗国，隋书则称其为伊奢那城。见（唐）玄奘、辩机原著：《大唐西域记今译》，季羡林等译卷 10 "传闻六国"条，陕西人民出版社 1985 年版，第 329 页；（唐）魏徵等：《隋书》卷 82《列传第四十七·真腊》，中华书局 1973 年点校本，第 1835 页。

　　③　意即"因陀罗城"。梵文"purandara"字意为"城堡破坏者"，是因陀罗的众多名号之一。

　　④　中国史书《旧唐书》中曾提及彼时的真腊已分裂为陆真腊和文单国（水真腊）一事，但目前尚未在柬埔寨当地及周边区域找到对应的碑铭记载。见（后晋）刘昫：《旧唐书》卷 197《列传第一百四十七·南蛮西南蛮》"真腊"条，中华书局 1975 年点校本，第 5271 页。

阇耶跋摩二世数次迁都，最终定都于诃利诃罗洛耶。① 这一都城在历经三任国君之后，又为耶输跋摩一世所弃。这位国王在洞里萨湖北面另选了一处新址作为都城，将其命名为耶输陀罗补罗，并在中心处修建起雄伟的国庙巴肯寺。后来，阇耶跋摩四世曾将国都短暂地迁至他过去管辖的林伽补罗，但仅过了不到 20 年，他的孙子罗贞陀罗跋摩二世便又将国都迁回了耶输陀罗补罗。此后如苏利耶跋摩二世（Suryavarman Ⅱ，公元 1113—1145/1150 年在位）、阇耶跋摩七世（Jayavarman Ⅶ，公元 1181—1218 年在位）等国王也都曾在别处短暂停留，但很快又都回归旧都耶输陀罗补罗，在该处建立起多座寺庙建筑。在公元 1170 年，耶输陀罗补罗曾遭到占婆的洗劫，随后继位的阇耶跋摩七世又在其原址上建起新都吴哥王城（Angkor Thom）。在他去世之后，王国受到大越（Dai Viêt）、占婆（Champa）及暹罗（Siam）的三面威胁，在随后的 200 年间持续衰弱。从公元 14 世纪开始，暹罗阿瑜陀耶王朝（Ayutthaya）三度劫掠吴哥王城。在连番战火的打击之下，国王波涅阿·亚特（Ponhea Yat，公元 1393—1463 年在位）于公元 1431 年被迫放弃了吴哥，历经几番周折之后，最终将新都定于金边。② 此次迁都，标志着由阇耶跋摩二世开创、延续 600 多年的吴哥王朝就此终结。

综上可见，吴哥作为王国首都的历史，同时也是柬埔寨王国在公元 9 世纪至 15 世纪间的发展史。"吴哥"不仅是古老的王国都城，而且还在古代高棉民族历史的巨流中，代表着王室定都吴哥的数百年辉煌岁月。遗留至今的诸多精美艺术品，无疑为人类文明的无限风景增添了瑰丽的一笔。值得一提的是，吴哥王朝的君王不仅会在都城中心修建国庙，而且也会在征战夺取的偏远地区修建地标性质的寺庙建筑，以昭示对该地的主权。例如骁勇善战的苏利耶跋摩一世（Suryavarman Ⅰ，公元 1001—1050 年在位）、苏利耶跋摩二世、阇耶跋摩七世等君主，都曾率领大军进行远征，统治范围在王朝鼎盛时期几乎覆盖了整个中南半岛。从这个角度来说，广义上的吴哥遗迹，并不局限于洞里萨湖北面的吴哥都城遗址区，而

---

① 诃利诃罗洛耶字意为"诃利诃罗所在之地"。阇耶跋摩二世定都诃利诃罗洛耶之后，又到荔枝山上举行神王加冕仪式，后又返回诃利诃罗洛耶，并在该处去世。见 Micheal Freeman & Claude Jacques, *Ancient Angkor*, Bangkok：River Books, 2006, p. 9。

② 当时的金边名为"Chatokmuk"，意为"四面"，因为金边是上湄公河、下湄公河、洞里萨河、巴萨河四条河流汇聚之处。当地人也将交汇于该处的河流称为四面河（Tonle Chaktomuk）。

是广泛分散在柬埔寨柏威夏省、磅同省、磅湛省、茶胶省、柴桢省、马德望省等地，乃至今日泰国、老挝等国境内。① 这表明"吴哥"一名不但能被用于定义一片有限的地理区域，而且也凭借其强大而绚烂的生命力，成为古代中南半岛文明的重要构成部分。

第二节　吴哥艺术史

今人对于吴哥王朝社会文化状况的认知，主要依赖于"有字的资料"和"无字的资料"。其中，"有字的资料"是指中国古代史书游记、当地铭文及书写材料中的民间故事，而"无字的资料"主要是指那些创作于吴哥王朝期间，包括织物、陶瓷、雕塑、金银器、寺庙建筑等在内的各类艺术品。得益于众多考古学家的长期辛勤发掘与整理维护，这些古老的珍品重获新生，在向世人散播美的同时，也从多个角度生动地展现了千百年前的社会风貌。其中，建筑及雕塑造像的规模较大，保存状况较好，样本较为丰富，因此吴哥艺术史学者多选择此二者作为研究对象。经由高棉工匠的巧手，这些杰作在数百年间陆续诞生，它们基本都以印度宗教神话为主题，而其创作动机、建造意义和价值都指向国王。这些因素在吴哥造型艺术的形式和寓意上都有明确的体现，成就了它那独一无二的特色。

从史料来看，高棉民族膜拜神祇、打造神像的历史不会晚于公元 5 世纪末。② 在中国的东晋时期，扶南王向朝廷进献的方物尚是驯象，到了南齐永明年间，贡品已换为神像、牙塔等工艺品，可见当时该国的工巧技艺已比较成熟。就实物而言，现存最古老的扶南神像创作于公元 6 世纪左右，刻画的均为印度宗教神话中的神祇，而保存状况相对良好的寺庙建筑则基本都建于公元 7 世纪以后。在随后的数百年间，吴哥寺庙由格局简单

---

① 柏威夏省境内有柏威夏寺及贡开遗址群；磅同省除了有桑波坡雷古遗址之外，还有建造于苏利耶跋摩一世时期的谷罗迦寺（Prasat Kok Rokar）、库哈诺科寺（Prasat Kuhak Nokor）等遗迹。泰国境内有披迈寺（Prasat Phimai）、荣寺（Prasat Rung）等。老挝境内有瓦普寺（Wat Phu）等，详见 Helen Jessup, *Art & Architecture of Cambodia*, London：Thames & Hudson, 2004, p. 84。

② 《南齐书》记载了扶南王憍陈如阇耶跋摩派遣天竺道人那伽仙为使节，前来拜见齐武帝一事，其中提及"其国俗事摩醯首罗天神"，"并献金缕龙王像一躯，白檀像一躯，牙塔二躯"。见（梁）萧子显《南齐书》卷 58《列传第三十九·东南夷》，中华书局 1972 年点校本，第 1009 页。

的独立塔寺，逐渐演化为由多种建筑元素构成的大型复合建筑群。这些建筑的选址和布局大多符合印度工巧经典的记述，并且从其塔式圣殿、瞿布罗塔楼、门楼、大厅等设置中，也能看出印度神庙建筑所特有的"大城"式风格（Nagara）和"达罗毗荼"式风格（Dravida）的痕迹。毫无疑问，吴哥艺术与印度有着不可分割的联系。不过，基于地理、民族等诸多因素，吴哥艺术在具体形制方面尤其受到周边文明的显著影响，其中又以爪哇及占婆为主。

　　最早的吴哥寺庙，在建造时间和地理位置上都与爪哇佛寺"婆罗浮屠"（Borobudur）及印度教庙宇"普兰班南"（Prambanan）相去不远（图2.3和图2.4）。从整体结构来看，婆罗浮屠那层层堆叠的阶梯式高台，以及众多小塔簇拥顶部中心大塔的攒心式布局，会令人联想到吴哥地区众多的"须弥山式"格局的宏伟庙山。不过，吴哥塔寺并非婆罗浮屠式的钟形塔，而是更近似于普兰班南式的尖顶菡萏塔，不同的是塔的规模较小，并且塔顶也不用阶梯式塔丛构成，而是以逐层缩小的假楼营造出塔尖，结构与占婆美山b3号寺庙（Mỹ Son b3）类似。同样地，吴哥雕塑艺术虽取材自印度宗教神话，但相较于印度本土雕像的千姿百态，吴哥圆雕在一段时期内与早期占婆神像更为相仿，呈现为程式化的、正面向前的笔，

图2.3　婆罗浮屠庙山。照片中可见其明显的台基结构和小塔簇拥的中央大塔

图 2.4　普兰班南印度教庙宇群——湿婆神庙远景①。
图中可见其楼层及顶部均以小型塔丛构成，整体呈现为上部收窄的菌菖式样

直站姿。并且人物的面貌、身形等也与印度、爪哇等地的风格不尽相同例如吴哥雕塑艺术的代表形象——天女阿普萨拉，不同于印度神女的丰肥浓艳，吴哥天女秾纤合度，容貌兼具写实性与艺术性，尽显高棉民族的审美趣味（图 2.5）。

　　从根本上说，吴哥艺术的上述特色，是多种文化长期融合积淀的结果。一方面，中国史籍及占婆碑铭记载的婆罗门男子与土著女王结合建立

---

　　①　图片作者为 Crisco 1492，于 2014 年 5 月 31 日分享于维基共享资源网（Wikimedia commons），依据 CC‐BY‐SA 3.0 协议授权。资源地址为：https：//commons. wikimedia. org/wiki/File：Main_ temple_ at_ Prambanan，_ 2014‐05‐31_ 02. jpg。

图 2.5　身材纤秀、笑容甜美的吴哥天女

扶南国一事①，正是古代高棉宫廷文化特质的部分写照。梵语经典文学如古印度两大史诗及往世书神话在宫中一直备受青睐，国王推崇印度正法，并聘请卓有声望的婆罗门班智达为国师，膜拜的也都是印度宗教中的神明，表明宫廷文化里无形、抽象的部分始终致力于维护和体现正统的印度神圣文化范式。另一方面，一种文化从中心地向外散播的过程恰如江流奔腾，离源头较远的地区所接收到的文化洪流中，必然挟裹着半途汇入的支流及沿岸的砂砾。这是因为，人不是被动地接受并原封不动地传播某种文化，而是会自觉地选择和调整其内容，使之适应本民族的价值观念、审美

---

① 在中国史籍《晋书》、《南齐书》、《梁书》中均有关于此故事的记载，书中将男子称为混填（晋书作"混溃"），女子名柳叶（晋书作"叶柳"），而占婆碑铭所记载的则是印度神话中婆罗门憍陈如与龙女苏摩成婚、建立古国 Kambuchea 的故事，柬埔寨（"Kambujea"）一名即是据此而来。详见（唐）房玄龄等：《晋书》卷 97《列传第六十七·扶南》，中华书局 1974 年点校本，第 2547 页；（梁）萧子显：《南齐书》卷 58《列传第三十九·东南夷》"扶南"条，中华书局 1972 年点校本，第 1009 页；（唐）姚思廉：《梁书》卷 54《列传第四十八·诸夷》"扶南"条，中华书局 1973 年点校本，第 787 页。

情趣和思维方式。吴哥艺术中的些许爪哇、占婆痕迹，正是因此而存在，并且也同印度文化一道成为吴哥艺术的养分。

随着时代与社会文化情境的不断变迁，于高棉文化土壤中生长绽放的艺术之花，在不同的历史时期呈现出各异的风貌，艺术史学者据此将高棉古代艺术史大致划分为三大阶段，即扶南时期（公元200—500年）、真腊时期（公元500—700年）和吴哥时期（公元802—1431年）。① 其中，吴哥造型艺术品较为丰富、保存情况也较好，相关历史信息也比较充分，学者们由此得以依据这些艺术品的大致创作年代、发现地点及形式特质，进一步将其划分、归纳出11类各具特色的风格，并在每一类艺术品所依附的主要建筑中选取一座作为该风格的代表，最终总结出一份按年代顺序依次排列的吴哥艺术时代风格总表（表2.1）。② 这份总表在地理上覆盖了吴哥王朝几大都城及若干重要寺庙在内的广大吴哥遗址区，在时间上跨越了从王朝建立直至衰微的数百年光阴，在艺术风格上囊括了遗址区内主要雕塑及建筑所隶属的样式类别，是吴哥艺术史的总纲领。

表2.1　　　　　　　按年代顺序排列的吴哥艺术时代风格总表

艺术风格（Style）	年代
荔枝山（Phnom Kulen）	770—875
神牛寺（Preah Ko）	875—893
巴肯寺（Bakheng）	893—925
贡开（Koh Ker）	921—944
变身寺（Pre Rup）	947—968
女王宫（Banteay Srei）	968—1000
喀霖（Khleang）	965—1010
巴方寺（Bapuon）	1010—1080
吴哥寺（Angkor Wat）	1100—1175
巴戎寺（Bayon）	1177—1230
后巴戎寺（Post Bayon）	1295—1308

---

① 此处划分依据来自柬埔寨国家博物馆网页的"高棉艺术史"一栏，网址：http：//www.cambodiamuseum. info／en＿ khmer＿ art＿ history. html。

② 这份总表系参照柬埔寨国家博物馆网页所列之高棉艺术风格编年史而制，糅合了吴哥寺庙建筑和雕塑艺术两大类，网址：http：//www. cambodiamuseum. info／en＿ khmer＿ art＿ history／style＿ period. html。

须注意的是，这份列表虽能大体概括吴哥造型艺术在不同时期展现出的艺术风格，但在实际研究中，也会出现某一时代的艺术品只有雕塑而没有建筑，抑或是建筑风格特征不明显或已毁坏、难以作为研究样本的情况。此外，吴哥王朝的大多数国王在继位后均会在都城中修建一座自己的国庙，为凸显自身优越性，每座寺庙通常都会在保持基本建筑元素的前提下力求与前代不同，因此寺庙建筑尤其能十分细致地展现出不同的时代风格。相较而言，雕塑甚少会在短期内产生显著的风格差异，其时代风格有时与建筑并不同步。这也要求研究者在对某一建筑或雕塑的时代风格进行研究时，不可机械地照搬这一张总结表，而须结合具体情况再做分析。

一　雕塑造像

吴哥古迹内的雕塑分为浮雕和圆雕两大类。圆雕即伫立于寺庙内外的独立式偶像，如印度教三大主神像、佛菩萨像和国王像，以及多头巨蛇、金翅鸟、狮子、大象、猴子等具有神性的动物造像，同时也包括以竹节窗棂、葫芦窗棂为代表的装饰性圆雕。其中，规模较大的神像多以各色砂岩和片岩为材质，而小型雕像则多采用青铜等金属做成。相比起来，浮雕虽不具备圆雕的立体感和厚重感，但在构图、题材及空间处理方式上更灵活，除了刻画宗教偶像形象及丰富多彩的装饰性纹样之外，也能充分发挥其雕塑语言的优势，生动描画取材自史诗神话与日常生活中的叙事场景。在材质方面，则主要依据浮雕所依附的建筑材料，分为砂岩、砖块和灰泥等。在数百年的发展历程中，吴哥雕塑造像艺术在技艺和象征性等方面持续变化，形成如表2.2所示的几类差别明显的时代风格。①

表2.2	吴哥雕塑造像艺术时代风格列表
艺术风格（Style）	年代
荔枝山（Phnom Kulen）	825—875
贡开（Koh Ker）	941—944
女王宫（Banteay Srei）	967—1000
巴方寺（Bapuon）	1010—1080
吴哥寺（Angkor Wat）	1100—1175
巴戎寺（Bayon）	1177—1230

---

① 此列表同样根据柬埔寨国家博物馆网页提供的吴哥艺术史相关信息而作。网址：http：//www. cambodiamuseum. info∕en_ khmer_ art_ history. html。

由表 2.2 可知，吴哥时期出现的第一类与前代有明显差异的雕塑艺术风格，正是以阇耶跋摩二世举行神王仪式的地点荔枝山命名的"荔枝山风格"。与真腊时代相比，这一时期的圆雕塑像整体均衡感更好，对于多臂神祇的重心处理也更加圆熟，逐渐摆脱了以往架设在神像背后作为支撑的石拱。神像脸形宽且圆，外观朴素无华，体形从此前的修长变为敦实厚重，呈现出与占婆早期相仿的程式化僵直站姿[①]（图 2.6）。随后在因陀罗跋摩一世及耶输跋摩一世统治时期创作的圆雕艺术品表现出了一些新的细节特征，例如神像形体更具有几何感，姿态固定、一律呈站立姿态面朝

图 2.6　"荔枝山风格"四臂毗湿奴圆雕[②]。
图中可见以往设置在多臂神像小腿后方起支撑作用的圆拱结构已被完全除去

---

① Emmanuel Guillon, *Hindu – Buddhist Art of Vietnam: Treasures from Champa*, trans. by Tom White, Connecticut: Weatherhill, 1997, p. 31.

② 图片作者为 Sailko，于 2012 年 10 月 30 日发表在维基共享资源网（Wikimedia commons），依据 CC BY – SA – 3. 0 协议授权。资源地址为：https：// commons. wikimedia. org/wiki/File：Cambogia，_ visnu，_ dintorni_ di_ prasat_ rup_ arak，_ stile_ din_ kulen，_ 800 – 875_ ca. _ 01. JPG？uselang = zh – cn。

前方等，但基本也都是"荔枝山风格"的延续和深化。不过，比起早期的荔枝山风格浮雕，创作于因陀罗跋摩一世和耶输跋摩一世时期的浮雕起位更高、纹样更为繁复精美，还首度出现了叙事性场景，是吴哥浮雕艺术的第一个高峰。一些艺术史学家据此又在总的"荔枝山风格"中进一步划分出了"神牛寺风格"（公元875—895年）和"巴肯寺风格"（公元893—925年）。

此后的第二大类"贡开风格"，因阇耶跋摩四世的新都城贡开（即林伽补罗）而得名。此类雕塑的最大特色在于颠覆了"荔枝山风格"神像在题材、姿态和造型上的僵硬感、正式感和单调感，雕像规模更大，主题、描绘对象及人物姿态多种多样，除人形神像外，各类动物神像也层出不穷，尤以刻画动态形象见长（图2.7）。此风格的圆雕代表作品如"摔角天神"雕像和"波林与须羯哩婆"雕像，浮雕代表作品如豆蔻寺"乘金翅鸟的毗湿奴"浮雕，人物形象均十分自然生动，肢体充满动感和力量感，整体富于戏剧性。部分艺术史学家在这一类中进一步细分出的"变身寺风格"（公元944—967年），实际可视作贡开风格的延续。此时期的

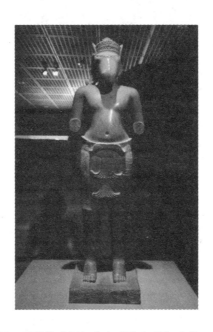

图2.7　贡开风格的毗湿奴化身"迦尔基"立像。神话中的
迦尔基骑着一匹白马，在造型艺术中也被刻画为马头人身的神祇

雕塑艺术在装饰方面仍相对简单，这一点在接下来的"女王宫风格"中发生了明显的改变。

　　10世纪末建成的女王宫，以遍布寺庙内外的精美浮雕著称于世。相较此前作品，这时的装饰性浮雕的起位更高，几近镂空，装饰花纹新颖多样，从走廊上的念珠窗棂，到遍布墙面、门楣及假门上的纹饰，无不精巧繁复，极具特色。同时，在这座寺庙的瞿布罗山墙上，也诞生了许多选材自两大史诗《摩诃婆罗多》和《罗摩衍那》、十分经典的叙事浮雕作品，如"孙陀兄弟争夺狄罗德玛"、"罗波那摇撼盖拉娑山"（图2.8）、"罗摩射杀猴王波林"等，画面细致，人物神态生动自然，富于装饰性和表现力。圆雕神像的面部特征虽基本延续贡开风格，但周身装饰更加精致，体现了极高的雕塑技艺水平。随后的"喀霖风格"（公元965—1010年）浮雕以门楣上雕刻各式各样的"时兽"图案为标志，装饰方面虽比以前有所简化，但大体上仍与"女王宫风格"相类似。

图2.8　女王宫"罗波那摇撼盖拉娑山"主题浮雕。
该主题出自印度史诗《罗摩衍那》，表现十首王罗波那妄图
撼动湿婆所在的盖拉娑神山，湿婆伸出一脚，将神山稳住的场景

到了巴方寺时期，圆雕的风格再次发生了显著的革新。通过将支撑点巧妙地转移到神像的脚踝处，雕像不再需要全靠重量来维持整体平稳，人物形体因此而一改往日的笨重宽厚，曲线变得更加修长优雅，雕像面部表情柔和安详，雕塑内部的力量感与美感达到了完美的和谐，显示了时人高超的圆雕水平（图2.9）。在浮雕方面，巴方寺风格的显著特质在于叙事性浮雕题材的多样化和整体规模的扩大化。在它的第三层台基回廊的外墙上，不但雕有取材自《摩诃婆罗多》和《罗摩衍那》的叙事场景，而且也有大量对自然界及民众日常生活的刻画。这些浮雕单个规模都不大，题材各不相同，彼此间也没有逻辑连贯性，而是以集合的方式组成大规模的浮雕墙，展现出叙事浮雕随寺庙规模的扩大而更具发挥空间的趋势。以巴方寺浮雕为先导，随后的吴哥寺及巴戎寺浮雕，在题材、布局和规模上又有了进一步的发展。

图2.9 "巴方寺风格"吉祥天女立像。女神身材苗条，腰髋曲线十分自然，肢体也不再僵硬刻板，比以往更为纤秀优雅

　　紧随其后的"吴哥寺风格"造型艺术，保持了"巴方寺风格"对于雕塑材质的熟练驾驭、对于形体匀称均衡的精准把握及装饰领域的高水准，代表着高棉古典艺术的最高峰。这一时期的圆雕作品表现出一定的复古倾向，例如神像再次变为一律正面朝前，造型回归静谧刻板等（图2.10）。与此相映衬的是，浮雕艺术以惊人的规模和表现力而大放异彩，浮雕不再是小型独立片段的集合，而是将一个主题的叙事场景刻画在一整面墙上，形成巨幅浮雕。这一改革使得浮雕的细节更清晰，表现力更强，图像内容和意义也更丰富。除了传统的史诗神话场景之外，吴哥寺浮雕中还首度出现了对于国王本人及皇家生活的刻画，而且针对传统主题的表现形式也多有创新，浮雕画面规模宏大，场景生动，细节精致，兼具丰富的艺术美感、文化内涵和象征意义。本书所讨论的"翻搅乳海"主题浮雕，正是此风格浮雕的翘楚之一。

图2.10　"吴哥寺风格"的毗湿奴立像。神像外貌和
神情趋于程式化，躯体也再度显现出几何感，给人以复古的印象

最后一类"巴戎寺风格"雕塑艺术品，在形式、文化内涵和象征性方面都表现出空前的综合性特质。这一时期的统治者阇耶跋摩七世信奉大乘佛教，但印度教文化及相关神话在宫廷中仍拥有一定地位，因此该时期创作的雕塑作品除了佛菩萨造像以外，也有取材自印度教神话的若干杰作。同时，这一时期的雕塑艺术越来越注重写实性，神祇的相貌不再如以往那般程式化，而是显现出更加人性化的俊美。一向只刻画神明的圆雕艺术，至此也出现了国王阇耶跋摩七世的形象（图2.11）。同时，比起以往偏重神话题材的寺庙浮雕，巴戎寺浮雕的题材更加广泛，覆盖了宗教神话、历史事件及普通民众的日常生活，规模则有大有小，形式更具多样性，作品的象征意义也因此变得更为复杂幽微。

图2.11 左图为"巴戎寺风格"的观世音菩萨头像，右图为阇耶跋摩七世头像

二 寺庙建筑

地处暹粒的吴哥古迹现存建筑遗址近千座，除斗象台、癞王台及龙蟠水池等设施以外，其余基本都是用以表达国王的宗教信仰与政治诉求的砖造或石造寺庙[①]，普通住宅则因使用木材等易朽坏的材料建造，均未能留

---

① 吴哥时期的寺庙建筑师也会采用黏土来修建地基及建筑内部的隐藏部分，详见 Micheal Freeman & Claude Jacques, *Ancient Angkor*, Bangkok：River Books, 2006, p. 29。

存下来。由于高棉王室自古便有山岳崇拜的传统，吴哥寺庙多采用"庙山式"结构，将存放圣像的塔式圣殿安置在层层堆叠而起的高台之上，模仿古印度宇宙观中的"神圣中心"须弥山，而环绕庙宇的围囿和壕沟则象征着环抱须弥山的群山与海洋，从而使寺庙成为一座伫立于人间的宇宙模型。显而易见，吴哥寺庙在其产生与发展的过程中受到了古印度建筑理念及相邻文化的影响，但古印度工巧类经典中的建筑原则和爪哇、占婆等地的建筑形制，在结合吴哥本地的自然地理状况、建筑意义需求、高棉民族文化及审美等诸多因素之后，于数百年间陆续造就的一系列寺庙建筑，无疑具有迥异于印度、爪哇及占婆庙宇的别样殊色。与吴哥雕塑艺术一样，这些建筑也可依照其时代特征的不同而被划分为如表 2.3 所示的几类风格①：

表 2.3　　　　　　　　寺庙建筑艺术时代风格列表

艺术风格（Style）	年代（公元）
神牛寺（Preah Ko）	877—886 年
巴肯寺（Bakheng）	889—923 年
贡开（Koh Ker）	921—944 年
变身寺（Pre Rup）	944—968 年
女王宫（Banteay Srei）	967—1000 年
喀霖（Khleang）	968—1010 年
巴方寺（Bapuon）	1050—1080 年
吴哥寺（Angkor Wat）	1080—1175 年
巴戎寺（Bayon）	1181—1243 年
后巴戎寺（Post Bayon）	1243—1431 年

在对照这份列表进行正式讨论之前，有必要对早期吴哥建筑，即被一些学者划归为"荔枝山风格"的几座寺庙先做简要的介绍。这些古庙据称全由阇耶跋摩二世下令修建，包括跪象寺（Prasat Damrei Krap）、聂达

①　本表系遵照《古代吴哥》一书所划分的吴哥建筑艺术风格而作。详见 Micheal Freeman & Claude Jacques, *Ancient Angkor*, Bangkok：River Books, 2006, pp. 30 – 31。

寺（Prasat Neak Ta）及阿兰陇琛（Aram Rong Chen）等①，建材均为粗制砖块和黏土，存放神像的塔寺呈独立的庙山式结构，浮雕装饰较少，均雕于嵌在外墙上的灰泥板表面。这一时期的庙宇建筑风格明显受到占婆的影响，但用假楼营造的菡萏式尖塔、装饰性的假门假窗等吴哥寺庙建筑元素已基本形成，显现出与纯粹的占婆或爪哇建筑风格都不相同的本土特质。这些特质又为随后的寺庙建筑所继承和发扬，衍生出多姿多彩的建筑艺术形式。有鉴于此，这组寺庙与桑波坡雷古遗址群同被誉为古高棉建筑史上的重要里程碑②，历来都受到吴哥学者的重视。

公元 9 世纪，当时的国王在国都诃利诃罗洛耶建造的一批以神牛寺、巴空寺及罗蕾寺（Lolei）③为代表的寺庙群，是吴哥建筑艺术史上位列第一的"神牛寺风格"建筑的范例（图 2.12）。从这些寺庙的建筑装饰风格中，不难窥见它们在过渡时期体现出的形式多样性。精巧秀丽的神牛寺和罗蕾寺依然体现出部分占婆特色，建筑整体采用红色砖块建成，布局为偶数砖塔平分为两排，全部面向东方。而与此同时，吴哥地区第一座以砂岩作为建材的庙山巴空寺也闪亮登场，它的外围由三层围囿、两条壕沟组成，墙内在四个方位基点上各设两座砖塔，簇拥一座阶梯金字塔式样的五层砂岩高台，顶层中央竖立一座高塔，整体呈现为一种以强调"宇宙中心"为特色的须弥山式格局④（图 2.13）。这一格局随后也为众多吴哥寺庙所采用。同时，这一时期寺庙的外部装饰浮雕显著增多，假门两侧及门楣处均饰以繁复优美的浮雕纹样，外墙上也用砂岩和灰泥嵌刻了各式神像，其精致美观毫不逊色于后来的女王宫及吴哥寺浮雕。⑤ 与爪哇及占婆

①　一些学者将荔枝山寺庙群的建造年代判定为公元 8 世纪末，但雅克·杜马谢（Jacques Dumarçay）根据寺庙显现出的爪哇风格印记，认为它们更可能建造于阇耶跋摩二世从爪哇归来以后，即公元 9 世纪初。详见 Jacques Dumarçay & Pascal Royère, *Cambodian Architecture: Eighth to Thirteenth Centuries*, trans. & edited by Micheal Smithies, Leiden: Brill, 2001, p. xxi. 不过，也因为这些寺庙的建造年代尚有争议，与桑波坡雷古遗址的建筑风格相比，差异也还不够显著，因此本书选择遵照多数吴哥艺术史学者的观点，暂不将"荔枝山风格"列入吴哥建筑时代风格中，而是以 9 世纪后期的"神牛寺风格"为始。

②　Jacques Dumarçay & Pascal Royère, *Cambodian Architecture: Eighth to Thirteenth Centuries*, trans. & edited by Micheal Smithies, Leiden: Brill, 2001, pp. 45－47.

③　罗蕾寺为耶输跋摩一世在新都城耶输陀罗补罗修建。

④　巴孔寺的中心塔并不属于"神牛寺风格"，而属于 12 世纪的"吴哥寺风格"。详见 Micheal Freeman &. Claude Jacques, *Ancient Angkor*, Bangkok: River Books, 2006, p. 198。

⑤　神牛寺与罗蕾寺的浮雕保存状况相对较好，巴空寺浮雕如今只剩部分残片。

风格有了相当明显的分化。

图 2.12　罗洛斯建筑群中的罗蕾寺。寺体以红砖造成，
外墙嵌有灰泥板，泥板上刻有精美的浮雕

图 2.13　五层砂岩台基、呈须弥山式结构的巴空寺

公元9世纪末，耶输跋摩一世迁都耶输陀罗补罗，并在都城中建立起巴肯寺（图2.14），建筑史上的"巴肯寺风格"就此问世。这座全用砂岩建盖的大型寺庙是耶输跋摩一世的国庙，依傍地势建造在海拔约60米的巴肯山上①，外围环绕壕沟，山顶建盖七层金字塔式样砂岩台基。② 最下方一层共建有44座砂岩石塔，从第二层起至第六层，每一层都规律分布着12座塔，顶层平台上则立有5座高塔，其中4座各自位于四个隅点之上，一座位于中心处，五塔呈现为四点攒心的须弥山式格局。同时，由于寺庙主体平面是一个近乎标准的正方形，并且每一层的小塔数量和布局都完全相同，所以这座中心塔也是整座寺庙的平面中心，各层叠加共计108座小塔都环绕在它的四周，使寺庙整体呈现为气势恢宏、结构完整的须弥山式构造。同样建造于这一时期、隶属于"巴肯寺风格"的寺庙建筑

图2.14 耶输跋摩的国庙巴肯寺，每层台基上均立有小塔③

---

① 据碑铭所述，巴肯山（Phnom Bakheng）在当时名为耶输陀罗山（Yasodharagiri）。见 Sak-Humphry, Chhany, *The Sdok Kak Thom Inscription*（K.235）: *With A Grammatical Analysis of the Khmer Text*, Phnom Penh: The Buddhist Institute, 2005。

② 所谓"七层"即是将修建有44座小塔的平地视为第一层，将修建有5座塔的最高一层视为第七层。

③ 照片作者为松冈明芳，于2011年8月18日发表于维基共享资源网（Wikimedia commons），根据CC-BY-SA 3.0授权。资源地址为：https://commons.wikimedia.org/wiki/File: Angkor_ Phnom_ Bakheng_ アンコール? プノンバケン_ DSCF4064.jpg? uselang = zh - cn。

还有科荣山遗址（Phnom Krom）和博山遗址（Phnom Bok）。这两处遗址都建在山顶，都包含三座建在砂岩平台上的石塔，中间的塔均高于两座侧塔，并且塔台周围出现了小型的配殿式建筑，它们正是后来设置在寺庙主体建筑前方的"藏经阁"的雏形。

　　紧随其后的"贡开风格"建筑，主要包括阇耶跋摩四世在其都城林伽补罗地区修建的一系列寺庙建筑。这些建筑采用红土、砂岩和砖块等多种材料建造，不单在地理位置上跳出了旧都诃利诃罗洛耶及耶输陀罗补罗的范围，并且在布局上也并未因循前期"神牛寺风格"及"巴肯寺风格"对于建筑中心的强调，而是极富创造性地起用了线性对称格局，其中又以"通寺（Prasat Thom）—普朗寺（Prasat Prang）双神庙建筑群"为典型（图 2.15）。这组庙宇沿一条东偏北 15 度方向的轴线依次排列，位于西侧轴线上的通寺建筑群多数已坍塌，仅余一座砖造的红塔（Prasat Krahom），位于东侧轴线上的普朗寺则保存状况较好。它那别具魅力的阶梯金字塔式建筑风格，从另一个角度反映出该时期造型艺术形式的丰富多彩，而双神

图 2.15　位于通寺后方的普朗寺。该建筑呈现为阶梯金字塔式样①

庙建筑群那独特的线性格局，也对后来的女王宫及柏威夏寺的格局产生了重要影响。

数年后，罗贞陀罗跋摩二世将都城迁回耶输陀罗补罗，并在东巴莱水库（East Baray）南面建起国庙变身寺（Pre Rup）。这座寺庙采用红砖、红土及红砂岩建盖，外围由两层砂岩围囿环绕，主体为一座由三层红砂岩台基堆叠而成的庙山，顶部伫立五座砖塔，呈四面攒心的经典须弥山式格局（图2.16）。在这一时期，吴哥寺庙标志性的十字形瞿布罗塔楼、环绕回廊等更为复杂的建筑结构开始出现，问世于巴肯寺时期的藏经阁也重回视野，并从以往的零散布局调整为在通道两侧对称排列，增进了建筑的秩序之美。随着吴哥建筑师们的建造技艺日臻精湛，以变身寺为起始，寺庙建筑风格在结构上开始力求繁复，由早先相对简单的独立式庙宇逐渐转型为组合式，"变身寺风格"也由此成为后来的"巴方寺风格"、"吴哥寺风格"等华美乐章的前奏。

图2.16 变身寺，又名变身塔，是罗贞陀罗跋摩二世的国庙。
因塔寺墙根处有烧灼痕迹，过去曾有人猜测它是皇家火葬场

与变身寺同一时期建造的女王宫，以其精致小巧著称于世。它由罗贞陀罗跋摩二世的大臣毗湿奴鸠摩罗和耶耆那婆罗诃斥资修建，建材为红砂岩和少量砖块红土，全寺由三层长方形围囿、壕沟及圣殿建筑群构成，一条中轴通道自东向西贯穿围囿，相交处均修建有瞿布罗塔楼，塔楼两侧沿围囿向南北端延伸成为回廊。在三层围墙的内部，设有圣殿及两座分别位于东南角和东北角上的藏经阁。其中，圣殿塔群立于一个"T"字形台基上，共由三座坐西朝东的砂岩塔组成，位于中间的主塔较为高大、位置略微靠前，在其入口前方设有一座门厅，与主塔以一条短走廊相连（图2.17）。这种门厅使得吴哥建筑结构进一步复杂化，精致度也进一步提高，随后也被广泛运用于吴哥大型寺庙建筑之中。

图 2.17　女王宫主塔及其前方的门厅，在山墙、门框处均雕刻有极为精致的装饰性花纹

随后的"喀霖风格"，以建造于阇耶毗罗跋摩（Jayaviravarman，公元1001—1006 年在位）时期和苏利耶跋摩一世时期的两座名为"喀霖"的建筑为代表。① 这一时期的建筑全部采用大块砂岩建盖，在一定程度上恢

---

① "喀霖"共包括北喀霖和南喀霖两座建筑，北喀霖的建造时间比南喀霖要早数十年，建造规模也稍大，表面的装饰浮雕更多。"喀霖"一词的字面意义是"仓库"，一些学者据此推测它们曾用于储藏皇室珍宝。但从其建筑规模及浮雕主题来看，另一些学者认为它们不太可能真的用于储藏物品，而更可能是当时提供给国外使节及王公贵族的下榻之处，同时也用于举行某些宗教仪式。建造于同时期，也隶属于这一风格的还有茶胶寺（Prasat Ta Keo）和空中宫殿（Phimeanakas）。

复了巴肯寺式的宏大规模。诸如通道入口处的瞿布罗塔楼、成对的藏经阁、庙前十字平台等此前已有的建筑元素，至此也依然保留着。与此同时，这些建筑也展示出若干新特质，除了有经典的正方形建筑平面之外，也出现了适用于建造厅堂的长方形平面。建筑表面的装饰浮雕风格则从精致繁复转为质朴优雅，反映出以精致小巧和富于装饰闻名的女王宫风格向着大型建筑过渡的特点。此外，隶属于这一风格的建筑如茶胶寺、空中宫殿等均在台基上建有长廊（图2.18），相邻两根廊柱之间则设置为窗户，窗上多饰以数量相等的竹节窗棂。这种新颖的台基长廊，是"喀霖风格"的典型特色之一，它使寺体比起以往更显庞大，结构更复杂、更具美感，在后来的巴方寺、吴哥寺等大型寺庙中也得到了精彩的运用。

图2.18　隶属于"喀霖风格"的茶胶寺（Prasat Ta keo），其台基上建盖有标志性的长廊

公元11世纪中叶，于喀霖时代回归的恢宏、壮美的建筑风格，在优迭蒂耶跋摩二世（Udayadityavarman Ⅱ，公元1050—1066年在位）的国庙巴方寺中得到了延续和发展（图2.19）。这座寺庙依旧全面采用大块砂岩建盖，寺庙主体部分由五层台基堆叠而成，奇数台基的四个方向上均设有横展长廊，从中不难看出"喀霖风格"的影响。与此同时，巴方寺也展现出许多新的特点，例如平面布局不再紧凑简单，寺庙不再被完全局限于一道围墙以内，而是在围墙外另设一座塔门作为入口，门后修建一条长达200米、由排排石柱托高的砂岩栈桥，桥的中段又设一座十字厅堂，其西侧尽头与寺庙的长矩形围囿相连。这一布局巧妙地利用了加长的桥梁，无须占用过多空间便营造出寺庙空间的广阔感。虽然巴方寺如今已多处坍塌，但从现存遗迹中仍可感受到它那兼具宏大与精美的艺术特色，并且在随后建造的若干寺庙内，也能清晰地看到这一风格的影响力。

图2.19　巴方寺一览。图中可见巴方寺的台基结构、开放式台基回廊及长步道等

　　巴方寺之后，苏利耶跋摩二世的国庙吴哥寺雍容登场。此风格寺庙的一大特色在于巧妙运用长廊、回廊等建筑元素，使寺庙的平面布局和空间结构进一步变得复杂和有序（图2.20）。以吴哥寺为例，与喀霖和巴方寺的长廊相比，吴哥寺利用角塔门、廊门、阶梯及十字通道等多种设施，使走廊不仅能完整环绕台基一周，而且彼此贯通，从以往较简单的线式发展为四通八达、环环相扣的网式，不但增加了空间上的繁复感，而且也因其环绕并通往中央圣殿而呈现出一种视觉上的因果关系。其中，建于第一层台基上的浮雕回廊极富特色。它呈半开放式，内侧为砂岩墙壁，壁上依次雕刻了"俱卢之野大战"、"阎摩的审判"、"翻搅乳海"等大型主题浮雕，外侧则立有等距排列的四方立柱，廊顶为双重屋檐，高低错落，井然有序，集实用性与艺术性为一体。它连同寺庙的其余部分共同将巴方寺所开启的、兼具宏大与精美的建筑风格推向了极致。吴哥寺也由此被誉为高棉古典艺术的杰出代表。

图 2.20　由塔楼贯通的吴哥寺回廊

　　苏利耶跋摩二世去世后不久，都城遭占婆军队洗劫烧毁。后来即位的阇耶跋摩七世建起新都吴哥王城，以及圣剑寺、巴戎寺、塔普伦寺等一系列大型寺庙，开启了高棉建筑艺术史上的"巴戎寺风格"。这一风格的最大特点在于寺庙形式及象征意义的多样性与综合性。以巴戎寺为例，寺庙整体布局十分紧凑，台基与回廊数目因此而有所削减，围绕中央圣殿的小塔顶部不再造为传统的菡萏式样，而是塑造为综合了湿婆、梵天、世自在等多位印度教及佛教神祇特征的四面神像。同时，这一时期的建筑式样也相当丰富，出现了诸如舞者大厅、圣剑寺双层建筑等造型新颖别致的建筑设施（图 2.21），但精致程度稍逊于吴哥寺。造型艺术的象征意义比起以往也更加复杂晦涩，在多个层面上均表现出杂糅的特质。

图2.21　隶属于"巴戎寺风格"的圣剑寺双层建筑。该建筑下层为圆柱，上层为方柱，木质屋顶及楼梯均已朽坏不存。它是整座吴哥古迹内唯一的双层建筑

从公元13世纪后期开始，随着真腊国力的下滑、印度教神圣文化的持续衰微及上座部佛教的渗入和壮大，国王不再修建大型庙宇建筑，传统的须弥山型建筑样式也遭到摒弃，现存寺庙遗址如曼伽拉托（Mangalartha），建造规模较小，样式格局均十分简单，寺身装饰也很少，代表了吴哥造型艺术的尾声"后巴戎寺风格"。在王室迁都金边之后，昔日富丽繁华的吴哥都城渐渐沉寂于林莽之间，高棉建筑艺术进入一个新的阶段。不过，这并不意味着吴哥艺术就此失去了生命力。它那独具特色的台基、蔄茗塔、天女阿普萨拉等艺术元素已成为高棉民族文化的代表，在现代柬埔寨造型艺术中得到了巧妙运用。例如1953年在金边诺罗敦大道南端建立的柬埔寨独立纪念碑（图2.22），外形与吴哥巴空寺的中心塔十分相似，正是古老的吴哥艺术风格在现代焕发新生的绝佳写照。

图 2.22 金边诺罗敦大道上的柬埔寨独立纪念碑，被塑造为经典的吴哥塔寺外形，是高棉民族意识和民族文化的象征

第三节 漫谈吴哥寺：石与光的圆舞

吴哥寺（Angkor Wat）是一座著名的印度教主题建筑，原名"毗湿奴世界"（Vrah Visnulouk），敬奉的最高神是印度教大神毗湿奴。它坐落在今天的柬埔寨暹粒市以北、吴哥遗址区的南部，邻近巴肯山及吴哥通王城。它由国王苏利耶跋摩二世于公元 12 世纪初下令建造，时任国师的婆罗门提婆迦罗（Divākara）主持工程，但直至国王去世时还未彻底完工。[1]这一点微小的缺憾，并未影响到这座寺庙在文化内涵和象征意义上的完整性。事实上，正因为吴哥寺内可供发挥的空间空前广大，一种意义可以通过多种不同的形式来表现，而这些繁复的、看似各自无关的形式又会在一定程度上分散观者的注意力，因此从整体视角观察吴哥寺反而不易。

从建筑艺术形式来看，吴哥寺那空前巨大的规模与极尽精美的雕饰风格，既包含前期"巴方寺风格"的影子，又体现自身独一无二的特

---

① 吴哥寺浮雕回廊东面南侧的"毗湿奴大战阿修罗"主题浮雕、寺庙前方的十字王台等均为后人增补，学者们据此认为吴哥寺是一座未能在国王生前及时完工的寺庙。

色。① 它那通往寺庙大门的长步道比巴方寺的更长，护城河河面更宽阔，从而巧妙地将寺庙边界推至更远处，寺庙空间因此而显得更为广大，远超过围墙实际所圈定的建筑范围。而在开采和运输大型砂岩建材及处理空间等问题上，当时的匠人也尽显非凡技艺。一块块采自数十公里外荔枝山上的灰白砂岩，经过工匠审慎的计算、划分、组装与雕琢，最终构成了这样一座满载人文光辉，而又在光学、力学和几何学等规律上与自然和谐一致的小宇宙。从寺内那延展交错的回廊、富有节奏感与韵律感的排排廊柱、逐层挑起托高的屋檐和巍然耸立的尖塔中，我们能清晰地感受到建筑物以体块形式构建起空间内的秩序，而游走于其中的天光则为建筑体块和空间赋予活力。那一排排等距列于假窗之上的葫芦窗棂、半封闭式的回廊及呈"东—西"方向的寺庙坐向，无不展示了匠人们是如何巧妙地驯服了光线，好让它投射到预先计算好的位置，或是在空间里移动、变形和交错，在某个瞬间为冷硬苍白的石块覆上神界般的光辉，如同赐予生命② （图2.23）。我们由此而知，天光在吴哥寺中不仅起到照明作用，而且也作为

图2.23　吴哥寺回廊假窗上装饰的葫芦窗棂

---

① 根据福西永的理论，一个时期的艺术，既包含当下出现的风格，也包含着过去幸存的风格，以及将来早熟的风格。从隶属于"巴戎寺风格"的"翻搅乳海"主题浮雕板及圆雕塑像的形式来看，"吴哥寺风格"中无疑包含着它们的雏形。具体论述详见下文"风格的历史：'后吴哥寺'样式"一节。

② 福西永指出，建筑物中的光线不仅用于照明，而且作为一种形式参与空间的塑造，显现特殊的投射效果。详见［法］福西永《形式的生命》，陈平译，北京大学出版社2011年版，第75页。

形式的一种，与砂岩体块相互协调配合，参与空间的塑造。这一特质，在吴哥寺浮雕壁中同样有鲜明的体现。

与建筑相比，浮雕中并不存在真正意义上的、可穿透的虚空，它的图像秩序与二维图画一样通过轴线、中心点等结构要素加以确定。不过，在形式生命力这一方面，浮雕相较于平面图画的优势在于，形体的浮凸打破了石面本身的静止，以从里向外涌起的态势促使形体突破平面的限制，就连石块表面也仿佛被这股力量撑得紧绷发亮。再加上形体间的相互遮蔽及透视法的运用，画面中的人物被刻意推向前方，好像就要直冲到观者面前来。与此同时，人物肢体运动中的姿态、图像描绘的复杂性及手工雕凿的痕迹，也使这些图景摆脱了石质的冷硬而变得充满生气。当现实的阳光越过半封闭式回廊外侧的支撑廊柱，照射到这几面刻画远古往事的大浮雕壁上时，凸起的石刻形体在光与影的作用下跃然而出，过去再一次地在当下鲜活起来，于观者心灵深处唤起深沉的震颤与共鸣（图2.24）。而另一方面，光线投射在墙壁上的明亮区域总是随太阳的运行而缓慢地来回移动，造就了墙壁上除石雕图形以外的又一幅图景，所不同的是它的创作者不是凡俗匠人，而是高踞于苍穹中的天界主宰。于寺庙与浮雕的维度中，于冷硬的砂岩与轻盈温暖的光线背后，人文的华彩与来自宇宙深处的自然之力，已逝去的往昔与所立足的当下，浮雕里的世界与现实中的空间，既呈现为强烈的对比，又以形式为纽带相互融合、彼此和谐（图2.25）。毫无疑问，这种高度复杂多样的形式表达，正是吴哥寺艺术独特魅力的一大源泉，而这一庞大体系中的若干细节，也令人在深受吸引的同时也不免心生好奇。

具体来说，在"石"这一层面上，吴哥寺最令人印象深刻的，莫过于稳定对称的寺庙空间展现出的人工秩序感。在建筑平面中，中央圣殿仿佛一粒满含神圣精力的种子，它的权威以秩序为形向外扩张，在大地上建立起宽广的、有如神迹的秩序图形。它的立面呈现为一条向南北方向延伸的笔直长廊，廊檐下那一排排等距排列的廊柱如同连绵不断的鼓点，而位于长廊中点的入口塔楼及后面的中央圣殿则像一个强劲的高音，打破了这串规律的节奏，成为焦点。① 无独有偶，在首层回廊东面的"翻搅乳海"主题浮雕壁中，也有两组同样形貌姿态的群体等距排列在由须弥山、毗湿

---

① ［英］恩斯特·贡布里希：《秩序感——装饰艺术的心理学研究》，杨思梁、徐一维、范景中译，广西美术出版社2015年版，第119页。

图 2.24　吴哥寺一隅，一位拈花的天女在明暗光影中露出恬静的微笑

图 2.25　阳光透过葫芦窗棂照亮吴哥寺回廊，光影在廊内造成奇妙的视觉效果

奴等形象构成的中心轴两侧，与寺庙立面结构基本一致，只不过浮雕向东、寺庙朝西。从形式本身富于变化的基本原理来看，这种有趣的重复现象很难被简单归结为巧合，而更像是一条通向迷宫的花树掩映的小径，诱使好奇的探秘者步入其中。

在"光"的层面上，正如上文所述，塑造吴哥寺空间的材料都源于自然，建构时所依据的光学、力学、几何学规律也都源于自然，因此建筑本身就是自然的一个缩影。其中，材质的属性决定了它在空间塑造中的形式与功能，相较于由砂岩体块营造的稳定均衡的空间，天光于特定日期、在特定区域内的投射和规律移动，使得它在寺庙和浮雕中的参与尤其能体现出方位性以及循环往复、分段规则的时间感。正是凭借这一参与，吴哥寺才得以超越人世间一般物体的范畴，它不是被动地接受来自神界的光辉，也绝不在时间的巨力下束手就擒，而是作为一个独立的、真正的宇宙空间，拥有自己的天体和随之而生的时空法则。在这个空间中，人为营造的秩序与自然本身的尺度彼此呼应、彼此协调，交缠为一种唯一的最高法则，正是这一法则决定了吴哥寺那面西的朝向和逆时针行进的走廊，而这些设施也无不隐含和体现着这一法则，为世人恒久演绎着"梵我一如"的古老训诫。从这个角度来说，如果无法意识到天体及其光芒在塑造吴哥寺形式方面的贡献，无法意识到自然在人文造物中的参与和秩序的同质性，那么我们所见、所知、所探查、所考量的吴哥寺，便是残缺不全的，一切基于此种片面印象之上的研究结论也将不可信服。

至此，以宏观视野在吴哥寺造型艺术形式中观看到的种种秩序、技艺、想象、力量，已在我们心中引发一系列猜想与假设。它们是通往真相之径的起点，也是打开吴哥寺背后紧闭着的宝库之门的秘匙之一。然而这宝库内部是如此的复杂、精细和深邃，以至于再老练的探秘者也无法仅凭远观便洞悉个中奥秘。为了看清和抓住那掩藏在复杂形式背后的核心，他必须更加无所畏惧地深入其中，同时也更加谨慎，以更贴近的视角做更细致的观察，并在旅程中不断运用大量的参考资料作为照亮前行之路的火把，不断用合理、有力的论证作为下一步分析所需踩踏的浮桥。毫无疑问，在探索的终点，从这石与光的圆舞中所迸发出的、人文与自然合一的耀目光辉，非但不会被加诸其上的分析与解读破坏分毫，而且会因迷雾终被驱散而更显灿烂夺目。接下来本书要做的，就是逐层拨开层层笼罩的迷雾与暗影，让这光芒显现。

第三章

图像初步分析

按照图像学研究的一般步骤，本章首先将对吴哥寺"翻搅乳海"主题浮雕壁在"石"层面上的形式特质进行系统描述和简要分析，解析范围不仅包括浮雕壁的材质、尺寸、构图等整体性特质，而且也将包括各个角色符号在身量大小、外观特征、衣饰披挂、姿态神情、所处位置等方面的细节特质。在此基础上，本章还将根据符号间的关联逻辑，在多种文献的指导下，复原图像内容、构建符号情境，同时利用史料构建相应的社会历史情境，初步就主题艺术的文化内涵及其在特定时代背景下的实际功能提出假设，为下一步的符号解析做好铺垫。

第一节 图像描述

古代高棉造型艺术在吴哥寺时期臻于巅峰。与此前寺庙中的小幅片段式浮雕相比，吴哥寺的叙事性浮雕规模显著扩大，每幅主题图像幅宽近50米，可供发挥的空间比以往更加宽广，因而浮雕中的角色数量比以往更多，姿态也更富于变化，角色细节表现得更为清晰，一方面能达到更好的视觉效果；另一方面也比以往更能呈现完整的叙事场景，并能以更为丰富的角度对一种核心文化加以表现。从这一角度来看，浮雕中各个角色的一颦一笑、一举一动，无不富含深意。而能否正确、完整地发掘出这一深意，取决于研究者对其形式特质的把握程度。

一 吴哥寺"翻搅乳海"浮雕壁

在吴哥古迹区的众多寺庙建筑中，绝大多数庙宇的正门都朝向东方。在这一选择背后，蕴藏着深刻的宗教神话渊源。据古代印度教经典《百道梵书》记载，东方是专属天神的方位，寓意十分吉祥。① 朝东敞开的寺庙大门，象征着迎接天神进入庙堂。② 从本质上说，这一观念源于古人对天体运行轨迹的观察。当人们注意到代表光明和温暖的日出发生在东方时，这一方位便成为秩序、新生与繁盛的象征，而与此相对的西方则因日落于斯而成为黑暗、寒冷与失序混沌的象征。从这一点来看，庙门朝东的设置，不仅是吴哥寺庙建筑的一项传统，更是人类借以表达自身对秩序、新生和繁荣昌盛的向往之情的一种方式。可是，当人们将目光投向由吴哥君主苏利耶跋摩二世斥资建造的国庙吴哥寺时，会不无惊讶地发现，这座寺庙的大门竟被设置成了惊世骇俗的西方朝向，而传统上本应属于大门的东面位置则被一幅巨大的浮雕所占据。这幅浮雕就是闻名遐迩的"翻搅乳海"主题浮雕。

　　这幅浮雕位于吴哥寺第一层"浮雕回廊"的东面南侧，其南部边缘与"苏利耶跋摩二世行乐图"相接，北部则与后人增补的"毗湿奴大战阿修罗"主题浮雕相接。浮雕壁全长 48.45 米，若换算为古代长度单位"肘"（hasta），约合 111.38 肘。③ 整面浮雕壁以浅浮雕手法雕成，人物形象只是略微凸出表面，主要采用绘画式的透视、错觉等处理方法来营造三维空间感，形体压缩度较大，画面较为清透。在结构上，这幅浮雕呈现为明显的轴对称式构图，以位于画面中央、由多个角色构成的一组纵向图形作为对称轴，将画面分成基本对称的左右（南北）两个部分。与此同时，也可将左右两队群像所伫立的平面作为一条水平分界线，把画面划分为水平的上下两个部分，因此浮雕构图又可被视为上下水平式（图 3.1）。

　　按"轴对称式"构图来看，位于画面中央的中轴，共由五个图形垂直叠加构成。位于最下方的是一条躯体完全伸展开来的七头巨蛇，与这条巨蛇位于同一水平线上的是一只巨龟，刻满莲花花瓣的龟甲中央立着一座山峰。山的前方有一位面孔偏向一侧的四臂天神，其中两臂持有轮盘、宝剑等法器，另外两臂则向两边平展，抓握着缠绕于山腰上的蛇身。这位天

　　① ŚB.1.2.5.17；另外，为避免概念繁多造成阅读不便，本书不再细分婆罗门教，而是统一称为印度教。

　　② ŚB.3.1.1.6.

　　③ 长度单位"肘"对应的梵文词是"hasta"。按照埃莉诺·曼尼加提出的换算标准，吴哥寺中的 1 肘约等于 0.43545 米。具体换算方法及推论过程，请参见 Eleanor Mannikka, *Angkor Wat: Time Space and Kingship*, Honolulu：University of Hawaii Press, 1996, p. 18。

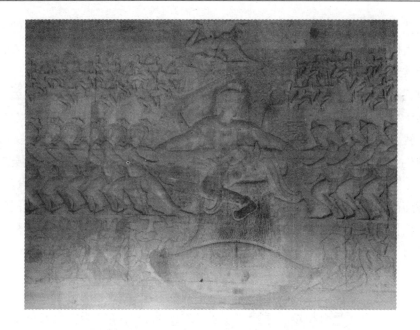

图 3.1　吴哥寺浮雕回廊东面的"翻搅乳海"主题浮雕壁局部影像。
从图中可以看出，这面浮雕壁的构图呈现为以毗湿奴为中心的轴对称式结构，
同时也表现出以乳海的海平面为分界线的上下水平结构

神的头顶上方露出山峰顶部，山顶上放置一件器具，器具那呈长矩形的上半部分由一位飞翔在山顶上空的天神以双手抓握，下半部分呈垂纱状，从山顶披垂而下，覆盖整座山峰。依据角色所处位置及各自的属性，这个对称轴自下而上可被归纳为"蛇/龟—山/四臂天神—器具—飞翔天神"。有趣的是，此中心轴由"蛇"与"龟"这两个动物形象构成基础，人形神则位于中段和上部，其中存在明显的秩序性（图 3.2）。

　　被对称轴平分开来的南北两个部分，长度几乎相等。从四臂天神到画面南端的距离为 23.496 米，约合 53.96 肘；从四臂天神到画面北端的距离则是 23.69 米，约合 54.40 肘。[①] 这两部分由另一条缠绕在山腰处的七头巨蛇所贯通和连接。从画面上来看，这条巨蛇在绕山两匝之后，身躯向两边平展而出，前半部分身躯在南边，后半部分在北边。有一支队伍抱持

---

　　① 　Eleanor Mannikka, *Angkor Wat：Time Space and Kingship*, Honolulu：University of Hawaii Press, 1996, p. 18.

图 3.2　位于浮雕图像中心轴上的纵向图形组。自下而上分别是巨蛇、巨龟、山峰、四臂天神、飞翔天神。位于最底层的巨蛇未能完整收入镜头

着前半部分蛇身，队中共有 92 位成员，全都面貌凶恶，双眼凸出，姿态一律为双手抱持蛇身，头部微垂，上身向后倾斜，给人以强力拖拽的视觉感受（图 3.3）。队中等距排列着三位身材较为高大、多头多臂的大人物，其中两位夹杂在队伍当中，一位则立于队尾，一手高擎巨蛇头颈，一手拖拽蛇身，其外形和位置，似乎提示了他就是该队的首领。此外还有一支相向的队伍抱持着后半部分蛇身，队中共有 88 位成员①，全都容貌清秀，敛眉垂目，颔上无须，上半身微向前倾，头部同样略垂向下，显得力不从心（图 3.4）。在他们中间，也伫立着三位身躯异常高大的大人物，其中两位立于队中，呈四臂多头的神祇模样，另一位则是体格庞大的猴面人，他站在队伍末尾，一手握持蛇身、一手高擎巨蛇尾部。他有猴子的头脸，身躯却是衣着齐整端庄的人体。从体型和位置来看，他应当就是北侧队伍

---

①　若是加上飞翔于山顶的那一位天神，则该队成员总数应为 89 位。

图3.3 抱持巨蛇前半身、位于浮雕图像左侧（南）的队伍成员。
从图中可看出他们容貌狰狞，双目凸出，面上有胡须

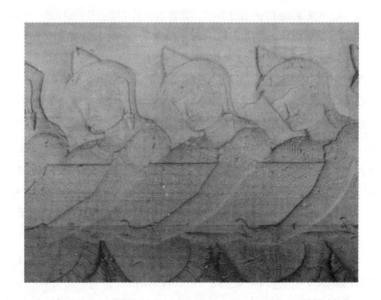

图3.4 抱持巨蛇后半身、位于浮雕图像右侧（北）的队伍成员。
从图中可看出他们面容寡淡，神情萎靡

的领袖。

从另一个视角来看，这两支队伍所伫立的水平面，也是浮雕图像的水平分界线。平面以下是一个充满了鱼类、水蛇、鳄鱼、龟、摩羯等各种水族的空间（图3.5），表明此处是一片大海。海底卧有一条七头巨蛇，蛇旁边立有一只巨龟，龟甲上托举着一座高山，约有1/4的山体浸没在水中。水平面上方仍是一个轴对称式图像：约3/4的山体、四臂天神、山顶器具和飞翔天神自下而上构成对称轴，两支队伍就在这中轴的两侧相向排列开来，呈现出富有秩序感的视觉效果。

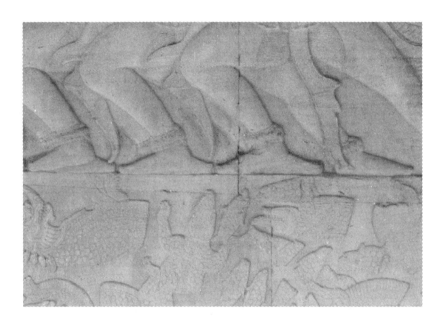

**图3.5　队伍脚下的海域。海中充满了摩羯、鳄鱼及
各种鱼类等的残肢，与平面上方的秩序感形成鲜明对比**

与混乱的海域相比，水平面上方的空间内，各个角色在种属、外形、排列方式等多个方面，都表现出强烈的秩序性与恒定性。观者从轴对称式构图中尚不能清晰感受到的"有序"与"混乱"的对比关系，在水平结构中则有十分明确的表现。同时，如图3.5所示，充斥着混乱、混沌与死亡的海域位于图像下半部分，发挥着基础承托作用，而散发出强烈秩序感的空间则位于上部，受下方承载，依赖于它。从这一点来看，浮雕的上下

水平式构图不但彰显了"混乱"与"有序"的视觉反差，而且也给观者造成了一种"秩序出于混乱"的观感。

在从以上两个视角对浮雕图像进行审视的过程中，我们不难注意到，有一些形象的种属和外观基本是一致的，例如，卧于海底的七头巨蛇，与缠绕在山腰上由两支队伍分别抓握的七头巨蛇。他们表现出动物所特有的种群性特征，外形没有明显的区别。不过，从姿态来看，一者平伸舒展，头部自然向前，一者则缠绕于山上，头颅尽数扭转向后；从位置来看，一者在画面底部，一者在画面中上部（图3.6）。这两处差异不容忽视，因为动物本身无法用外貌来体现个体差异，只能通过方位与姿态的不同来说明二者确实有区别。基于上述原因，我们不能仅凭外观体型、头颅数量等种群特征，就将这两条蛇认作是同一条蛇的两个变现形式。

图3.6　出现在同一场景中的两条七头巨蛇。位于上方
充当搅索的巨蛇将头部扭向人群，而位于下方的巨蛇头部自然向前，
在整个场景中没有体现出明显的参与性

　　另一个例子是浮雕中手持蛇身、分列南北的两支队伍。除去双方队中的六位"大人物"，其余成员在其所属群体内，容貌、神态、姿势、装饰等完全相同，没有表现出任何个体特征。这些成员均为人形，本身并不受到动物式族群性外观的限制，但浮雕创作者显然为了突出他们的群体性而有意摒弃了个性，令许多相同的形象以恒定的间隔距离连续重复出现，在视觉上造成了一种强烈的秩序感。这两支队伍也由此成为上方空间秩序性的主要来源（图 3.7）。

图 3.7　除了夹杂在队伍中的几个"特殊人物"之外，
队中其余成员的外貌、神情、姿态全都相同，呈现出强烈的秩序感①

　　在逐一观察和描述过画面中的各个角色之后，我们同时会发现，虽然这些角色的种属、外形和方位各有不同，但都处在一种彼此关联的有机联系之中。巨蛇与巨龟并排蛰伏，巨龟托举高山，山腰上缠绕着另一条巨蛇，蛇的头尾部分别由山南和山北的两支队伍抓握。同时，山顶上放有一件形状奇妙的器具，器具的上半部分又被一位飞翔的天神握在双手当中。

———————

并且位于山体前方的四臂天神，也伸手分别握住两侧蛇身，从而保证了自身与其他角色的联系性。这些贯穿于每个角色中的方位关系和抓握动作，构成了浮雕的图像逻辑，它是我们判断浮雕主题、构建图像内容的关键线索。

以上便是这幅浮雕在图像结构、角色形貌及图像逻辑等方面的主要特征。之所以在此处颇费笔墨，是因为对于形式的全面把握，不仅能将研究者正确地导向作品的主题，而且也能协助研究者凭借角色间的逻辑关系，复原出大致的图像内容，并在该情境下发掘出这些角色共同指向的一个核心理念。① 正如在判断一篇文章的主题时，需从"关键词"和"描述"这两个方面来进行，对于一幅图像来说，它的"关键词"就是画面中的主要角色，而"描述"就是存在于这些角色之间的逻辑关联性。因此，在对浮雕的形式特质有了初步的认识之后，现在就应当对画面中的几个主要角色的身份予以确认。

在浮雕中，位于中心的四臂神明手持轮盘、宝剑等标志性的法器，据此可判定这位神明乃是印度教大神毗湿奴。由他伸手抓握的、缠绕于山腰上的七头巨蛇，其七个头颅上均戴有王冠，据此可知他必定是该族群的至尊。在相关神话中，最具代表性的蛇中至贤共有两位，分别是侍奉毗湿奴的舍沙（Śeṣa）和侍奉湿婆的婆苏吉（Vāsuki），因此这条巨蛇的真实身份只会是舍沙或婆苏吉。② 抱持巨蛇头部、位于画面南侧的队伍成员双眼凸出，獠牙微露，容貌和衣饰都显示出吴哥造型艺术中的阿修罗的典型特征；而抱持巨蛇尾部、位于画面北侧的群体，则容貌清秀，神情温和，头顶椎髻，并佩戴天神所特有的花冠，据此可判定他们就是一群天神。神魔双方都站立在一片水域之上，表明事件发生于水中。同时，海中巨龟的背甲托举着一座山峰，神话中曾做出这一举动的巨龟，唯有毗湿奴的龟化身俱利摩（Kūrma）。至于在海底潜伏的、同样头戴王冠的七头巨蛇，基于

---

① 帕诺夫斯基在《造型艺术的意义》中将艺术品的主题和内涵划分为三个层次，即自然主题、传统主题和内在含义，针对这三个层次，图像学研究应当依次对艺术品进行风格描述、主题认定和分析诠释。详见［美］埃尔文·帕诺夫斯基《造型艺术的意义》，李元春译，台湾远流出版社1996年版，第33—44页。

② 除了舍沙和婆苏吉之外，《摩诃婆罗多》还提到一位蛇王多刹伽（Daksaka）。他奉独角仙人之命咬死了继绝王，又使出诡计利诱准备前去拯救继绝王的大仙迦叶波，是比较负面的角色，并且相关故事与《翻搅乳海》故事也没有情节上的交集，在此便不把他纳入考量。

与上一位蛇王同样的理由，他依然可能是舍沙和婆苏吉中的某一位。

在这些"关键词"中，虽然个别角色的身份仍然扑朔迷离，但是在物种属性较为清晰、角色之间的关联性也较为明确的情况下，浮雕所刻画的事件仍可被大致总结为："天神众和阿修罗众在毗湿奴的主导下，各自握住一条缠绕在山上的巨蛇的头尾部分，在大海中对峙。"这一故事梗概，与印度教《翻搅乳海》神话的故事梗概完全吻合。故事发生的场所——宇宙之海，主要人物——神魔及毗湿奴，翻搅工具——充当搅棒的高山以及充当搅索的巨蛇，故事中的这些标志性元素都能在浮雕图像里找到相应的角色形象。再加上巨龟俱利摩这个具有代表性和主题提示性的关键角色①，由此可以初步判定，吴哥寺的这幅浮雕所刻画的，就是古印度《翻搅乳海》神话中的场景，这幅浮雕的主题，正是"翻搅乳海"。

为保证判断的准确度和科学性，在此可将这幅浮雕与大英博物馆藏的一幅"翻搅乳海"主题彩绘进行比对（图3.8）。这幅彩图创作于19世纪初期，地点是南印度马哈拉施特拉邦的德干地区。彩图描绘的场所同样是一片海域，海中央有毗湿奴坐镇在柱化的神山顶端，他的龟化身则在山底充当底座，这一组形象共同构成画面的中心轴；排列在神山左边的是天神队伍，怀抱着巨蛇的尾部；而排列在神山右侧的则是兽化的阿修罗，他们怀抱着巨蛇的头部。暂且忽略19世纪的南印度与吴哥王朝在艺术表现手法上的差异，不难看出这幅彩图的构图方式和主要角色，与吴哥寺浮雕基本一致。在经过这一幅同主题作品的验证之后，便可以断定，吴哥寺的这一幅浮雕，就是一幅可靠的表现"翻搅乳海"主题的作品。

对一件艺术作品的主题进行正确的判定，是正确分析图像的前提。②它并不以解决所有问题为目的，而是为下一步的分析指出正确的行进方向。我们由此便能进一步判定，浮雕中充满水族的海域，实际就是《翻搅乳海》故事中的宇宙之海"乳海"；以身躯缠绕山峰、充当搅索的七头蛇王就是婆苏吉③；在乳海上空成群结队曼妙舞蹈的女子就是从乳海中诞生的天女阿普萨拉（Āpsaras）。只不过，浮雕中尚余若干形象身份存疑，

---

① 毗湿奴的龟化身神话，正是《翻搅乳海》神话。

② Elwin Panofsky, *Studies in Iconology*: *Humanistic Themes in the Arts of Renaissance*, Colorado: Westview, 1972, p. 8.

③ Etienne Aymonier 曾将这条巨蛇判断为舍沙，详见 Etienne Aymonier, *Le Cambodge*: Ⅲ. *Le Groupe d' Angkor et son Histoire*, Paris: Ernest Leroux, 1904, p. 233。

图3.8　19世纪南印度的"翻搅乳海"主题彩绘图，现藏于大英博物馆。
从图中可以看到毗湿奴的巨龟化身、柱状的搅棒山、充当搅索的巨蛇以及
分别握持巨蛇头尾部分的天神与阿修罗

因为在不同的《翻搅乳海》故事版本中，他们的身份各有差异，因此在尚未确定浮雕创作所依据的故事版本之前，难以在第一时间内对他们的真实身份进行确认。例如，安放在俱利摩背上的高山，既有可能是曼陀罗山（Mandara），也有可能是须弥山（Meru）；阿修罗队伍末尾的高大领袖，既有可能是毗婆罗遮底（Vipracitti），也有可能是大王钵利（Mahārāja Balī）。此外，故事版本的不同也造成了事件情节的分歧，例如在两大史诗中，神魔之所以合作翻搅乳海，是为追求永生不死，在往世书中则是为了争夺宇宙的最高统治权。这种种不确定性，要求研究者必须进一步利用图像信息，将它与几个版本的《翻搅乳海》故事进行逐一比对，在文本的指导下建构图像内容。这就是我们在下一个章节"故事版本"中所要解决的问题。

二　风格的历史："前吴哥寺"样式

早在吴哥寺建成以前，吴哥地区的一些塔寺建筑中就已出现了以

"翻搅乳海"作为主题的雕刻作品。与吴哥寺内的大浮雕壁相比，这些作品的规模要小得多，几乎都是用于装饰门楣的小型浮雕。[①] 在构图及人物形象的表现手法等方面，这些作品遵循着一定的样式规范，与吴哥寺"翻搅乳海"浮雕壁有着显著的差别，而它们彼此之间则区别不大，可被归为一大类。为研究之便，我们在此不妨将其统称为"传统样式"或"前吴哥寺样式"。[②] 将这一类作品与吴哥寺同主题浮雕壁放在一起进行风格比较，能够较为直观地反映出吴哥寺浮雕壁[③]在角色刻画、构图方式以及角色之间的关联性等方面做出的革新，展现出"翻搅乳海"主题的表达形式在吴哥时期的不同历史情境下的变迁过程。

今天能够找到的、保存较为完好的早期传统样式浮雕作品，其中一件来自柬埔寨茶胶省一座修建于公元 6 世纪的印度教主题建筑达山寺（Prasat Phnom Da）[④]，现藏于法国吉美国立亚洲艺术博物馆（Musée National des Arts Asiatiques – Guimet）。这块浮雕板两边各有损毁，中心区域的人物形象则十分清晰（图 3.9）。在构图上，一方面，它呈现为明显的轴对称式，以巨龟、柱形山峰、攀附在山上的毗湿奴及端坐于山顶的神王梵天构成画面的中心轴。柱状山的中段缠绕着巨蛇婆苏吉，蛇头及蛇尾分别由站立在柱山两旁的神魔队伍所抱持。另一方面，它与吴哥寺浮雕壁一样，也能被划分为上下两层水平结构，只是分区方式完全不同：神魔站立的平面不是乳海平面，而是浮雕的底部边框。在他们头顶上方，由一道花纹划分出一个独立的上层空间，其中横向排列了若干位神明，全都双手合十、屈起一膝。在这些神明的中央，是构成中心轴的毗湿奴、山顶的宝座及端

①　见 Etienne Aymonier, *Le Cambodge*：Ⅲ. *Le Groupe d'Angkor et son Histoire*, Paris：Ernest Leroux, 1904, p. 233。另外，门楣浮雕在高棉传统雕刻艺术中具有重要的地位，不仅富于装饰性，而且还包含着重要的象征意味。关于吴哥建筑门楣浮雕的详细讨论，请参阅 Margaret F. Marcus, "Cambodian Sculptured Lintel", *The Bulletin of the Cleveland Museum of Art*, Vol. 10, 1968, pp. 321 – 330。

②　严格来说，符合"传统样式"构图的同主题艺术品在吴哥寺内乃至阇耶跋摩七世治时期的寺庙装饰中都有现身，此处将它命名为"前吴哥寺样式"，是针对符合构图的艺术品最早出现的时间而言，并不表示这种风格在吴哥寺之后不再出现。关于吴哥寺内出现的"传统样式"艺术品的讨论，请参阅 G. Cœdès, "Etude Cambodgiennes Ⅶ：second etudes sur les bas' reliefs d'Angkor Vat", *BEFEO* Ⅻ, 1913, pp. 1 – 2（Pl. I）。

③　以下简称"吴哥寺浮雕壁"。

④　达山寺是前吴哥时期（Pre – Angkorian Period）的寺庙，具体的建筑及装饰风格详见 Henri Parmentier, *L'Art Khmer Primitif*, Paris：Publication d'EFEO, 1927, pp. 123 – 179。

坐于宝座上的四臂神王梵天。其安静端坐的姿态，与吴哥寺浮雕壁中具有动态感的飞翔天神完全不同，同时，梵天所在的上层空间与下层空间有明显的隔断，不受下方神魔活动的干扰，因此传统样式的图像整体感，并不如吴哥寺浮雕壁那样鲜明。

图 3.9　达山寺（Prasat Phnom Da）"传统样式"门楣浮雕局部。[①]
人物面貌细节较为模糊，但图像结构清晰，出场人物也较为完整。
从图中能够看出巨龟、柱状山、神魔、毗湿奴、神王梵天等诸多形象

　　在角色刻画方面，除了巨龟俱利摩之外，传统样式中绝大多数角色的外形姿态，都与吴哥寺浮雕壁有所不同。例如，吴哥寺浮雕壁中的"搅棒山"被刻画为自然山峦的模样，在传统样式中则被描绘成一根细长高耸的柱状物，柱脚处甚至还有明显的柱基样结构；在吴哥寺浮雕壁中位于山前、偏头顾视天神一方的毗湿奴，在传统样式中则是攀附于柱状山上，正面迎向观者，等等。这些差异的形成，很可能源于不同时期创作者所依

据的故事版本并不相同，也可能是吴哥寺浮雕壁创作者有意进行了改革。此外，在神山两侧对称排列的神魔队伍，虽然也是以群体性的统一外观出现，但细节上的若干不精确，仍在这两支队伍中造成了形貌、姿态方面的参差不齐感。这使得传统样式中的神魔队伍，无法如吴哥寺浮雕壁那般体现出强烈的秩序性。

传统样式对于图像空间的处理方式，进一步加剧了这种缺乏秩序性的视觉观感。上文提到，吴哥寺浮雕壁采用的是浅浮雕手法，使用图画透视来体现三维纵深感，人物形象在经过压缩之后并不占据过多空间，因此，虽然浮雕壁中形象众多，却不会对浮雕整体画面及各个分区造成视觉干扰，浮雕构图因而呈现为一个层次分明、井然有序的"十字形"结构。而传统样式采用的是高浮雕手法，起位较高、较厚，形体压缩程度较小，着力体现三维形体的现实空间起伏感。这种刻画方式能为小规模的浮雕图像增添强烈的立体感和视觉冲击力，但同时也使图像层次大为复杂化，呈现为一个非常饱满的"王字形"结构。在这个"王"字当中，每一个分区的空间都被大量图形所占据，画面中几乎没有留白，整体的秩序感便不如吴哥寺浮雕壁那样强烈（图3.10）。

此外，比起吴哥寺浮雕壁，传统样式中出现的角色更多。例如在柱形山脚两侧，各有一个女子的半身和一个马头从下方探出；在山的中段，两旁又各有一位飞翔的女子。有些传统样式作品还会在梵天的身旁各设置一个飘浮的圆盘，圆盘内各坐一位天神（图3.11）。这些角色使得传统样式的画面显得十分饱满，同时也加剧了画面的无序感。以山脚的两个半身形象为例：这两个角色的自然属性不同，一者为人，一者为马，即使处在相向的方位上，也无法构成有规则感的镜面对称。而位于画面中段的两位天女和上方飘浮的两个圆盘，虽然自然属性彼此相同，方位也是相向对称的，但姿态各有差别，也无法营造出秩序感。在这样的情况下，这些繁多的角色非但不能为画面增加秩序感，而且还进一步破坏了画面的秩序感。

通过上述比对，我们不难看出，吴哥寺浮雕壁的创作者摒弃了传统门楣雕刻的高浮雕手法，转而选择更适宜大型平面的浅浮雕手法，不但弱化了众多人物可能会造成的混乱感，而且还在透视效果的帮助下，大大节省了空间、规范了构图，从而使吴哥寺浮雕画面表现出层次分明的秩序感。同时，由故事版本差异或是作者有意改动而导致的角色减少，也将干扰画面秩序的因素一并消除了。

图 3. 10   崩密列（Beng Mealea）"传统样式"门楣浮雕。①
浮雕画面损毁较为严重，但从图中仍可看出其饱满的构图。除浮雕底部的
边框以外，充当搅索的蛇身也为画面额外增添了又一重水平分隔线

综上所述，与传统样式相比，吴哥寺浮雕壁创作者对于主题表现风格所做出的一系列改革，使得作品的秩序感被极大地增强，从而成为吴哥寺浮雕壁的显著特色。鉴于艺术品的形式不可能与它的内涵和意义相背离，因此吴哥寺浮雕壁在形式上的秩序性绝非只有美学价值，而是与浮雕背后的故事内容，以及作者的创作意图、浮雕的实际功能息息相关。在此不妨假设，吴哥寺"翻搅乳海"主题浮雕所依据的故事以及浮雕所要宣扬的文化理念，应当也与它的形式特质相契合，着重强调"秩序"的重要性。

"秩序"同时包含着宇宙和人类社会两个层面上的意义。在宇宙层面上，由于太阳的周期运行能对世间万物产生巨大影响，因此太阳被认为是管辖和规范各类现象的代表；而在人类社会的层面上，捍卫规则、规范行为的领袖无疑就是统治群体的帝王。有鉴于此，以"秩序"为最大特色

①   图片作者为 Greg Willis from Denver, CO, usa, 于 2004 年 11 月 30 日发表在维基共享资源网（Wikimedia commons），依据 CC BY - SA 2.0 协议授权。资源地址为：https：//commons. wikimedia. org/wiki/File：A _ fallen _ lintel _ showing _ the _ Churning _ of _ the _ Sea _ of _ Milk. _ （3745835623）. jpg? uselang = zh - cn。

的吴哥寺"翻搅乳海"浮雕壁，在它意图表现的意识形态中很可能就包含着这样一位集中了宇宙性和社会性的理想化领袖。这位领袖管辖群体，同时又受到宇宙间终极的最高存在，即最高神的支配。如果浮雕图像确实以秩序为中心的话，那么它势必包含着"最高主宰"与"领袖"这两方面的内涵。

图3.11　在巴提湖（Tonle Bati）附近发现的"传统样式"门楣雕刻。[①] **如图所示，柱状山脚两侧有两个不同的造物半身冒出，日轮和月轮则漂浮在神王身旁**

三　风格的历史："后吴哥寺"样式

在吴哥寺以后，吴哥古迹内仍有表现"翻搅乳海"主题的造型艺术问世。根据它们出现的时间，在此可将其统称为"后吴哥寺"样式。这一类作品以吴哥王城（Angkor Thom）南门的圆雕群为代表（图3.12），共包括塑造成高耸的山形、以四面神王头像为顶的城门，以及排列在通向城门的大道两侧的神魔圆雕。在这一组作品中，传统的固定角色群被大幅

---

① 图片作者为Anilakeo，于2012年12月31日发表在维基共享资源网（Wikimedia commons），依据CC BY-SA 3.0协议授权。资源地址为：https：//commons. wikimedia. org/wiki/File：Churning_ of_ the_ Ocean_ of_ Milk_ at_ Tonle_ Bati. jpg? uselang = zh-cn。

度删减，毗湿奴、巨龟、天女等形象已不见踪影，仅余城门顶端的一尊四面神王像，与充当搅棒的山峰融为一体。两队神魔圆雕数目相等，对称排列在道路两侧：一侧为天神队伍，相貌清秀，头顶锥髻；另一侧则为阿修罗队伍，怒颜凸目，面貌狰狞。与吴哥寺"翻搅乳海"浮雕壁相比，这组圆雕群的规模更为庞大，气势更加恢宏，不仅占地广阔，而且圆雕所特有的立体感和厚重感，也使得个体形象的视觉冲击力大为增强。角色形象不再受到墙面有限空间的压缩，因而能全方位、多角度地表现出完整的特质。

图 3.12　吴哥王城①南门外大道上设置了
"翻搅乳海"主题圆雕，图为怀抱巨蛇的阿修罗队伍

　　这一时期的天神与阿修罗依然以群体化的脸谱样貌示人，但神魔双方姿态完全相同，不再以俯身或后仰的细节来反映彼此间的强弱差异。原本在吴哥寺浮雕壁中由阿修罗抱持的蛇头，至此改由天神抱持，而蛇头也不再如浮雕中那样扭转凝视队伍，而是自然地迎向前方。神魔的两支队伍一

---

　　①　关于该时期造型艺术的详细情况，请参阅 Henri Parmentier, *Angkor Guide*, Saigon：Albert Portail, 1950, pp. 49 – 54。

直延伸至城门两侧，高高耸立的门楼对应浮雕中的"搅棒山"，而楼顶的四面神头像也相应地等同于浮雕中位于山顶的神王。[①] 从角色外形、整体布局等角度来看，这组圆雕比起吴哥寺浮雕壁，又发生了较大的变化，但从中仍可看出它与吴哥寺浮雕壁之间的传承性，最典型的例子便是象征天神与阿修罗的特殊数字"54"。

在吴哥寺"翻搅乳海"浮雕壁中，队中的天神共有 88 位，阿修罗共有 92 位，双方在画面上各占约 54 肘的长度。从数量关系来看，天神与阿修罗的对峙，可被抽象为以须弥山为中心、分立南北的一组"88—92"对称；而从长度关系来看，这种对峙关系又可被抽象为一组"54—54"对称，位于对称点以南的"54"代表阿修罗，对称点以北的"54"代表天神。有趣的是，吴哥王城的同主题神魔圆雕，并未使用吴哥寺浮雕用以表现神魔个体数量的"88—92"对称，而是将神魔队伍的长度数字化用到人数上，将道路两侧的神魔数量设定为各 27 尊、共 54 尊。这一设定在总数上仍与吴哥寺的"54"相呼应，然而神魔人数各自减半，表明"后吴哥寺"样式在部分继承该表现形式的同时也做出了一定的改动。鉴于数字"54"与神魔间的对应关系，在吴哥寺以前的相关主题造型艺术中未曾出现过，而且它也对随后的"后吴哥寺样式"神魔圆雕产生了可观的影响，不难推知这一数字的象征意义，对于吴哥寺文化内涵的全面解析极为重要。

除大型圆雕之外，在阇耶跋摩七世时期建造的一些大型建筑[②]，例如巴戎寺、圣皮度寺内，也有若干表现"翻搅乳海"题材的石刻浮雕（图3.13）。这些浮雕兼具"传统样式"和吴哥寺风格的印记，其中，雕刻于巴戎寺墙壁上的主题浮雕最具代表性。[③] 由于石板有部分缺损，石块上苔痕水渍较重，浮雕画面如今已难以看清。不过在仔细辨认后仍能看出，该

---

① 对此，Jean Boisselier 曾有不同看法。他将大吴哥王城门外的"翻搅乳海"主题神魔圆雕解释为看守因陀罗天宫的夜叉与巨蛇，将城门顶部的四面神像解释为四大王天。详见 Jean Boiselier，"The meaning of Angkor Thom"，*Sculpture of Angkor and ancient Cambodia：Millennium of Glory* edited by H. I. Jessup and Thierry Zephir，London：Thames and Hudson，1997，pp. 117 – 120。

② Henri Parmentier，*Angkor Guide*，Saigon：Albert Portail，1950，pp. 57 – 62.

③ 笔者造访巴戎寺时，这面浮雕不巧正在修缮，因此笔者未能拍摄到浮雕实物。观看相关图片请访问网页：http://www.angkorguide.net/cms/cache/fb11b55dc6f8d5f9cb83534d4302fa10.jpg。

图 3.13　圣皮度寺（Preah Pithu）"翻搅乳海"主题门楣浮雕。① 位于中央、手持法器的毗湿奴遵照"传统样式"，以正面迎向前方，两手却如吴哥寺浮雕一般向两侧平展，握持蛇身。俱利摩的体型被大大缩小，造物人形则依稀可辨。同时，神魔下半身变化为卷曲的水纹，视觉上更具观赏性，而且也提示了乳海空间的存在②

浮雕的角色形式中包含了明显的"传统样式"的特征，例如刻画为柱状的"搅棒山"、攀附在山上的毗湿奴、漂浮在大神身侧的日轮和月轮等，但它的构图又与吴哥寺浮雕壁十分相似，不仅有传统的镜面对称构图，而且同样开辟了一个充满各类水族的乳海空间，使画面呈现出由水上世界和水下世界共同构成的水平上下式结构。同时，在山顶上方的天神也不是传

---

① 图片作者为 Arabsalam，于 2013 年 12 月 24 日发表在维基共享资源网（Wikimedia commons），依据 CC BY – SA 3.0 协议授权。资源地址为：https：//commons. wikimedia. org/wiki/File：Preah_ Pithu19. JPG？ uselang = zh – cn。

② 在门楣上雕刻水纹，是为了令凡人在进入神圣空间时得到一种象征性的洗礼，从而以宗教意义上的纯净无垢之身，方可亲近神界。详见 Stella Kramisch，*The Hindu Temple*，Vol. 2，Calcutta：University of Calcutta，1946，pp. 13 – 317；另外，判断吴哥寺庙门楣纹样是水纹的依据，主要是这些纹路末端有水兽摩羯（Makara）和那伽（Nāga）的形象。另有一些不具有明显特征的卷曲纹路也被学者视为藤蔓纹路，例如法国学者 George Groslier 将寺庙门楣上的藤蔓纹样解释为宇宙之树 parna 的象征，认为这些藤蔓同样起到净化来者的作用。详细讨论参见 George Groslier，*Recherches sur Les Cambodgiens*，Paris：Augustin Challamel，1921，p. 276。

统样式中的梵天，而是吴哥寺浮雕壁中那位飞翔的天神。这种有选择性的继承，与上文提到的"54—54"对称一样，表明吴哥寺浮雕壁的若干形式能够满足巴戎寺建造者的表达需求。而隐藏在这种共通性背后的同一个意识形态的本质，就是本书随后所要探究的问题。

将吴哥寺浮雕壁与"传统样式"进行形式比对的目的，是总结二者表现同一主题的不同方式，以凸显吴哥寺浮雕壁在刻画方式上的创新点，发掘它在形式上不同于以往的新特质。在与"后吴哥寺样式"做比对时，关注点则主要落在二者表现形式上的共同点，以发掘吴哥寺浮雕壁的表现形式在不同历史情境下的普遍适用性，为下一步的深入解析提供线索。通过前一个比对，本书指出了吴哥寺"翻搅乳海"浮雕壁的"秩序性"特色，而在后一个比对的启发之下，本书初步指出了吴哥寺所开创的"54—54"对称、乳海空间及山顶天神等众多新形式。针对这些形式特色的全面、深入的解析，必能令研究者更好地理解"翻搅乳海"浮雕壁在吴哥寺中的存在意义。

第二节　源头故事的整理与分析

在上一节的图像描述中，本书对于"翻搅乳海"浮雕图像的形式特质进行了大致的整理，同时也对图像的内涵进行了初步的推测。鉴于浮雕在形式上的分量应当与其意义上的分量相平衡，在接下来的解析中，本书将以这幅浮雕的秩序性特质作为切入点，从艺术品本身的传播功能这一角度出发，系统挖掘浮雕的文化寓意与"秩序"之间的关联性。作为一件艺术创作，吴哥寺"翻搅乳海"浮雕壁的美学价值无疑会在古今人群的心中激起回响，但与此同时，它所表现的究竟是怎样的一个故事，这个故事意图传达的理念是什么，它的意义在何种历史情境之下指向何处，它的实际功能又是针对何种情境下的何人而言，这一系列问题的答案关系到斥资建造者的个人经历、宗教信仰和实际表达需求，也关系到社会成员的认同、想象、文化记忆等潜在原则。为完整解答这些问题，并从作品中析出上述文化因素，首先我们须以逆向重演艺术品创作过程的方式，对照已有文本，构建图像内容。①

顾名思义，逆向重演创作过程，就是将艺术品的实际创作过程部分地颠倒过来，从形式入手探寻内涵的过程。② 其中，主题判断和对于形式特质的讨论已在图像描述环节完成，图像信息也已基本收集完毕，这一步所要做的就是设法了解浮雕创作者可能读过或者知道的主题故事，将故事情节与图像细节反复比对，检视创作者对于文本的借鉴程度，构建起浮雕传达的事件内容。在综合考虑各个文本在宗教中的重要性、在大众中的流行度和受认可度之后，笔者从几部古印度圣典中挑选出了六个版本的、存在着参考可能性的《翻搅乳海》神话，每一版本都或多或少与其余版本有所差别。③ 这种复杂性和多样性，一定程度上加大了判断故事源头、建构图像内容的难度。

从实际表达需求与已有文本的关系来看，这些不同版本的主题故事中，有某一个故事与浮雕图像信息完全契合的可能性几乎不存在，因为图像作为一种"观点"，并不是对某个故事、某一场景的简单再现，而是会受到特定历史文化情境及人的实际需求、宗教信仰、审美趣味等诸多因素的影响④，促使创作者对原有故事进行二次编辑，而非全盘照搬。这意味着，浮雕作者可能会在多个版本的故事中摘选出宜于表达观点的情节和角色，经过拼接和改造，提炼出一个主要的图像画面。这一假设，可通过比对"传统样式"中的角色构成、比对文本故事等方式加以验证。

吴哥寺"翻搅乳海"浮雕壁中有若干角色同样存在于"传统样式"

---

① 重演理论来自帕诺夫斯基，详见［美］埃尔文·帕诺夫斯基《造型艺术的意义》，李元春译，台湾远流出版社1996年版，第12页。帕诺夫斯基认为艺术品背后的动机关乎民族、国家、宗教，而忽略作为个体的艺术家的特性，因此这一观点在艺术史学界颇受诟病。然而在吴哥寺造型艺术的案例中，创作者是无名人士，艺术创作本身由统治者授意、为统治者服务，我们完全可以有选择性地借鉴帕诺夫斯基的理论。

② 同上书，第13页。

③ 事实上，除了本书提到的六个较为详细的故事版本之外，《湿婆往世书》、《林伽往世书》、《俱利摩往世书》等经典中也都提到了《翻搅乳海》故事，不过篇幅都非常短；而《莲花往世书》、《风神往世书》及《火神往世书》版本则与《毗湿奴往世书》版本几乎完全相同。因此本书仅选取较有代表性的六个版本来进行分析。参见 J. Bruce Long, "Life out of Death"：*Hinduism：New Essays in the History of Religions*, edited by Bardwell L. Smith, Leiden：E. J. Brill, 1976, pp. 170－207。

④ ［美］埃尔文·帕诺夫斯基：《造型艺术的意义》，李元春译，台湾远流出版社1996年版，第12—13页。

作品中，它们是"搅棒山"、"搅索"婆苏吉、主导者毗湿奴、分列两边的天神与阿修罗，以及伫立在海底的巨龟俱利摩（图 3.14）。这些固定角色在吴哥寺浮雕壁上出现的位置与在"传统样式"中相差无几，但外观却发生了不同程度的改变，例如"传统样式"中呈柱子状的"搅棒"神山，在吴哥寺浮雕壁中回归为下大上小的自然山峰样貌；原本攀附于山上的毗湿奴，变为全身展露于山前，前方两手握住蛇身，后方两手分别握持宝剑、轮盘等法器，脸庞也由正面向前改为侧面；天神与阿修罗队列也表

**图 3.14　崩密列（Beng Mealea）①"传统样式"门楣浮雕。手持蛇身的
天神形象较为清晰，图像中央依稀可见柱状山、山顶神王及托山的巨龟**

现出更强烈的秩序感（图 3.15），并且双方存在着明显的强弱对比。除了这些"固定角色"，吴哥寺浮雕壁中还多出了若干新角色，例如阿修罗队伍中多了三位多头多臂的领袖，天神队伍中也添加了两位身材高大的大神，末尾则增添了一位魁梧的猴面人，并且巨龟身边还多了一条七头巨蛇，等等。同样不容忽视的还有吴哥寺浮雕壁中的角色替换现象，例如在

---

① 崩密列（字意为"荷花塘"）修建于公元 12 世纪初期，距离吴哥主遗址区约 40 公里。它主要由砂岩建成，在高棉艺术史上隶属于吴哥寺风格。详见 Jean Boisselier，"Běn Mālā et la chronologie des monuments du style d'Ankor Vat"，*BEFEO* 46，1952，pp. 187 – 226。

"传统样式"中端坐于山顶的神王梵天，在吴哥寺中变成了一位呈飞翔姿态的天神。这些变动进一步提示我们，浮雕作者所参考的很可能是一个与以往传统版本不同的脚本，并且可能还从其他版本《翻搅乳海》故事或者甚至其他神话中抽取了部分角色，以配合实际表达需求。为使答案更加明朗化，接下来须引入各版本故事，比照上述图像信息进行筛查。

　　如上文所述，包含《翻搅乳海》故事的古印度文献至少有六部，分别是大史诗《摩诃婆罗多》（Mahābhārata）、《罗摩衍那》（Rāmāyaṇa）及《薄伽梵往世书》（Śrīmad Bhāgavata Purāṇa）、《毗湿奴往世书》（Viṣṇu Purāṇa）、《火神往世书》（Agni Purāṇa）和《鱼往世书》（Matsya Purāṇa）[①] 等几部印度教大往世书。这六个版本的《翻搅乳海》神话可按

图 3.15　吴哥寺浮雕壁中的阿修罗队伍。相同的形貌大小、相等的间距、相同的姿态，使浮雕画面显示出强烈的秩序感

　　① 所依据的文献依次为：［印度］蚁垤：《罗摩衍那　童年篇》，季羡林译，人民文学出版社 1980 年版，第 246—249 页；［印度］毗耶娑：《摩诃婆罗多　卷一》，金克木、赵国华、席必庄译，中国社会科学出版社 2005 年版，第 57—64 页；*Srimad Bhagavatam（Bhagavat Purana）*，edited & trans. by A. C. Bhaktivedanta Swami Prabhupada, Mumbai：Bhaktivedanta Book Trust, 1987, 8.5–8.11；*A Prose English Translation of VisnuPuranam*, edited & trans. by Manmatha Nath Dutt, Calcutta：H. C. Dass, Elysium Press, 1896, pp. 37–46；*Agni Purana*：edited & trans. by B. K. Caturvedi, New Delhi：Diamond Pocket Books, 2004, pp. 30–32；Ariel Gluklich, *The Strides of Vishnu：Hindu Culture in Historical Perspective*, "Maps and Myths in the Matsya Purana", Oxford University Press, 2008, pp. 158–160。以下依次简称为《摩》版、《罗》版、《薄》版、《毗》版、《火》版和《鱼》版。

文献类别划分为两大组，第一组"史诗类"即为《摩》版和《罗》版。在这一组故事中，神魔翻搅乳海是为求得永生不死。这一动机背后根植着人类对于生存秩序和死亡必然性的永恒思考，传达的是以惧怕死亡为表现的生存焦虑。[1] 不论一个人是矜贵或是贫贱，衰弱或是强悍，都无法逃离死亡的宿命，随之产生的强烈的永生渴望因此而广泛地存在于一切人群当中。它非关道德，不含教化意味，也无须添加强弱对比以彰显戏剧性，例如《罗》版故事明确指出，参与翻搅活动的天神与阿修罗同样高贵、同等有力，而《摩》版也指出，天神们力大无穷，阿修罗们也是力量非凡。这种均衡、对等的身体条件，在"传统样式"主题艺术中体现得十分鲜明：神魔数量相等，身姿同样正直，神情也大体相同，无须毗湿奴从旁干预便充满了平衡感与稳定感。

　　需要指出的是，"史诗类"故事中天神们追求永生的意愿，本质上正是一种权力动机，因为在无法逃出死亡规律的芸芸众生乃至整个宇宙当中，"不死"本就是一项至高无上的特权，而不死灵药则是这项特权的象征物。虽然此类故事未曾提及"统治"、"王权"等字眼，但在研读故事情节的过程中，敏锐的读者仍不难从字里行间察觉到政治的张力。例如在争夺灵药时，一度并肩合作的神魔立刻转为敌对，体现出最高特权的排他性。除此之外，那罗延幻化为摩西妮夺走灵药的情节也表明，在这场权力争斗中，某一方的武力其实并不能起到决定性作用，胜负是受大神所左右，是"特权神授"。不过，正因为神魔在力量、德行等方面的对比并不明显，大神意志直至灵药现世后才向天神一方明确倾斜，神魔间原有的均衡性直到这时才被打破，也表明故事对"特权神授"的表达仍有进步的空间。

　　到了往世书时期，随着神魔在宇宙及社会层面上的寓意彻底两极化，神谱排序层次更加分明，《翻搅乳海》故事对于特权合法性的演绎也更为严谨完备，形成另一组与史诗类有所区别的"往世书类"故事，即本书中除"史诗类"版本外，剩下的《薄》版、《毗》版、《火》版和《鱼》版故事。在这类故事中，神魔之所以翻搅乳海，是因为式微力弱的天神必须以此方式夺回被阿修罗侵占的宇宙统治权。不死灵药的用途不再是赋予

---

[1]　［美］埃里克·沃格林：《秩序与历史　第一卷：以色列与启示》，霍伟岸、叶颖译，译林出版社2010年版，第41页。

永生，而是令天神们恢复勇武以战胜敌军，一举夺回王权。这些转变彰显了一种广义上的、囊括了死亡恐惧的生存焦虑，即对于"存在感丧失"的恐慌。这种存在感唯有通过不断的创造才能持续存在，小到生育子嗣，大到创造宇宙万物和世间秩序。① 而故事中争夺至高创造权的双方各自占据了光与暗、善与恶、有序与混沌的极点，因此争夺过程比以往更富于戏剧性：神魔自始便是被侵略与侵略的敌对关系，力量强大、雄霸宇宙的阿修罗咄咄逼人，而遭到诅咒、虚弱不堪又被逐出天界的天神看似处于劣势，但从最初便拥有最高神的明确支持，因此不但双方在体力上的不对等被削减了，而且最终的胜负也已不言而喻。这是"史诗类"故事与"往世书类"故事间的明显区别，也是解读浮雕、构建图像内容的重要依据。

从吴哥寺浮雕细节来看，天神众上半身向前倾斜，垂首敛目，显得十分萎靡；对面的阿修罗则半身后仰，双目圆睁，气焰张扬，显得精力充沛、力量强大（图3.16）。这些细节极为传神地彰显出了神魔双方的力量差异，与"往世书类"故事的描述相契合。由此也可初步推断，吴哥寺"翻搅乳海"浮雕壁所描绘的事件，就是一场发生在神魔之间的、以争夺天界统治权为核心的政治争斗，并且浮雕在当时的历史情境下的创作意义，也应当与"王权争斗"这一主题密切相关。

根据"史诗类"和"往世书类"故事的描述，在毗湿奴协助神魔准备好一切翻搅工具后，神魔各自就位，开始翻搅乳海。在翻搅过程中，众多新造物自乳海中诞生，随即便归属于不同的主人，一个全新的有序宇宙由此建立。在这一部分情节上，各版本故事之间仍存在明显的区别。例如，从神魔队伍的构成来看，《摩》版、《罗》版和《火》版描写相对简单，神魔均以群体形象出现，除神王因陀罗外，此三版均未提及队中其他领袖或出类拔萃者。《鱼》版里多出一位阿修罗王钵利（Balī），而在《毗》版中，阿修罗王变成了毗婆罗遮底（Vipracitti）。剩下的《薄》版故事不仅明确提到天神领袖因陀罗和阿修罗王钵利，还提到了其他几位功绩显赫、骁勇善战的大阿修罗，例如毗婆罗遮底、纳牟吉（Namuci）、巴纳（Bāna）等，天神一方则有湿婆、梵天及毗湿奴化成的大神阿笈多

---

① 我们在史诗及往世书神话中常见到国王、仙人或婆罗门因无法生育子嗣而忧虑，受到祖先谴责的事例。儿子被称为延续父亲生命的人，家族祖先的日常祭祀须由儿子完成，如果族中无子，祖先就会堕入万丈深渊。这类描述表明时人已意识到，能够实现绝对永生的"不死灵药"是不可能存在的，唯有永续不断的新生才能战胜消亡，实现真正的不朽。

（Ājita）助阵。至此，我们只需将吴哥寺浮雕中的神魔与上述描述进行比对，就能大致判断图像在这一部分所参照的文本。

图 3.16 天神与阿修罗的姿态对比。位于毗湿奴左边的阿修罗众力量较大，呈现出往后拖拽的姿态，而位于毗湿奴右边的天神则向前倾身，显得力不从心

上文提到，在吴哥寺浮雕壁的神魔队伍中间，规律分布着几个特殊角色。他们明显比其他群体成员更加高大魁梧，并且多头多臂，以此强调其高出群体的权威性和非凡的大威能。[1] 对照六个版本的故事，不难发现在这个部分与浮雕信息最为契合的，乃是神魔队内成分最为丰富的《薄》版。浮雕中那两位站立在阿修罗队伍中的大阿修罗，应当就是毗婆罗遮底、纳牟吉、巴纳中的某两位（图 3.17），而站在队末、手持婆苏吉头颈的大阿修罗，无疑就是《薄》版中的阿修罗首领、大王钵利。同理，混杂于天神队伍中的四臂多头天神则是湿婆、大神阿笈多或梵天。[2]

---

① Doris Srinivasan, *Many Heads, Arms and Eyes: Origin, Meaning, and Form of Multiplicity of Indian Arts*, Leiden: Brill, 1997, p. 22.

② 天神队伍中除了阿笈多和须羯哩婆以外，还有一位身躯高大魁梧的特殊人物。他拥有四头六臂，在形象上近似于梵天。曼尼加则认为他有可能是阿笈多。详见 Eleanor Mannikka, *Angkor Wat: Time, Space and Kingship*, Honolulu: University of Hawaii Press, 1996, p. 43。

图 3. 17　混杂在阿修罗队伍中的三位巨型多头多臂
阿修罗之一。比阿修罗众更魁梧的身材，以及多头多臂的特征，
表明他是一位力量强大的阿修罗首领

　　值得一提的是，阿修罗王钵利的身份得到确认，也为辨别天神队末的猴面人提供了重要的线索。这谜题乍看之下似乎难解，因为所有版本的故事都未曾提到有身份显赫的猴子参与翻搅乳海。此猴出现在"翻搅乳海"主题浮雕中，当是浮雕作者从别处摘选增补的结果。按照史诗《罗摩衍那》的说法，神话中的猴子是天神为击败罗刹而诞下的子嗣，具有纯粹的神性。① 这种同质性就是猴子能够立于天神行列之中的文献依据。而且此猴体格与大王钵利相当，又与钵利同样处在队伍末尾，高擎婆苏吉的尾部（图 3.18），这表明他不但是天神，而且还是天神领袖。

　　在这一节中，我们暂时不必深入探讨为何原属于因陀罗的神王位置，在吴哥寺浮雕中却改由一只猴子代劳。只消以"拥有天神属性的领袖猴"这一特性为线索，便可在古印度神话故事及相关角色中筛选出两个可能性较大的目标。这两位猴王都出自史诗《罗摩衍那》，其中一位

<hr />

　　① ［印度］蚁垤：《罗摩衍那　童年篇》，季羡林译，人民文学出版社 1980 年版，第 101—104 页。

名叫波林（Bālin）①，是因陀罗之子；另一位名叫须羯哩婆（Sugrīva，
又译"妙项"），是太阳神苏利耶之子，两位猴王乃是兄弟。波林是前
任猴王，他与弟弟须羯哩婆因王位发生争斗，后来须羯哩婆在罗摩的帮
助下杀死波林，将王权夺回手中，又协助罗摩赢得楞伽岛之战，夺回悉
多。由此可见，须羯哩婆在王权争斗中的胜利，得益于最高大神之化身
的支持，是"神授君权"；他所统治的猴众与他一样属于天神族类，他
作为领袖则体现"神王一体"。这样的属性，与"翻搅乳海"事件起因

图 3.18　位于天神队伍末尾的猴王须羯哩婆。他身材高大，
一手握住蛇身，一手高擎婆苏吉的尾部，与另一端的大王钵利遥相呼应

---

①　由于辅音字母 b 与 v 经常发生混淆，因此波林的名称又可写作"伐利"（Vāli）。另，
在一些不需变格的语言中，"波林"（Bālin）一名常被写成它的单数体格形式"Bālī"或
"Pālī"，发音同"钵利"。

中的政治意味是相契合的，而且这一形象背后的故事性也使得他的存在
对于天神一方的胜局做出了明确的提示，符合《翻搅乳海》故事的情
节设定。

除此之外，须羯哩婆与阿修罗王钵利，不仅在身量、站位及领袖身份
等方面协调一致，而且他们的名字也能巧妙地彼此呼应。如前所述，与须
羯哩婆争夺王权的是他的兄长波林（Bālin），而梵语"波林"一名的单
数体格形式正是"钵利"（Bālī）。在高棉版本的《罗摩衍那》——《林
给》（Reamker）故事中，猴王兄长的名字也正是"钵利（Bālī）"。① 因
此，浮雕创作者极有可能利用了这种谐音关系，一方面借用须羯哩婆在大
神协助下战胜"钵利"、夺得王位的人物故事，对"翻搅乳海"主题在王
权方面的寓意加以强调；另一方面也通过阿修罗王"钵利"的名字，提
示作为天神领袖的猴王就是须羯哩婆。在名称发音与角色内涵的双重对应
之下，一些学者将这位猴王判断为哈奴曼（Hanuman）的观点，证据并不
充足。② 而由这一推测引申出的、将阿修罗王钵利认作十首王罗波那
（Rāvana）（图3.19）的观点，不但与"哈奴曼论"一样割裂了角色间的
逻辑关系，而且与浮雕内涵不尽契合，也是不合理的。③

在神魔成功地从乳海中翻搅出不死灵药后，故事进入最后的决战阶
段。在各版本故事中，获得最终胜利的都是天神一方，争斗经过也大体相
同：在毗湿奴所变化的摩西妮的帮助下，以因陀罗为首的众天神饮下不死
灵药，于是声威大震，一举击败了阿修罗。然而在战争细节上，"史诗
类"与"往世书类"之间仍存在明显差别。以"史诗类"中的《摩》版
故事为例，在神魔之战中，最为出彩、给人最深刻印象的英雄不是天神，
而是大神毗湿奴。他在战场上用轮盘杀死大批阿修罗，为推动天神胜利做

① 《林给》的故事中有关须羯哩婆与波林的故事，请参阅 Judith M. Jacob & Kuoch Haksrea，
Reamker（*Ramakerti*）：*The Cambodian Version of Ramayana*，London：Psychology Press，1986，pp.
76 - 98，4. 51 - 5. 51。

② 将猴王判断为哈努曼的观点，参见 Claude Jacques & Michael Freeman，*Angkor*：*residences
des dieux*，Genève：éditions Olizane，2002，p. 162。

③ 这个观点之所以不可取，有如下三个原因：首先，罗波那是罗刹，而非阿修罗。罗刹与
阿修罗的概念不可混淆。在一个描述阿修罗的故事中出现一位罗刹，违和感十分强烈。其次，从
图像的角度来看，真正的罗波那在吴哥寺西面浮雕墙上的形象与此处的这位阿修罗王并不相同。
最后，《翻搅乳海》是一个人物与情节都很完整的故事，要想在其中增加新的角色，并不是一件
简单的事。不论从人物形象还是相关故事来看，罗波那与哈奴曼都与《翻搅乳海》故事全无关
系，不可能参与到这个神话场景当中。

出了至关重要的贡献。这固然能说明"君权神授",但神王连同天神众本身的光辉便难免被其炫目的强光所遮蔽。并且毗湿奴直至故事尾声才突然如此发力,也加剧了神意在事件中的脱节感,"神"与"王"的融合度不佳。相比之下,"往世书类"故事在展现大神与神王各自的光彩,使二者保持分量上的相对均衡等方面,处理十分圆熟。大神对于事件的直接干预仅发展到摩西妮取药为止,随后神魔战争爆发,杀敌的功勋均归属于英勇睿智的神王因陀罗。在神意明朗的前提下,将战斗的荣耀还归于王者,不仅对当下的国君们更具激励意义,而且也使故事整体更加和谐,各部分比重更为均衡。

图 3.19　吴哥寺浮雕壁中的十首王罗波那。[①]
图中可以清晰地看到,罗波那的头颅数量明显更少,发型面貌等特征也与
"翻搅乳海"中的阿修罗王不一样。二者明显不是同一个角色

---

① 图片作者为 Michael Gunther,于 2014 年 8 月 15 日发表在维基共享资源网(Wikimedia commons),依据 CC BY – SA 4.0 协议授权。资源地址为:https://commons.wikimedia.org/wiki/File:Ravana_ 0842.jpg? uselang = zh – cn。

　　在吴哥寺主题浮雕中，这种整体和谐与平衡同样要由大神和神王共同实现。不同于"传统样式"中力量均衡的神魔，吴哥寺浮雕所刻画的、来自"往世书类"故事中的神魔，彼此间存在着十分明显的力量差异，画面力场的重心向较为强大的阿修罗一方倾斜。根据文本描述，可知这样的不均衡唯有依靠最高神的介入才能得到解决。对比吴哥寺浮雕中的毗湿奴，我们不难发现他确实不再如"传统样式"里那样距离遥远、形体细小，而是直接降落于山前，就在观者紧张的视线中，以双手紧握蛇身，对翻搅活动表现出强势的介入和参与。与此同时，他还一改原先在"传统样式"中以正面迎向前方、不偏不倚的姿态，转而向天神的方向侧头顾视（图3.20）。从视觉心理角度来说，毗湿奴本就处在浮雕画面的敏锐视觉焦点之上，他旁顾的视线正好能将观者的注意力自然地引向天神一方，使得原本歪斜的画面力场归于均衡，从而成就一个稳定、和谐的画面布局。① 这一改动在"往世书类"故事及其他印度教神话经典中也能找到相关依据：当吉祥天女从乳海中诞生、选择毗湿奴为夫婿时，曾回眸注视天神一方。得益于她的青睐，天神们在这场争斗中大获全胜。鉴于配偶女神乃是主神意志与力量的映射②，而对于事件走向的控制力本就为最高主宰所有，因此这一创新不但在维持图像形式均衡的层面上极为精妙，而且在内容上也忠实地遵照和反映了文献的本来意味。

　　据"往世书类"故事描述，在这场由神与王相互配合所成就的伟业中，神王因陀罗用金刚杵奋勇杀死数名强悍的阿修罗首领，为天神们奠定了胜局，重要性同样不容忽视。他的荣光主要集中在故事的尾声，即神魔大战部分，尤其在杀死大阿修罗那牟吉时，他不仅展现出令人惊叹的武力，而且也富于智慧与谋略，是一位理想的武士君主。而"史诗类"故事虽然将战功基本归于毗湿奴大神，但因陀罗作为天神领袖，在故事中同样做出了一些富于象征意味的举动，令人无法忽视。这出自各个文本的种种描述，在吴哥寺浮雕壁中究竟是否都得到了体现，正是本书接下来所要探讨的问题。不过，针对这一点，本书首先需要回答的问题是，在浮雕中，谁是因陀罗？

---

　　① 关于视觉焦点的理论及案例描述，参见［英］恩斯特·贡布里希《秩序感》，杨思梁、徐一维、范景中译，广西美术出版社2015年版，第95—128页。

　　② Suresh Chandra, *Encyclopaedia of Hindu Gods and Goddesses*, New Delhi: Sarup & Sons, 1998, p. 284.

图 3. 20　吴哥寺浮雕壁中的毗湿奴一反以往在"传统样式"中的正面造型，以侧面造型出现，注视天神一方

　　因陀罗最为人所熟知的身份是"神王"。若是从这一角度来看，那么在吴哥寺浮雕壁中，他本应手擎蛇尾站在天神队伍末尾，与另一端的阿修罗王钵利遥相对峙。但相对于整幅浮雕的宽度和结构，队列末尾距离中心区域较远，处于斜视线的位置而非直视线位置，不易被第一时间注意到，在图像力场方面与在文本中发挥重要作用的神王不相匹配。[1] 换言之，鉴于因陀罗在事件中的分量、其本身的光辉、权力及对现世王者的意义，他的形象不可能远离视觉焦点，而是必须处在中心视区以内。根据这一推断，在逐一排除浮雕图像中轴角色组中的已知角色后，剩下最为可信的选项，便是位于中轴最上方、呈飞翔姿态俯瞰下方的那一位天神。

───────────

　　① ［英］恩斯特·贡布里希：《秩序感——装饰艺术的心理学研究》，杨思梁、徐一维、范景中译，广西美术出版社 2015 年版，第 113 页。

与队列中的普通神魔成员相比，这位天神身量较小，浑身上下的装饰也未见特殊，然而他在图像中的位置十分引人注目：他所在的中轴既是长度意义上的中央分界线，又是中断连续性的神魔队伍、造成观感震动的一个视觉显著区，能够迅速吸引观者的注意力。更令人瞩目的是，这位天神位于中轴的最上方，超过了"搅棒山"的高度。考虑到中轴角色组的排列秩序有可能暗示了等级、地位或诞生渊源等方面的信息，这位身处顶端的天神，在身份上也极可能高于群体。浮雕中的他双手握持着一件不明器具，作势将其放置在山顶上（图3.21）。这一场景，正好能在《摩》版故事中找到相应的描述：当"搅棒"曼陀罗山①被放上巨龟背甲之后，因陀罗又将一件"器具"（yantra）放到了山顶之上。② 据此可以断定，浮雕中这位飞翔的天神，正是神王因陀罗。③

图3.21　位于浮雕画面最上方、呈飞翔姿态的因陀罗。
他目视下方，双手握持一件"器具"，将其放置在搅棒山的顶部

---

①　在《摩诃婆罗多》版本的《翻搅乳海》神话中，充当搅棒的大山不是须弥山，而是曼陀罗山。

②　［印度］毗耶娑：《摩诃婆罗多》，金克木、赵国华、席必庄译，中国社会科学出版社2005年版，第59页。

③　赛代斯也认为这位天神应当是因陀罗，理由是因陀罗居住在须弥山顶。鉴于在高棉传统观念中，须弥山与曼陀罗山是混为一谈的，因此出现在山顶处的天神无疑是因陀罗。详见G. Cœdès, "Les Bas-reliefs d'Angkor", *Bulletin de la Commission of Archéologique d'Indochine*, 1911, p. 175。

　　分析至此，不难看出吴哥寺浮雕所依据的文本故事，确实如之前所猜测的那样，同时包含着"史诗类"和"往世书类"的内容。从图像信息来看，这面浮雕实际是从各版本故事及其他文献中摘选出了符合实际表达需求的段落、场景和人物，如同从各处摘来不同颜色、不同种类的花朵，将其合并成一捧瑰丽多彩的花束。之所以能以这种方式进行拼凑，是因为浮雕对于事件的叙述和对主旨的表达，须依靠不同角色以各种情态来加以表现和提示，角色在承载丰富意义的同时，对于情节的依赖度相应降低，一定程度上也使图像内容的结构变得松散。但这些角色彼此之间绝不是毫无关联，而是同在一个有机体内相互配合、相互映衬，共同体现主题意义。例如浮雕中静卧于海底的七头巨蛇，他在"传统样式"中从未出现过，首次亮相即是在吴哥寺浮雕壁中，不免令人猜测，这条七头巨蛇是否也如须羯哩婆一样，是从其他故事中摘选加入的角色。对此疑问的探讨和验证，同样须从角色的形式细节入手。

　　这条巨蛇的七个头上均戴有王冠，表明他也是该族的领袖。蛇身下部线条构成了浮雕的底部边框，身躯中段的一侧立有巨龟俱利摩。原本在"传统样式"中独自发挥基础承载作用的巨龟，至此便格外多出了这一位比肩者，并且，比起仅承托须弥山的巨龟，这条七头巨蛇所托举的是整个乳海，以及乳海上方的广大空间。有趣的是，我们在《翻搅乳海》故事里看到的蛇王仅有一位，那就是为神魔充当搅索的婆苏吉[1]，此外并没有出现另外一条如浮雕中这样静卧在乳海底部，身躯完全伸展，头部自然向前，未参与翻搅活动的巨蛇（图3.22）。一个显然并不推动事件发展或影响事件进程的角色，以如此庞大的形象出现在浮雕中，不可能仅是出于审美的目的。结合上文关于浮雕以角色承载意义的讨论，我们完全可以推断，这一角色的姿态及其在浮雕中的位置，均由他的角色内涵和意义所决定，而这一意义必然也与浮雕主旨相契合。

　　学者们一度猜测这条巨蛇是婆苏吉[2]，但故事中的婆苏吉显然亲身参与了翻搅活动，不仅充当必不可少的翻搅工具，而且还在一定程度上影响

---

　　① 在《鱼往世书》版本的故事中充当搅索的巨蛇不是婆苏吉，而是舍沙。详见 Ariel Gluklich, *The Strides of Vishnu: Hindu Culture in Historical Perspective*, Oxford: Oxford University Press, 2008, p. 159。

　　② 曼尼加将这条巨蛇判断为"第二条婆苏吉"。详见 Eleanor Mannikka, *Angkor Wat: Time, Space and Kingship*, Honolulu: University of Hawaii Press, p. 47。

图 3. 22　位于浮雕图像下方的七头巨蛇。[①] 他卧在乳海底部，
身躯舒展，头部自然向前，腹部线条构成浮雕的下部边框

了战局[②]，无疑与这条巨蛇那游离于事件之外的特征完全不符。并且，在各版本《翻搅乳海》故事和其他宗教神话文献中也未见有关婆苏吉静卧于乳海底部的描写，真正沉在乳海底部的宇宙负载者其实另有其蛇，那就是与大神毗湿奴密切相关的巨蛇阿难答·舍沙（Ananta Śeṣa）。根据《摩》版故事的说法，舍沙是伽德卢（Kadru）的长子、婆苏吉之兄，曾遵照梵天的嘱托，以身躯承托和固定整个大地。[③] 在翻搅乳海时，也是多

---

① 原图作者为 Michael Gunther，于 2014 年 8 月 13 日发表于维基共享资源网（Wikimedia commons），依据 CC BY – SA 4.0 协议授权。资源地址为：https：//commons. wikimedia. org/wiki/File：Ravana_ Churns_ the_ Sea_ of_ Milk_ Angkor_ Wat_ 0743. jpg? uselang = zh – cn。

② 在故事中，当翻搅活动进行到一半时，婆苏吉因神魔的强力翻搅而甚感痛苦，从口中喷出了烟雾、火焰和毒液，抱持蛇头部分的阿修罗们因此而实力大减。他的尾巴因痛苦而在水中用力摆动，掀起清凉的水雾，抱持尾部的天神因此而神清气爽。

③ ［印度］毗耶娑：《摩诃婆罗多》，金克木、赵国华、席必庄译，中国社会科学出版社2005 年版，第 89 页。

亏舍沙奋力拔起了曼陀罗山，众天神才有了搅棒。① 他对于宇宙空间秩序的重要性，由此可见一斑。在对舍沙德行的赞美言辞之中，梵天甚至明言舍沙的地位等同于神王梵天或因陀罗，因此舍沙虽然实际上并没有统治蛇族，但在浮雕中依然戴有王冠。

在"往世书类"故事中，舍沙与毗湿奴的联系变得更为紧密。根据毗湿奴派经典《薄伽梵往世书》的描述，舍沙常年静卧在宇宙的底部，起到承托和支撑整个宇宙空间的作用。② 对舍沙而言，宇宙不过是托举在他头颅之上的一粒芥子③，这极尽夸张的描述，将舍沙之庞大提升到了一个不可思议的程度，同时也表明他在往世书中也继续发挥着承托宇宙、维护空间秩序的作用。另外，往世书也提到，舍沙是最高主宰毗湿奴的化身之一，当毗湿奴在宇宙之海沉睡时，总是躺在舍沙身上，将他作为床榻。④ 这一设定并没有相应的故事能解释其由来，应当也是依靠角色本身的象征意义来组合构成一个符号。依照这些文本的描述，吴哥寺浮雕将舍沙与毗湿奴的另一个化身、巨龟俱利摩安置在一起，共同发挥支撑图画空间的基础作用，从宗教神话角度和舍沙本身的属性来看，是完全合理的。不过，要促使设计者创造性地在浮雕画面中引入一个以往未曾出现过的角色，仅仅"合理"并不足够。从浮雕将毗湿奴安置于舍沙身躯上方的排列方式来看，它与那罗延符号之间存在着明显的形式相似性，至于意义方面可能存在的对应关系，还需在下文中做进一步的论证。

在舍沙之后，浮雕中尚余一处细节未经讨论，那就是被放置于巨龟背甲上、在翻搅活动中充当搅棒的高山（图 3.23）。在"史诗类"故事中，这座山被认定为曼陀罗山（Mandara）⑤，而在隶属于"往世书类"的《薄》版故事中，这座充当搅棒的大山既被称作"曼陀罗山"，又被称作"Kanakācala"，即"黄金山"⑥，而"黄金山"这一名称和属性，为须弥

---

① ［印度］毗耶娑：《摩诃婆罗多》，金克木、赵国华、席必庄译，中国社会科学出版社2005年版，第59页。

② ŚBh. 5. 25. 1.

③ ŚBh. 5. 25. 2.

④ 如此形态的毗湿奴也被称为那罗延（Narayana）。

⑤ 曼陀罗山（Mandara）是须弥山的四座主峰之一，位于东面。详见 V. R. Ramachandra Dikshitar, *The Purana Index*, Vol. 2, Delhi: Motilal Banarsidass, 1995, p. 629。

⑥ ŚBh. 8. 6. 35.

山所独有。这表明这座山在《薄》版故事中兼具两种特性：它是供神魔翻搅乳海的搅棒，这一功能使它沿用了"曼陀罗"之名；但它同时又拥有须弥山的特质，通体由黄金所成，极为沉重，在将它运往乳海之滨的过程中，许多神魔因不堪其重而被压死。吴哥寺浮雕壁中的"搅棒山"是否就是文献中这座"发挥搅棒功能的须弥山"？这个问题的答案就隐藏在龟甲的图案之中。

图 3.23　吴哥寺浮雕壁中的"搅棒山"与传统样式
"搅棒山"的对比图。如图所示，"翻搅乳海"浮雕壁中的搅棒山
呈明显的山峰造型，而传统样式中的搅棒山呈明显的柱状

从浮雕来看，这座"搅棒山"伫立在俱利摩的背甲中央，周边环绕着三层莲花瓣，山脚与龟甲重叠的区域雕为莲花心式样，高高耸立的山峰如同子房，自莲花瓣中隆起（图3.24）。这种表现形式一方面使龟甲富于装饰性，另一方面也为龟甲赋予了特定的象征意义，因为《薄伽梵往世书》明确记载道："须弥山如同莲花子房，伫立在大地的中心，而围绕在它周围的七大洲则如同莲花花瓣。"① 浮雕有意将龟甲雕满莲花瓣，并将这座山设计为莲花子房，表明这座"搅棒山"正是须弥山。除文献证据以外，在泰国流传的《翻搅乳海》故事中，充当搅棒的大山也被明确规定为须弥山。② 根据柬泰两国在印度文化方面的传承关系，这一事例能够证明，高棉人观念中的"搅棒山"，就是用来搅拌乳海的须弥山。③ 这一信息与浮雕的图像形式特质相契合，与《薄》版故事的说法也是完全吻合的。

图 3. 24　充当搅棒的须弥山伫立在俱利摩的龟甲中央，
龟甲周边雕满莲花瓣，中间与山脚重叠的部分则饰以蜷曲的丝蔓状花纹，
示意该处是花心位置。高高耸立的须弥山则相当于莲花的子房④

综上所述，从角色特质及角色间逻辑关系来看，在吴哥寺"翻搅乳海"浮雕壁的图像内容中，"史诗类"和"往世书类"故事各占据了一定的份额。其中，浮雕里衰弱的天神、强势的阿修罗、侧视的毗湿奴等形

　① 　ŚBh. 5. 16. 7.

　② 　这一信息由北京大学外国语学院东南亚系泰语教研室裴晓睿教授向笔者提供，在此谨对裴老师表示感谢。

　③ 　Mabbett 指出，在东南亚文化中，曼陀罗山与须弥山是混为一谈的。详见 I. W. Mabbett，"The Symbolism of Mount Meru"，*History of Religions*，Chicago：The University of Chicago Press，1983，Vol. 23，No. 1，pp. 64 – 83。

　④ 　原片作者为 Lionel Allorge，于 2014 年 1 月 3 日发表在维基共享资源网（Wikimedia commons），依据 CC – BY – SA 3. 0 协议授权。资源地址为：https：//commons. wikimedia. org/wiki/File：Exposition_ Angkor_ –_ Naissance_ d%27un_ mythe_ –_ Louis_ Delaporte_ et_ le_ Cambodge_ –_ 016. jpg? uselang = zh – cn。

象，与"往世书类"中的《薄伽梵往世书》版本的描述一致，提示了事件的起因、经过和结局，构成图像内容的主干[1]；"史诗类"则主要以单个角色的形式参与图像场景，例如飞翔的因陀罗和出自《罗摩衍那》的须羯哩婆等，旨在与其他角色相互配合，进一步对"图像意义"加以强调。此外，诸如神魔队列中的高大成员、巨蛇舍沙、莲花龟甲与须弥山等细节，也都与《薄伽梵往世书》的说法最为契合。有鉴于此，本书在图像内容解析的过程中将重点参考《薄伽梵往世书》及两大史诗故事，同时引入多种宗教神话文献及历史记录，针对图像内容及角色在具体历史情境下的象征意义进行解析，力求在文献与史料的双重佐证之下，使浮雕的文化内涵得到验证，而再增其丰采。

　　《薄伽梵往世书》是毗湿奴派最为重要的经典之一。[2] 它是一部大往世书，将毗湿奴尊为宇宙最高主宰。《翻搅乳海》作为其中一个较为经典的神话故事，鲜明地体现了毗湿奴在宇宙中的主宰性、创生性与遍在性，展现出最高神以扶持群体领袖的方式建立和维护世间秩序的职能。这一故事在大史诗《摩诃婆罗多》中虽只是一个简短的插话，但正如上文所分析的那样，它同样体现了神与神、神与王之间的引导与扶持的关系。而对于现实中的领袖来说，这种存在于"神圣过去"的扶持关系能够为他提供一个可供效仿的范本，一个在类似情境下解释王权合法性的思路。通过将王权归结为最高神的授意安排，领袖对于群体的统治便也成为世间真理的一部分，必然得到广泛的认同。基于两类《翻搅乳海》故事体现出的这一共同理念，我们不妨推测，吴哥寺"翻搅乳海"主题浮雕壁的创作意义，也应当与神王关系背后的王权合法性有关。在接下来的章节中，本书将继续引入各类资料，尽力复原历史文化情境，对这一推测进行验证。

---

　　① 其余的《火神往世书》和《鱼往世书》属于"暗往世书"，是印度教湿婆派经典。从吴哥寺的浮雕主题、供奉神像及原名来看，苏利耶跋摩二世信奉的是印度教毗湿奴派，这两部往世书便可据此排除。关于"暗往世书"等派别信息，参见刘建、朱明忠、葛维钧《印度文明》，中国社会科学出版社2004年版，第241页。

　　② Moriz Winternitz, *A History of Indian Literature*, Vol. 1, Delhi: Motil Banarsidass, 1996, p. 530.

第三节 浮雕内容分析

一 故事主干分析

《薄伽梵往世书》版本的《翻搅乳海》神话讲述的是一场发生在天神与阿修罗之间的、围绕统治权的争斗。在此前的神魔大战中，天神被强大的阿修罗击败，气势大减。随后，神王因陀罗又遭到敝衣仙人（Durvāsa）诅咒，导致天神们越发衰弱，宇宙秩序遭到严重破坏。趁此机会，势力强盛的阿修罗众在大王钵利的领导下，悍然侵占了宇宙。因陀罗无计可施，便率领众神前去向梵天与湿婆求助，后又在其指引下前往乳海，求助于最高主宰毗湿奴。毗湿奴指点因陀罗与阿修罗缔结联盟，共同翻搅乳海。在激烈的搅动之下，自沸腾的乳海中依次诞生了天马、宝石、吉祥天女等宝物，分别归属于不同的主人。最后，当手持不死灵药的神医檀文陀利（Dhanvantari）出现时，阿修罗们一跃而起，将不死灵药夺走。毗湿奴见状，便化身为美女摩西妮（Mohinī），用计从阿修罗手中骗取了不死灵药，喂给以因陀罗为首的天神。饮下灵药之后，因陀罗等神重振声威，在随后爆发的神魔交战中英勇杀敌，一举击败了钵利和他率领的阿修罗军队。就这样，因陀罗重新夺回了宇宙统治权，天神们也得以重返天庭。

这个故事兼具宇宙论和政治神话的双重意味，十分鲜明地展现了以"神—领袖—群体"为框架的存在结构。从情节来看，神魔翻搅乳海的起因是天神失去宇宙统治权，结局是天神击败对手，夺回了宇宙统治权，所以这个事件作为一个整体来说无疑是政治性的，它记述的是一场发生在天界的政治争斗，而从乳海中诞生宝物等创世情节只是重建政治秩序所必须经历的过程。但与此同时，神魔的强弱状态及争斗的成败结局，要受到最高主宰的调控和支配，这意味着神魔及争斗本身就是宇宙秩序的一部分，强弱、胜败都体现宇宙规律。更进一步说，这场发生在神魔间、以新的有序世界取代无序过往的争斗，实际是在一个最广大的、囊括了宇宙与人类社会的层面上，彰显了秩序周而复始地战胜失序的道理。从这个意义上来说，这个故事又不能被视为纯粹的政治记录，并且故事中的天神和阿修罗，并不只代表社会层面上的守序者和破坏秩序者，同时也象征着宇宙层面上的秩序与混沌。

根据故事描述，当天神们向最高主宰毗湿奴求助时，毗湿奴并未问起敝衣仙人的诅咒细节，而是声称阿修罗之所以强盛，是因为他们眼下为时间所偏爱。并且，当天神即将获胜时，大王钵利也对因陀罗指出，神魔斗争的胜败实际是由时间所操纵。这些细节十分显著地表明了神魔双方的强衰更迭实际是与宇宙周期保持一致，在揭示秩序与混沌轮流占据世间的规律的同时，也令发生在有序者与秩序破坏者之间的政治争斗得以与宇宙周期建立起类比关系，从而使争斗双方、争斗过程和胜负结局得以摆脱世俗意味，使胜利者的王权散发出一种等同于宇宙真理的、不容置疑的神圣性。神力不但支配宇宙周期秩序，而且也在政治秩序的建立过程中发挥决定性的作用，通过在群体中扶持一个领袖，原本混杂不明的群体便被划分出了清晰的层次，社会秩序由此得以建立。从这个角度来说，"翻搅乳海"事件也可被视为一个展现存在结构的故事。

在吴哥寺主题浮雕壁中，衰弱的天神众与强势的阿修罗众都各有一位领袖，即神王因陀罗和阿修罗王钵利。按照文本的解释，天神之所以陷入衰弱，直接原因是其领袖因陀罗受到仙人诅咒，表明群体受制于领袖，领袖的言行会对群体产生影响。故事至此展现出第一层秩序关系，即"领袖—群体"。随后，因陀罗向毗湿奴求助，毗湿奴先是化为巨龟以彰显其空间主宰力，随后又以自身偏好左右时间，最后更是巧取不死灵药，促成了以因陀罗为首的天神众的胜利。在浮雕图像的石刻形式层面上，大神对于天神众的偏好及扶持行为均以毗湿奴的侧面顾视加以表现，同时也展现出第二层等级排序，即"最高神—领袖"。不论是在大神主导下的创世，抑或是天神最后的胜利，都为我们彰显了这样一个道理：最高神不仅主宰宇宙，而且也会以扶持领袖的方式，体现他对社会秩序的创造力和支配力。在这个过程中，被扶持的领袖成为神意的接收者，依照神意登基的同时也被赋予了神性，是"君权神授"和"神王合一"的集中体现。《翻搅乳海》故事所关注的等级关系，主要就集中在"神"与"王"这一层次上。而从吴哥寺浮雕图像将毗湿奴和因陀罗的形象安置于视觉中心区域的这一布局当中，不难看出浮雕所要强调的，也是神与王之间的关系。

对于当时的吴哥统治者来说，《翻搅乳海》故事所展现的神王关系无疑具有重要的现实意义，这是因为，在吴哥寺这样一座专供王与神建立联系的寺庙内，这样一个表现神王关系的主题作品的出现，令我们完全有理由猜测，这一发生在久远过去的神界事件，能够为当下处在相似情境中的领袖提供一个可供效仿的榜样和证明自身合法性的有力例证。通过将当下与过去相类比，在政治斗争中大获全胜的领袖便能据此将统治权解释为最高主宰授意的结果，从而在自己与大神之间构建起"君权神授"的关系，由大神为自己的王权做合法认证并一路保驾护航。而建立这种类比关系的必要性，来自于王权夺取方式的争议性。关于这一点，仍需引入大量史料进行论证。无论如何，整体把握《翻搅乳海》故事中的神王理念，无疑有助于我们更好地理解神话与历史之间以及神与王之间的关联性，而这也正是正确认识"翻搅乳海"主题在吴哥寺中的存在意义的关键。①

二 分段解析

一件作品的意义必然存在于创造它的那个社会历史情境当中，这就是为什么我们在成功地构建了图像内容、厘清了事件主干及浮雕中各个角色的来历之后，仍须继续引入大量关于当时的吴哥社会历史资料，以进一步验证我们此前对于浮雕意义的种种猜测与假设。一方面，从文化的角度来看，神话作为一类发生在久远过去的"往事"，它与当下的界限并不分明，二者能够借助永恒连续的时间之力实现彼此联系和贯通，一如漂浮在时间之河上的两座岛屿；另一方面，现实与神话情节的相似性，也使神话中的神与现实中的人得以突破种族、秉性、时空等诸多限制，彼此接纳、亲和，相会于同一维度内，对当下产生影响。人在神的扶持下崛起，从而将自己和所成就的伟业定义为神圣，而神则以激励和扶持人的方式积极地参与到社会事件当中。这些曾经横亘在人神间的壁垒破碎时所引发的长久的震动，不在别处，就封存在以此为题的艺术品内部，不断在同一精神群体的内心中引起共鸣。为了逐层解析和展示这一过程，本书将把浮雕图像内容按照事件的起因、经过和结局划分为三个章节，以更为切近、更为审慎的目光审视图像背后的文化内涵，同时引入相应的书写及口述历史材料，具体探讨王是在一种怎样的现实需求的驱使下求助于神，神又是在何情境下介入的。

---

① 曼尼加曾在没有判定和分析浮雕所依据的文本的情况下，从《因陀罗与弗栗多》的故事中摘取"因陀罗加冕"（indrābhiṣeka）的概念，对"翻搅乳海"主题在吴哥寺内的王权象征意义进行推测。但从故事的角度来看，浮雕内容本身就是描述神魔因宇宙统治权而引发的争斗，因此似乎不必从别处引入概念来证明其王权象征意味。曼尼加的推测过程详见 Eleanor Mannikka, *Angkor Wat：Time，Space and Kingship*，Honolulu：University of Hawaii Press，1996，pp. 43－47。

　　根据故事情节的发展顺序，《翻搅乳海》故事大致可分为三个部分。第一部分讲述翻搅乳海发生以前的宇宙态势，交代翻搅乳海的起因，包括天神与阿修罗的对立，毗湿奴的协调，以及天神与阿修罗为翻搅乳海而做出的一系列准备等。第二部分讲述神魔翻搅乳海的具体过程，包括众多造物的诞生及其归属。第三部分讲述翻搅乳海的结局，主要包括不死灵药现世后摩西妮的欺诈，神魔大战，以及天神最终的胜利。在相应的吴哥寺主题浮雕中，创作者截取刻画的是神魔正在进行翻搅活动的一个动态瞬间，然而画面中衰弱、佝偻的天神和精神抖擞的阿修罗，偏头顾视天神一方的毗湿奴，在半空中恣意狂舞的天女阿普萨拉等细节延长了时间的跨度。这些情境线索提示我们，在这静止的一瞬里蕴含着向前后延展的动势，使我们除了见证眼前正在发生的场面之外，也能感受到事件的起因，预期未来的走向。[①]

　　1. 第一部分——翻搅缘起

　　浮雕内容中关于事件起因的说明，主要通过天神与阿修罗的形貌特质来体现。抱持蛇身后半段的天神面目清秀，神情萎靡（图3.25），抱持前半段的阿修罗则面目狰狞，神采飞扬，表现出明显的精力不对等。同时，在身体姿态方面，上身前倾、头颅低垂的天神，明显在对峙中较为弱势、落于下风；而另一边的阿修罗则重心向后，显得力大无穷（图3.26），给人以鲜明的"神弱魔强"的观感。根据文本描述，神弱魔强致使宇宙节律和因陀罗的统治秩序都陷入了崩溃，为扭转局势、解除危机，必须在已遭损毁的旧世界的废墟上创造、建立起一个新世界。在宇宙层面上，这意味着必须再次创世；在政治层面上，则意味着必须驱逐破坏秩序者，建立一个新的统治秩序，开启新纪元。然而，身陷危机的天神本身并不具备上述能力，只能求助于更高等级的大神、遵从大神的吩咐。这种等级关系正是"君权神授"的基石。

　　上文提到，与"史诗类"神话相比，以《薄》版为代表的"往世书类"神话着重强调了天神的衰弱与阿修罗的强盛，意在与天神最后的胜利相呼应，以表现最高神意的不可违抗，强调天神获胜的必然性与合法性。换句话说，天神们的弱势并不意味着他们真的会在对抗中落于下风，

---

　　① ［英］恩斯特·贡布里希：《图像与眼睛——图像再现心理学的再研究》，范景中、杨思梁、徐一维、劳诚烈译，广西美术出版社2013年版，第50页。

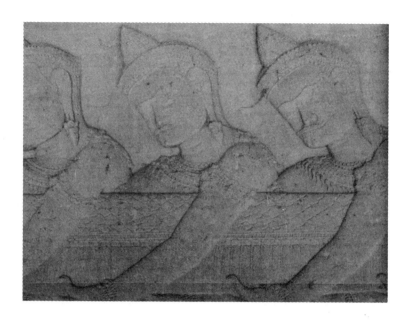

图 3.25　容貌清秀的天神，眼眸低垂，神情萎靡，显得力不从心

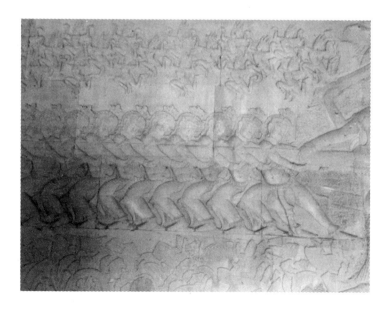

**图 3.26　正在进行翻搅活动的阿修罗众。他们的身
躯扭转向后，显现出强力拖拽的姿态**

而是仅作为一种似是而非的不利条件，从反面突显出神意在争斗中所起到的举足轻重的作用，将神意对于王权的影响力提升到一个无与伦比的高度，从而将争斗胜利者的王权赋予同等的神圣性。从文本分析的角度来看，吴哥寺浮雕壁既然选择参照这一类别故事，着力刻画神魔的强弱对比，显然也正是为了强调神意在君权中的分量，表明王权神圣不可侵犯。但这一种强调究竟指向何方，它与现实中的人和事之间究竟有何关联性，而它本身在吴哥寺中又为何有存在的必要，要想回答这些问题，我们就必须求索于相应的历史记录，以历史情境比照神话情节以找出二者的相似性，发掘搭建类比关系的条件。①

根据碑铭记载，吴哥寺的主人苏利耶跋摩二世并非正常继位，而是以武力发动政变篡位夺权。在他发动武装政变之前，王国正处于分裂之中，中部地区由国王陀罗尼因陀罗跋摩一世（Dharanindravarman I，公元1107—1113 年在位）统治，南部地区则盘踞着另一个不知名的分立政权。② 据法国学者赛代斯推测，苏利耶跋摩二世很可能出身于北方的贵族家庭。当时的北方地区由于中央势力孱弱而脱离其控制，是一个独立自治的地方政权。由于多股政治力量并存，中央政权力量又十分薄弱，无力抑制地方权力中心的滋长，致使王国政治秩序支离破碎，社会动荡不安，③与神话中的天界一样，亟待一位强有力的领导者驱散以往的阴霾，并在其残骸上重新建立起一个新的统治秩序。在这个破与立的过程中，建造者必然承受巨大的压力，一方面是来自守旧者的武力抵抗，另一方面则是社会伦理道德的审视。

从碑铭信息来看，苏利耶跋摩二世与前代国王苏利耶跋摩一世并无亲缘关系。他的父亲名叫祁丁阆底迭（Kshitindraditya），是陀罗尼因陀罗跋摩一世的侄子，他本人则是陀罗尼因陀罗跋摩的侄孙。④ 有证据表明，苏利耶跋摩二世成长在一个对王权抱有极大兴趣的家庭，一个碑铭曾这样描

---

① 在古印度神话主题造型艺术中，以神话映射现实中的人和事件的做法并不少见。详见 Heinrich von Stietencron："Political Aspects of Indian Religious Art", *Hindu Myth*, *Hindu History*: *Religion*, *Art*, *and Politics*, Delhi: Permanent Black, 2005, pp. 7 – 10。

② G. Cœdès, *Inscription du Cambodge*, Vol. 5, Paris: E. de Boccard, 1954, p. 292 – st. 2.

③ G. Cœdès, *The Indianized States of Southeast Asia*, trans. by Susan Brown Cowing, Honolulu: University of Hawaii Press, 1968, pp. 152 – 153.

④ Charles Higham, *Encyclopedia of Ancient Asian Civilizations*, New York: Facts on File Press, 2004, p. 263.

述道："他刚刚结束学童期，依然非常年幼，却已能满足他的家族对于皇室荣耀的渴望。"[1] 这种对于王权的渴求，无疑使他与陀罗尼因陀罗跋摩一世由单纯的亲缘关系转变成了有着直接利益冲突的敌对关系，而他对于王权的觊觎，其正当性在社会道德伦理观念中无疑也是有争议的。这种由统治权引发的敌对关系，以及苏利耶跋摩二世以一敌多、以幼敌长的不利处境，均与《翻搅乳海》故事开篇中处于劣势的天神十分相似。并且挑起血亲争斗和篡位行为本身的巨大争议性，也使得针对王权合法性的论证成为必要。这种合法性无疑不能由一个弑亲篡位的国王以自我肯定的方式来加以证明，而且形成群体认同所必需的神圣因素，也迫使国王必须求助于一个更高级别的、能创造和主导世间法理秩序的存在：最高神。这样的需求和出路同样与《翻搅乳海》故事中因陀罗求助于大神的情节相契合。

从相关史实来看，从社会法理的角度来认定苏利耶跋摩二世的"合法"与对方的"非法"，在种姓层面上是可行的，因为彼时的陀罗尼因陀罗跋摩一世，每天不理朝政、专心供神。[2] 对于一名刹帝利来说，这样的不作为已经违反了种姓法则，与其"人主"的身份极不相称，理应受到秩序维护者的诛罚。这一权力只能由制定法理的最高神亲自授予一位由他选定的领袖，一位绝不因血缘私情而回避战争、凭借武力达成目标的合法刹帝利。[3] 以这一法则为衡量标准，苏利耶跋摩二世摧毁叔公陀罗尼因陀罗跋摩一世的统治一事，就可被进一步定义为"合法者"在大神的授意和支持下对"非法者"施以惩罚，以完成建立新世界的神圣使命。在这一神圣使命面前，弑亲篡位的争议性便被急速地弱化了，而原属世俗世界的苏利耶跋摩二世及其势力，也因为神的介入而得以拥有神圣性，从而等同于《翻搅乳海》故事中的天神众，而破坏社会法则、与其种姓地位并不相应的陀罗尼因陀罗跋摩一世则被相应地等同于阿修罗。

有趣的是，苏利耶跋摩二世在发动政变时，还只是一介少年，而陀罗

---

[1]　G. Cœdès, *The Indianized States of Southeast Asia*, trans. by Susan Brown Cowing, Honolulu: University of Hawaii Press, 1968, p. 154.

[2]　G. Cœdès, *The Indianized States of Southeast Asia*, trans. by Susan Brown Cowing, Honolulu: University of Hawaii Press, 1968, p. 153；关于苏利耶跋摩二世的家族世系，请参见 G. Cœdès, "Etude Combodgiennes, XXIV: Nouvelles donnees chronologiques et genealogiques sur la dynastie de Mahidharapura", *BEFEO XXIX*, 1929, pp. 297–330。

[3]　[印度] 摩奴:《摩奴法论》, 蒋忠新译, 中国社会科学出版社 2007 年版, 第 126 页。

尼因陀罗跋摩一世已是成年人。并且从当时王国的分裂局势来看，苏利耶跋摩二世在攫取王权的过程中所要铲除的阻碍，并不只有陀罗尼因陀罗跋摩一世一人。这些不利条件在一定程度上似也能令人联想起浮雕中神弱魔强的态势。不过，从碑铭描述的战况来看，苏利耶跋摩二世虽然年幼，但仅用一天时间便率军击败了陀罗尼因陀罗跋摩一世的军队，且不论这其中是否有夸大成分，苏利耶跋摩二世以一敌众并最终获胜仍是事实。他在战争中显示出的强大武力无疑是属于他个人的光辉，而碑铭中对于"年幼"等不利因素的强调，则与吴哥寺主题浮雕中刻意强调天神的疲态一样，意在彰显神力在斗争中起到的巨大的提携作用。

这种提携与扶持，在《翻搅乳海》神话中表现为大神态度鲜明地支持天神众，并为其出谋划策。这在实际历史中或可联系到苏利耶跋摩二世的篡位得到了婆罗门提婆伽罗班智达的支持。[①] 这位大婆罗门地位显赫，曾先后为阇耶跋摩六世（Jayavarman VI，公元 1090—1107 年在位）和陀罗尼因陀罗跋摩一世加冕，是当时最具权威的宫廷神职人员。[②] 据赛代斯推测，在苏利耶跋摩二世起兵以前，这位婆罗门很可能已经知晓他的篡位计划，并为他提供了一定的援助。[③] 鉴于宗教祭司一向被视为大神在人间的代言者，提婆伽罗班智达对于苏利耶跋摩二世篡位行为的支持，即是等同于大神对此事同样认可，同样支持。值得一提的是，提婆伽罗不单是苏利耶跋摩二世加冕仪式的主持者，还是吴哥寺的总设计师。除"翻搅乳海"主题浮雕壁之外，位于浮雕回廊西侧的"俱卢之野"主题浮雕，同样表现了"君权神授"的意味，从中不难看出这位婆罗门为彰显王权合法性所做的努力。

综上所述，吴哥寺主题浮雕壁中涉及神魔翻搅起因的图像信息，与实际历史人物及事件间存在着明显的彼此映射的关系。虽然武力篡位在吴哥王朝历史上并不少见，但篡位取得的王权，其正当性存在争议。为使它在广泛群体中获得认同，必须将篡位行为归因于最高神的意愿。同时，对于

①　G. Cœdès & P. Dupont，"*Les steles de Sdok Kak Thom，Phnom Sandak，et Prah Virah*"，*BE-FEO XLIII*，1943 – 1946，PP. 145 – 154.

②　Lawrence Palmer Briggs，*The ancient Khmer Empire*，Philadelphia：American Philosophic Society，New Series，Vol. 41，1951，pp. 179，183.

③　G. Cœdès，*The Indianized States of Southeast Asia*，trans. by Susan Brown Cowing，Honolulu：University of Hawaii Press，1968，p. 153.

苏利耶跋摩二世来说，通过类比神话情节以证明政变行为符合法理，不单是除了追溯王族谱系之外，另一种表明王朝意识与种族荣耀的手段，而且也使他自己得以脱离世俗争斗者的范畴，成为神所选定的、拥有神性的领袖。这样一来，对于苏利耶跋摩二世而言，王权之路上的法理障碍就被扫清了，唯有旧势力仍在残破的社会秩序下负隅顽抗，亟待一场激战将其彻底瓦解。

2. 第二部分——创世活动

故事的第二部分主要讲述神魔翻搅乳海、新造物接连问世的过程。它从内容上可被视为一个独立的创世神话，以神魔开始翻搅乳海为起始，以不死灵药现世为结尾，看似与故事起因中的政治意味略有脱节。不过，根据《薄》版神话的描述，在天神丧失统治权、变得衰弱不堪后，世间随即陷入衰败凋零，而大神为了重建政治秩序，须先安排神魔参与创世。这些情节均表明政治秩序与宇宙秩序之间存在着密切的关联：要令失序的天界帝国重新建立起新的政治秩序，宇宙也必须同步得到重塑和更新，创世本身正是为随后重建政治秩序一事服务。而从政治文化的角度来说，宇宙论文化中的政治秩序，本就是对宇宙秩序的模仿①，建立政治秩序在本质上与创世活动并无二致。因此，即使这一段情节主要叙述创世活动，故事本身的政治色彩也并不会因此遭到削弱。

这段创世情节中有几点需要注意。首先，天神与阿修罗只是创世任务的实践者，真正主导和操纵创世的是最高主宰毗湿奴。在神魔和婆苏吉都疲乏不堪时，毗湿奴分别为他们灌注了不同的能量，甚至化为阿笈多亲自参与翻搅，促使造物从海中浮现。这正是最高主宰创造世间万物并显现于其中的反映。其次，新造物的诞生和各自的归属，表明新的宇宙秩序正在建成。这些造物不仅有寓意美好的，例如象王埃拉伐多（Airāvata）、皎洁如月的骏马乌刹室罗婆、吉祥天女（Śri Lakṣmī）等，也有会导致灾难的，例如毒药"伽罗俱吒"（Kālakuṭa）。② 有趣的是，不死灵药是在剧毒的伽罗俱吒出现之后才诞生，正如其他新生造物是在大量水族死亡之后才开始从海中诞生出来。从印度教生死观的角度来看，这一情节不仅揭示了

① ［美］埃里克·沃格林：《秩序与历史 第一卷：以色列与启示》，霍伟岸、叶颖译，译林出版社 2010 年版，第 70、72 页。

② 这种毒药又被称为"哈勒诃勒"（Hālahala），见 Śbh. 8. 7. 18。

生与死、秩序与混沌在宇宙中的交替并存，而且也通过它们问世的先后顺序，揭示了"秩序出自混乱"、"死亡催生新生"等规律。

　　在整个《翻搅乳海》故事里，这一部分的出场角色最为丰富。吴哥古迹内这一主题的造型艺术，几乎都选择刻画这一阶段的场景，吴哥寺浮雕壁也不例外。不过，除了上一节讨论过的神魔形象之外，吴哥寺浮雕相比以往最为显著的一个改动，就是毗湿奴不再如"传统样式"那样攀附于山上，而是伸出两臂握住了婆苏吉的身躯，亲自参与翻搅乳海。同时，在天神的队伍中，我们也能看到他的化身阿笈多的身影：不同于衰弱的天神，阿笈多身躯正直，神态平和坚定（图 3.27）。"阿笈多"意为"不可战胜"，实际代表了一种无可抗拒的压倒性力量。浮雕将这股不可战胜的力量加入天神队中，意在表明天神一方拥有最高神意的支援。而鉴于创世

图 3.27　身处天神队伍中间的阿笈多。[①]

根据故事描述，他的头发披散在肩头，身躯伟岸如同高山。

在浮雕画面中，能够看到他与毗湿奴一样拥有四臂

　　① 图片作者为 Michael Gunther，于 2014 年 8 月 13 日发表在维基共享资源网（Wikimedia commons），依据 CC BY‐SA 4.0 协议授权。资源地址为：https：//commons.wikimedia.org/wiki/File：Rahu_ Churning_ the_ Sea_ of_ Milk_ Angkor_ Wat_ 0753.jpg？uselang＝zh‐cn。

与建立政权之间存在类比性，神意对于合法者的支持不仅会体现在创世过程中，而且也会影响随后政权争夺战的结局。

　　在造物方面，吴哥寺浮雕壁也不再如"传统样式"那样尽力刻画多种乳海产物，例如吉祥天女、天马等经典形象被从画面中完全删去，仅剩天女阿普萨拉，个中缘由十分耐人寻味。与"传统样式"中从乳海中冒出半身的形象相比，吴哥寺浮雕壁中的阿普萨拉躯体塑造完整，而且距离乳海较远，可看出设计者显然无意将天女作为乳海造物以表现创世情节①，而是着力刻画其欢欣狂舞的姿态，以再现故事结尾处天女们在半空中翩翩起舞，欢庆因陀罗获胜的一幕（图3.28）。换句话说，虽然浮雕选择的场景是翻搅活动正在进行中的某一个瞬间，但这些整齐地列队于半空中翩然舞动的天女阿普萨拉的存在意义，并非展示她们作为新生造物的一面，而是借用她们的欢庆姿态，对天神必胜的结局进行提示。在众多造物中，阿普萨拉正是凭借这种提示功能、曼妙舞姿和能够有序排列的群体数

图3.28　呈现舞蹈姿态的天女阿普萨拉，表现了故事中在因陀罗获胜后，天人欢歌狂舞庆贺胜利的场景

---

　　① 在"传统式样"浮雕中，为表现出造物符号自乳海中浮现的情景，刻画手法之一是将造物雕为从下方冒出的半身形象，手法之二是让造物依附于须弥山侧，以示他们与创世活动的关联性。

量，才得以在吴哥寺浮雕中被保留下来，为充满张力的神魔对峙画面增添一份活泼的美态。

此外，在"传统样式"中一向飘浮在神王身边的日轮①（图3.29），在吴哥寺浮雕壁中也不再以石刻的固定图像形式出现，而是借助阳光在石壁上的缓慢移动，使静止的石造图像呈现出运动感。在太阳的周期运行之下，随着大地冬去春来、夏临秋至的节律，投射于浮雕壁上的光照范围也在北面天神与南面阿修罗之间有规律地来回移动，使两支队伍交替呈现出或明或晦的光影效果。这种营造形式在图像学上被称作"造型法"，即是利用自然光源的周期移动，巧妙地营造出运动中的某一方趋近光源或远离光源的视觉观感②，从而令神魔队伍摆脱石刻的静态限制，呈现出具有永恒连贯性的翻搅乳海的动态效果。此外，当光照范围移向浮雕的北侧部分，照亮天神队伍乃至最末端的须羯哩婆时，大地正处在春夏旖旎、生机勃勃的时节；而在阳光投射到南面阿修罗队伍上时，大地陷入寒冷萧瑟的凛冬，并在浮雕最南端的大王钵利被照亮时进入一年中黑夜最为漫长的冬至日。通过如此模仿和再现太阳在地平线上的年度运行轨迹，这面浮雕得以超越人造的石质俗物的层次，成为一个真实的、有神力显现的小宇宙，其间永恒地上演着秩序与失序的交替并存，以及秩序对失序的永恒战胜。这与《翻搅乳海》故事中的相关理念无疑也是契合的。

由此可见，吴哥寺浮雕壁不仅在"石"的层面上表现出强烈的秩序性，同时还以光线配合石刻，使宇宙秩序直接参与到浮雕的空间塑造及叙事情景之中，在对政治秩序和宇宙秩序的同质性进行提示的同时，也为浮雕本身和它所象征的权力争斗赋予了一种令人印象深刻的神圣性。与人工雕凿的圣像相比，像这样同步体现宇宙周期的规律现象尤其能让人真切地感受到来自宇宙深处的伟大神力，不在别处，就在这由太阳轨迹所圈定的石刻空间以内。通过神力的显现，"君权神授"中的"神"之一角，至此便已就位。其余与此部分故事内容相关的图形，例如加入天神队伍、参与

---

　　①　六个版本的《翻搅乳海》故事，均未将太阳算作翻搅乳海的产物。事实上，从传统样式的浮雕构图来看，太阳不与其他造物符号处在下层空间内，而是与神王一道位于上层空间内，明显不属于造物之一。根据《薄》版神话，可知日月发挥的是监督作用，职能是发现宇宙中类似于罗睺（Rahu）这样的秩序破坏者。

　　②　[美] 埃尔文·帕诺夫斯基：《造型艺术的意义》，李元春译，台湾远流出版社1996年版，第66页。

翻搅乳海的阿笈多，仍令人联想到苏利耶跋摩二世在政变过程中所获得的来自婆罗门大祭司提婆伽罗的支援。推论依据在前文关于起因的讨论中已有说明，此处不再赘述。

图3.29　巴提湖"传统样式"门楣浮雕局部特写①。
图中可见柱状山顶上的梵天身侧飘浮着明显的日轮和月轮

除此之外，同样不容忽略的还有充斥着浮雕下部空间的各种水族生物。这些水族栖身于神魔脚下的乳海中，种类繁多，大小不一，姿态各异，其中一些已支离破碎，显得异常混乱（图3.30）。它们因受到激烈的翻搅震荡而死去，是新宇宙诞生前的牺牲品。正如新生必以死亡为存在的前提，在政治小宇宙中，新的政治秩序同样要从混乱和失序中诞生。从相应的史实来看，由苏利耶跋摩二世代表的全新秩序，正是从此前的混乱与分裂中生起的。它生于失序，又战胜失序，引领人间进入一个万象更新的纪元。若将苏利耶跋摩二世登基以前的真腊王国比作乳海，那么当时国内

① 原图作者为 Anilakeo，于2012年8月发表于维基共享资源网（Wikimedia commons），依据 CC - BY - SA 3.0 协议授权。资源地址为：https：//commons. wikimedia. org/wiki/File：Churning_ of_ the_ Ocean_ of_ Milk_ at_ Tonle_ Bati. jpg。

的种种失序混乱，就应是这些水族在历史中的真实面目。

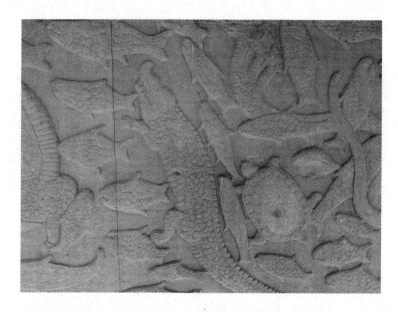

图 3.30　充满各类水族的乳海。① 这些水族包括鳄鱼、
水蛇、龟和各种鱼类，它们姿态各异，各自朝向不同的方向，显得十分混乱

3. 第三部分——争斗结局

故事的第三部分主要交代神魔争夺王权的结局。根据《薄》版神话的描述，不死灵药甫一现世，立刻便被强大的阿修罗们所攫取。这时毗湿奴摇身变为一位名叫摩西妮的美女，赢得了阿修罗的喜爱，于是趁机拿走灵药，将它喂给了众天神，使其恢复了神力，神魔随即爆发了激烈的战争。在因陀罗的英勇领导下，天神们彻底击败并驱逐了阿修罗，恢复了他们在宇宙中的统治。

在这个部分，神魔的合作关系随不死灵药的出现而破裂，双方冲突走向明朗化。力弱的天神在抢夺灵药时无法占据优势，与强悍的阿修罗们相比，他们仍落于下风。这时，最高神再次发挥了关键的扶持作用，他化身

① 图片作者为 Photo Dharma from Penang, Malaysia，于 2015 年 5 月 17 日发表于维基共享资源网（Wikimedia commons），依据 CC BY - SA 2.0 协议授权。资源地址为：https：// commons. wikimedia. org/wiki/File：Angkor _ Wat _ - _ 075 _ Churning _ Oceanic _ Creatures _（8580571007）. jpg。

摩西妮智取灵药，使原本神弱魔强的局势立刻得到扭转，令天神在战争中的胜利成为必然。尤其在结合不死灵药本身的特权象征性来看，摩西妮将灵药交给天神的举动，无疑等同于最高神已将特权亲自颁赐给了争斗的一方，实质正是"君权神授"。与此同时，天神在饮下不死灵药后，精神为之振奋。虽然大神已多次用各种方式为其埋下了必胜的种子，他们也仍须依照神圣的武士法则与敌人英勇作战，用合法方式赢得王权。[1] 当他们在战斗中暂时落于下风时，毗湿奴仍会乘金翅鸟从天而降，为其提供强大的武力援助[2]，但与"史诗类"故事中完全倚仗毗湿奴武力的设定相比，《薄》版故事中的最高神在战场上的影响力已经适度地退却，从而使因陀罗作为杰出的战斗英雄的光辉得以显现，不但令天神最终的胜利更加实至名归，而且也更契合当下政治争斗的实情，更利于武力强大的人间帝王进行自我类比。

在《薄》版《翻搅乳海》故事中，因陀罗杀死了包括大王钵利在内的众多阿修罗，又以泡沫为武器杀死强大的那牟吉，实属有勇有谋的理想武士典范。在印度教其他的神话文献里，因陀罗也一向以杰出的武士英雄形象出现，凭借勇武登上神王宝座。这种强悍、活跃的武士之力，显然是"传统样式"中身处同一位置的神王梵天所不具备的。考虑到吴哥寺主人苏利耶跋摩二世本人即是一名骁勇善战的刹帝利，曾在夺权战争中"如同从天而降的金翅鸟王一般"杀死敌王[3]，吴哥寺浮雕的设计者将较为文雅的梵天替换为武士气质的因陀罗并不叫人意外。不过，从上文对浮雕内容的构建与分析结论来看，吴哥寺浮雕中飞翔于高空的因陀罗形象，实际出自《摩诃婆罗多》版本神话，他以两手抓握着的器具也并非大家所熟知的金刚杵（图3.31）。这样的改动很容易令我们联想到浮雕中潜伏于乳海底部的舍沙，因为不论是从故事文本的相关描述中，还是从浮雕内容及因陀罗的姿态中，都很难看出因陀罗的这一举动有任何推动情节发展的意义。基于上文中巨蛇舍沙的例子，我们有理由推断，设计者之所以要特意从其他版本故事中抽取这一场景加以刻画，目的就在于让神王因陀罗能够

---

① ［印度］摩奴：《摩奴法论》，蒋忠新译，中国社会科学出版社2007年版，第128页。

② Sbh. 8. 10. 54 –57.

③ G. Cœdès, *The Indianized States of Southeast Asia*, trans. by Susan Brown Cowing, Honolulu: University of Hawaii Press, 1968, p. 159.

出现在一个特定的位置上，与其他角色共同构成一个具有象征意义的符号组。这个位置十分特殊，不单在整幅浮雕的视觉中心轴上，而且还是中轴的最高处，大有睥睨众生的意味。

图 3.31   双手握持"器具"、飞翔在须弥山顶上空的因陀罗。如图所示，这件"器具"上半部分近似于长矩形，内部并未刻画纹饰

根据《摩》版故事的描述，巨龟俱利摩从海中出现后，毗湿奴将"搅棒"山峰放上他的背甲，随即因陀罗又将一件器具放上山顶，神魔的翻搅活动便正式开始了。这段情节详细展示了毗湿奴是如何身体力行地做好各项准备以促成翻搅乳海：不单神龟俱利摩是毗湿奴为帮助因陀罗夺回王位而化，须弥山是毗湿奴为助因陀罗而取，就连毗湿奴自己，也是为了扶持因陀罗才会出现在神魔争斗的现场。从这个角度来看，吴哥寺浮雕的中轴符号组自下而上呈现的"俱利摩—须弥山—因陀罗"排序，固然是遵照故事情节的顺序、还原故事中的场景，同时也完全可被视为一个表现故事中神王关系的模型，或说一个高度概括故事情节的、象征着"君权神授"的符号。在这组符号中，起基础作用的俱利摩和舍沙共同代表了领袖的"培植者"最高神，高处的因陀罗代表着受到神的扶持、凭借武力夺得统治权的领袖，而须弥山则是二者之间的纽带。凭借最高主宰的亲自颁赐，王位便成为存在真理的一部分，领袖及其权力也随之成为神圣，不可违抗、不容置疑。胆敢持异议者即等于与神作对，必然遭到毁灭。

　　根据碑铭记载，在铲除各股势力、政权相对稳固之后，苏利耶跋摩二世在国师提婆伽罗班智达的主持下举行了一场加冕仪式①，在其认证之下，正式获得神王（Devarāja）头衔，成为一位神圣合法、统治四方的君主。② 这一仪式显然是"君权神授"的集中体现，与《翻搅乳海》故事中的因陀罗在毗湿奴的扶持下取得宇宙统治权一样，代表着领袖遵从神意合法地接受了权力，昂然仁立于新生的政治秩序的塔尖，同时彰显新秩序在宇宙中的全面胜利及一个新纪元的开启。作为新时代引领者的领袖，也因直接承接了神意而得以脱离凡俗性，成为与因陀罗一样集神性与王权于一身的神王。这种"神王一体"的特性与上文提到的"君权神授"，就是《翻搅乳海》故事的核心意义。在系统分析了故事的整体意义以及每段情节中的侧重点，并在实际历史情境中对其加以审视之后，我们有理由断定，故事所展现的"君权神授"和"神王一体"理念，显然能为当下的君主所借鉴和类比，以解释自身王权的合法性。这种实际功能正是这一主题的艺术品得以存在于吴哥寺中的关键原因。③

　　除了"翻搅乳海"主题浮雕以外，吴哥寺浮雕回廊中还镌刻有出自《摩诃婆罗多》的"俱卢之野大战"主题浮雕及出自《罗摩衍那》的"楞伽岛之战"主题浮雕（图3.32）。考虑到两大史诗自古以来在印度神圣文化区中的重大影响力，以及一位以武力著称于世的国王对于战争题材可能怀有的偏好，这两幅主题作品在吴哥寺内的存在不足为奇。不过，基于本书对于"翻搅乳海"主题的分析经验，在相应的历史情境之下，我们仍有理由推测，这些发生在久远过去的激战场景很可能是苏利耶跋摩二

---

　　① G. Cœdès, *The Indianized States of Southeast Asia*, trans. by Susan Brown Cowing, Honolulu: University of Hawaii Press, 1968, p. 159; Ven Sophorn, "Suryavarman Ⅱ, the Great Khmer King in 12ᵗʰ Century", *Angkor National Museum Bulletin*, 2013, Vol. 4, p. 4.

　　② "神王加冕"仪式的相关信息基本都来自一份出自"斯多迦通"（Sdok Kok Thom，位于今天的诗梳风地区）的碑铭。详见 G. Cœdès & P. Dupont, "Les steles de Sdok Kok Thom, Phnom Sandak, et Prah Virah", *BEFEO* XLIII, 1943–1946, pp. 56–134。

　　③ Vittorio Roveda 指出，吴哥古迹内叙事浮雕的功能就是用神话情节来指示和彰显国王的功绩，将国王等同于神。详见 Vittorio Roveda, *Image of the Gods: Khmer Mythology in Cambodia, Thailand and Laos*, p. 35。

世参与的若干次战争的真实映照。① 其中，与"俱卢之野"主题相关的故事，讲述的是作为毗湿奴化身之一的黑天如何引导和协助般度五子以武力夺回统治权，具有强烈的"君权神授"意味。尤其是般度族英雄阿周那在俱卢之野弯弓射中伯公毗湿摩的场景，似可与苏利耶跋摩二世在夺权战争中杀死伯公陀罗尼因陀罗跋摩一世的事件相对应。因篇幅有限，这一问题就留待以后再做专题讨论。

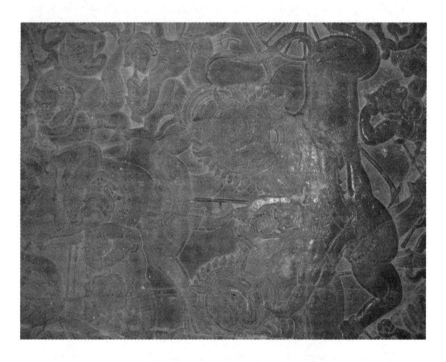

图 3. 32　吴哥寺"楞伽岛之战"主题浮雕局部。
画面中的猴军和熊军正与罗刹交战，场面十分激烈

以上便是从叙事角度对吴哥寺"翻搅乳海"主题浮雕内涵及实际功能的分析。在本章中，本书更多地关注了处于运动中的角色在提示时间延伸性、表现连贯的故事情节方面的意义，并凭借这些信息，尝试建构起一个完整的，包含了起因、经过、结果的图像事件，通过比对它与特定历史

---

① F. D. K. Bosch, "Notes Archeologiques (4): Le temple d'Angkor Vat", *BEFEO XXXII*, 1932, pp. 13 – 14.

事件之间的相似性，揭示"翻搅乳海"事件中的神王关系在具体历史情境之下的现实意义。在随后的章节中，本书将转而以单个角色作为切入点，综合角色在《翻搅乳海》语境及在印度教神圣文化中的内涵，结合历史情境，对单个角色在构成"神王"理念时发挥的作用加以详细分析与论证。此外，需要指出的是，这幅"翻搅乳海"浮雕是吴哥寺的一部分，这意味着它所传达的"君权神授"和"神王一体"理念，与寺庙建筑本身的建筑意义应当是相契合的。对此推论的详细论证，因涉及浮雕中各个角色与建筑之间的对应关系，也将在下文中逐一进行说明。

第四章

吴哥寺建筑中的"翻搅乳海"

第一节 "神圣时空":关于吴哥寺面西朝向的讨论

经过上一章的初步分析,已知吴哥寺"翻搅乳海"浮雕壁所强调的并非"创世"或"永生不死",而是一种普遍适用于宇宙及人类社会的规律,即秩序与失序交替并存,秩序会在神的主导下周而复始地战胜失序。在社会层面上,这条规律意味着得到神力扶持的群体领袖是有序、守序的正法代表,他必能在神的支持下战胜破坏秩序的非法者,并奉神之命成为神王;而在宇宙层面上,被誉为众神之王的太阳在最高神的授意下做周期运行,在设定空间秩序的同时,也使大地交替地呈现出周期性的衰败和繁荣。它周期性的远离使得世间为黑暗、寒冷和衰败所统治,而它的周期性回归则使秩序、光明和勃勃生机再度降临人间。从上述两个层面的相似性中,我们不难看出,人、神、宇宙、社会这四个维度,能够以秩序为桥梁实现彼此贯通,并最终形成一个四维存在共同体。[①] 吴哥寺作为一座小宇宙式的神王纪念碑,正是这个四维共同体在现实中的具象化体现。

就吴哥寺中的神话主题造型艺术而言,当一个相对抽象并具有神秘性的神话被描绘为具象的图像,就意味着原本仅存在于语言和意象中的、玄妙而不可思议的存在就此有了一个世俗化的形体,它的神秘性必然会因此遭到破坏。为了弥补这一缺陷,艺术品的创作者便求助于宇宙中的最高神,希求神力能够正好显现于人造神界当中,使其与周边的世俗空间区别

---

① 关于四维共同体的理论,详见〔美〕埃里克·沃格林《秩序与历史 第一卷:以色列与启示》,霍伟岸、叶颖译,译林出版社 2010 年版,第 40 页。

开来。① 鉴于在"人—神—宇宙—社会"四维共同体中，神力须以秩序为渠道方能为人所感知并对人世产生影响，因此神圣空间中的神显同样应以秩序来体现，而不是依赖于某种有形的信物。从这一角度来看，吴哥寺"翻搅乳海"主题艺术在石造层面上展现出的强烈秩序感，使它有别于周边的布局较为随意的环境，无疑也是对于神力的一种模仿。

事实上，有序的不单是"翻搅乳海"浮雕壁，吴哥寺的建筑外观同样表现出了十分鲜明的秩序感，而且其秩序性在结构层面上与"翻搅乳海"浮雕壁能够相互对应。具体来说，浮雕壁的轴对称式构图，是以俱利摩、须弥山、因陀罗等数个角色纵向排列形成对称轴，又以神魔队伍为两翼，对称排列于南北两边。吴哥寺立面结构与其相仿，以寺庙外墙正中的大门门楼，寺庙主体入口处的塔楼，以及位于寺庙中心、高高耸立在第三层台基上的中央圣殿，三者自下而上地构成一个对称轴。② 这一中轴将寺庙外墙从正面划分成了距离相等的南北两个部分，使寺庙立面呈现出十分标准的轴对称效果。同时，位于外墙南北两端的两座塔楼，在位置上也呼应了浮雕中分别立于南北端点上的大王钵利和须羯哩婆（图4.1）。

正如"翻搅乳海"浮雕壁的秩序感在古代高棉浮雕艺术中首屈一指，吴哥寺在结构上的对称性在整个吴哥古迹当中也是十分令人瞩目的。③ 更加令人惊叹的是，浮雕与吴哥寺建筑之间的对应关系不仅仅体现为同样的轴对称式结构，而且在具体的长度比例上也有明确体现。根据浮雕壁尺寸的测量结果，神魔队伍在画面上占据的幅宽都约为54肘④，而吴哥寺立面

① ［罗］米尔恰·伊利亚德：《神圣与世俗》，王建光译，华夏出版社2002年版，第4—5页。

② 从上空鸟瞰，可以清晰地看到吴哥寺从护城河、外墙直到中心建筑群，都以贯穿东西方向的中轴线为对称轴，在正面及平面结构中都呈现为镜像对称。论述中提到的正大门与中央圣殿，也都位于这条中轴线上。

③ 严格来说，吴哥寺正面及平面结构中的轴对称构图并非绝对标准，而是有所偏移，见Sébastien Saur, "études numérique des form du troisièm étage d'Angkor Vat：Recherche de l'unité de mesure", *BEFEO LXXXII*, 1995, pp. 301–305；按照古代印度工巧论的说法，在房屋地基内有一个建筑原人，他的心脏位于建筑平面结构的中心处，所以该区域就是原人的命门，绝不能在上面修建任何建筑，因此，吴哥寺的这一设计，应是为了使中央圣殿能够避开建筑原人的命门。详见Bruno Dagens, *Mayamatam：Treaties of Housing, Architecture and Sculpture*, New Delhi：Indira Gandhi Centre for the Arts, Vol. 1, 2004, p. 49。

④ Eleanor Mannikka, *Angkor Wat：Time, Space and Kingship*, Honolulu：University of Hawaii Press, 1996, p. 33.

图 4.1　吴哥寺的俯瞰图。① 从图中可以看到位于正面围墙中央的西大门，
它与寺庙主体建筑群中的中央圣殿处在一条纵贯东西的中轴线上。
它们共同组成了吴哥寺正面结构的中心轴

以西大门为对称轴平分开来的南北两翼，也都是由多个"54—54"对称
单元连续叠加构成相等长度。② 考虑到印度宗教建筑中的尺寸数字普遍具
有象征性，而且同一数字在特定部位反复叠加出现，本身就是对该数字的
一种强调，可见二者在数字上的相互呼应绝不可能是简单的巧合。它令我
们能够进一步作出这样的推断：吴哥寺立面不但在结构布局上与"翻搅
乳海"浮雕相对应，其南北两翼与浮雕壁的神魔队伍之间，同样存在着
明显的角色对应关系。

　　应指出的是，这种以特定数字来提示角色间对应关系的方法，仅适用

---

　　①　图片作者为 Primsanji，于 2012 年 9 月 3 日分享于维基公共资源网（common wikimedia），
根据 CC BY – SA 3.0 授权。

　　②　从正大门到南北塔楼的距离都是 54 毗耶玛，两个塔楼以外一直延伸至南北边界点的距
离则分别为 864 毗耶玛，是 54 的 16 倍数；这段距离又可按具体建筑结构被分成几段，每一段都
以"54"为单位连续叠加而成，其中既有 54 肘，也有 54 毗耶玛。详见 Eleanor Mannikka，*Angkor
Wat：Time，Space and Kingship*，Honolulu：University of Hawaii Press，1996，p. 77。

于角色及其所象征的现象可以用数字来代表的情况，对于中心轴上的角色并不适用。并且建筑本身的特殊性也决定了它不可能被塑造成蛇、龟、神等具体形象。不过，这并不意味着浮雕和建筑立面的两个中轴间的对应无法被证实。从抽象意义的层面来看，浮雕中轴上的因陀罗代表神王，毗湿奴、巨龟俱利摩和舍沙共同象征最高主宰，在神与王之间充当纽带的须弥山，则可视作神意向着领袖灌注的实体化形象。从整体来看，浮雕中心轴作为一组象征神王关系的符号，分别展现了"君权神授"和"神王一体"的含义。如果本书关于浮雕图像与寺庙立面结构布局间存在对应关系的推测是可成立的，那么同样的象征意味，也应当在寺庙立面的中心轴上得到体现。

在寺庙立面结构中，充当对称轴的是吴哥寺西大门、寺庙主体入口塔楼及中央圣殿。这三个部分的意义和功能均十分特殊，其中，西大门和庙体入口作为连接两个不同空间的门户，主要功能即是隔绝和阻挡寺庙外部的世俗氛围，同时为特权人士提供进入神圣空间、与神亲密接触的渠道（图4.2）。[1] 从这一功能来看，这两道门户与立足大地脐点、上通天界的须弥山是完全一致的。另外，高高耸立的中央圣殿不但构成寺庙立面布局的对称轴，而且也是寺庙平面布局的中心。这意味着，在这片模拟宇宙的神圣区域内，中央圣殿所在的位置就是宇宙中心，即须弥山伫立的脐点，而圣殿就是须弥山在人间的类比物。为表现神意自天界倾注而下，设计者以陡峭的三层高台营造出视觉上的通天之势，并将中央圣殿建立于这高台之上，又以收拢削尖的圣殿塔顶弧线营造出直抵穹窿的观感。这样的设计以及脐点的特殊位置，使这座中央圣殿与须弥山同样集神圣性与特权性为一体，从而能上通天界、下承王者，成为神王关系切实存在的证据。综合上述因素可见，在天与地、神域与帝国、神与王之间，西大门、庙体入口和中央圣殿在神王关系方面的象征意义与须弥山一致。由它们构成的寺庙立面对称轴，与浮雕中心轴确实存在着对应关系。[2]

公元1115年，苏利耶跋摩二世由婆罗门提婆伽罗班智达亲自加冕，

---

[1]　［美］米尔恰·伊利亚德：《神圣的存在：比较宗教的范型》，晏可佳、姚蓓琴译，广西师范大学出版社2008年版，第349页。

[2]　Eleanor Mannikka, *Angkor Wat: Time, Space and Kingship*, Honolulu: University of Hawaii Press, 1996, p. 42.

成为神所认可的合法君主。[①] 在那个时候，吴哥寺中央圣殿很可能还未彻底完工，但吴哥寺作为一座使国王与大神建立联系的象征性宇宙，位于它的脐点处的中央圣殿，无疑就是"君权神授"与"神王一体"的实体化标志。这一推论与上文对"翻搅乳海"主题浮雕的分析结论也是相契合的。

图 4.2　吴哥寺的西大门。它与中央圣殿同处在一条东西中轴线上，在吴哥寺正面结构中也扮演"翻搅乳海"主题下的须弥山

需要注意的是，浮雕与寺庙立面除了在上述石造层面上通过结构、秩序性及象征性等方面彼此呼应之外，在广义的"光"的层面上，二者同样应当存在着形式上的对应关系。如前所述，吴哥寺及"翻搅乳海"浮雕壁的营造材料包括"石"与"光"两种，其中，稳定坚固的"石"对于空间营造和造型刻画的重要性自不必说，而会发生规律移动并且无固定形态的"光"，对于具有宗教神话意味的造型艺术塑造而言同样不可或

---

① G. Cœdès, *The Indianized States of Southeast Asia*, trans. by Susan Brown Cowing, Honolulu: University of Hawaii Press, 1968, p. 159.

缺。这是因为，以人力雕凿堆叠起来的石块，即使表现的是神圣的主题，即使其中加入了具有宇宙象征意味的特殊数字，若是雕凿塑造的过程没有真实神力的参与，也无法真正成为神圣。也就是说，一旦缺少神力，人造的"神圣空间"便只是一具徒有外观的空壳。要解决这一困境，唯有将发源于神界、普照世间万物的"光"引入艺术空间以内，让它负担起形式塑造的另一半重任。除了本身拥有纯净圣洁的属性之外，它那有别于静止石块的、随太阳周期运行而来回移动的特性，能尤为清晰地展现出最高神对于世间秩序的主宰力，而这正是"翻搅乳海"主题故事所着重表现的。对于"翻搅乳海"主题艺术而言，最高神的主宰力在其中显现与否，不但关乎所塑造的空间的神圣性，而且直接关系到主题背后的"君权神授"及"神王一体"的说法能否真实成立，因此代表着大神的"光"，在以"翻搅乳海"为主题的吴哥寺内绝无缺席的可能性。至于具体的参与形式，虽然在"翻搅乳海"浮雕壁的案例中，"光"以一块会在浮雕南北端之间规律移动的光照区域为形式出现，但对于类似吴哥寺的大型建筑来说，"光线"并非唯一选择，尤其在整体视角中，经角度测算及方位调整后，作为发光体的太阳在每天升上天幕之际，可能会与寺庙的某个建筑体块发生重叠，这样的特殊现象同样能为观者留下深刻的印象，并向人们传达出秩序相关的寓意。

在空间层面上，太阳每天在地平线上的东升西落，以及年度周期运行在大地上造就的南北两点，令由四个方位基点、世界的四角及四方区域构成的宇宙空间秩序得以成立[①]，而东、西、南、北四个基点也因此在空间上成为神圣；而在时间层面上，太阳的周期运行造就了"昼夜"、"季节"、"年"等基本时间单元，使绵延无序的时间之河得以被规律地分段，其中诸如日出日落、分日至日等用于划分单元的节点，也顺势从日常的、世俗的时间洪流中脱颖而出，成为一类特殊的、高于日常时间的"节日"或说"神圣时间"。[②] 一方面，宇宙的空间秩序与时间秩序以太阳为媒介彼此关联并相互诠释，例如日升日落的东、西方位与昼夜相关联，太阳直射点移动造就的南、北方位与冬至日和夏至日相关联。而白昼与盛夏所代

① ［美］埃里克·沃格林：《秩序与历史 第一卷：以色列与启示》，霍伟岸、叶颖译，译林出版社 2010 年版，第 70 页。

② ［德］扬·阿斯曼《文化记忆：早期高级文化中的文字、回忆和政治身份》，金寿福、黄晓晨译，北京大学出版社 2015 年版，第 53 页。

表的光明有序、夜晚与凛冬所代表的黑暗混沌等特质，便也同时为相应的方位所共享。古印度《百道梵书》等宗教经典将东、北方定义为生人和天神的方位，西、南方为罗刹和亡者的方位，根源正是如此。另一方面，"方位基点"和"时间节点"实际都隶属于一个有别于世俗群体的神圣集团，这种共同的神圣性，使它们能够与同样处在这一神圣维度内的最高神及群体领袖建立起关联性，具体表现为它们也由神亲自设下，同样具有"特权神授"的意味。

吴哥寺"翻搅乳海"浮雕壁的图像形式能够很好地证实这一推论。浮雕面向东方，画面中的天神队伍列于北部，阿修罗队伍列于南部。随着太阳的周期运转，在炎炎夏日，阳光随太阳直射点的北移而投射在画面北部，笼罩天神一方；而当太阳直射点向南移动，大地进入严冬，阳光会将浮雕南面的阿修罗众照亮。这种时空合一以模仿宇宙秩序和失序的形式设计，与天神与阿修罗本身的角色属性十分契合。同时，光照范围的南北极点分别为阿修罗王钵利和神王须羯哩婆[1]，这一设置不但证实了领袖与方位基点及节点的神圣本质完全相同，而且也促使我们大胆推断，浮雕中除钵利和须羯哩婆以外的另外四位规律分布于神魔队伍中间的高大人物，应当也象征着特定的宇宙节点，或者更进一步说，他们极有可能与钵利和须羯哩婆一道代表着六季（ṛtu）节点。[2]

除了吴哥寺这一面浮雕，我们在其他古文明中也能频繁观察到以标记神圣方位及节日的方式为空间赋予神圣性的案例。例如在古代埃及、希腊、印度及吴哥地区，神庙往往会以一个精心测算过的角度朝向东方，以便新年旭日的第一缕光芒能穿过门窗等镂空设施，投射在特定区域内，使空间神圣化。之所以选择新年旭日，是因为它能在更大规模上代表新一轮太阳周期的开端，体现秩序在神力的操纵下战胜失序混沌，再一次为大地

---

① Eleanor Mannikka, *Angkor Wat：Time, Space and Kingship*, Honolulu：University of Hawaii Press, 1996, pp. 41–42.

② 古代印度历法中的"季"有不同划分法。《百道梵书》中有四季、五季、六季等不同说法，其中以"六季"最普遍。《摩诃婆罗多》中记载的也是六季。参见［印度］毗耶娑《摩诃婆罗多》，金克木、赵国华、席必庄译，中国社会科学出版社 2005 年版，第 38、40 页。

带来勃勃生机。① 同时，太阳在这一天于地平线上升起的正东方位，在宇宙空间秩序中也最为神圣。不过，通过这些数不胜数的案例，我们必须注意到这样一个事实，即这些庙宇之所以都朝向东方，是因为它们在塑造神圣空间时，都选择以初升旭日的光线作为宇宙时空秩序的象征，为使这光线顺利投射到指定区域，门户必须朝东洞开。与此同时，宇宙时空秩序的形成过程也为我们提供了另一种思路，即对于基点和节点的纪念性标记，可以直接指向太阳而非阳光。这种标记方式采用突出的建筑体块而不是可供穿透的虚空来作为神力展示自身的舞台，展示的媒介也不再是光线，而是宇宙时空秩序的执行者，即太阳本身。并且为了展现建筑部位标记东升旭日的视觉效果，传统的面东朝向也必须被摒弃，改为面西。

据考古学家观测，在每年春分节点的前后三天，站在通向吴哥寺正门的大道上，可以观测到太阳从吴哥寺中央圣殿塔尖的正上方冉冉升起②（图4.3）。在夏至日时，太阳从吴哥寺立面北端的北塔楼上方升起；到了冬至日，太阳则从立面南端的南塔楼上方升起。③ 这种现象，与上文所述浮雕光照区域的移动轨迹完全契合：在每年春分日及秋分日前后，太阳光在"翻搅乳海"浮雕壁上的投射区域，以"因陀罗—须弥山—俱利摩"共同构成的画面中轴为中心。并且，当太阳在吴哥寺北塔楼和南塔楼之间做周期性的往返移动时，阳光在浮雕壁上的照射范围，同样始终在北端的须羯哩婆及南端的大王钵利间移动。④ 如此一来，吴哥寺立面中轴中央圣殿便在角色上等同于浮雕中心符号组，并在时空秩序上与中轴同样象征春分日和东方基点。以此类推，立面北端的北塔楼也在角色上等同于须羯哩婆，同时与须羯哩婆一样象征着夏至日节点和北方基点；而立面南端的南

---

① "劫"（Kalpa）是古印度时间单位，共包括四个时期（Yuga），第一个时期为生成期（Krta Yuga），随后分别为二分期（Dvāpara Yuga）、三分期（Treta Yuga），今人所在的是最后一个时期：伽利期（Kali Yuga）。为完成寺庙对于"黄金时期"的纪念，设计者通过植入生成期的年份数字，使寺庙处在象征性的生成期当中。具体论述请阅本书第六章第一节中的"时空神力的化身：舍沙与俱利摩"内容。

② 在春分日的观测角度是大道北侧阶梯的第一级，三天之后，观测地点转移至大道正中。见 Eleanor Mannikka, *Angkor Wat: Time, Space and Kingship*, Honolulu: University of Hawaii Press, 1996, Appendix A, Table. 4. 1。

③ 同上书，第99页。

④ Eleanor Mannikka, *Angkor Wat: Time, Space and Kingship*, Honolulu: University of Hawaii Press, 1996, pp. 36 – 39。

塔楼则等同于大王钵利，同时象征冬至日节点与南方基点。从这些对应关系中不难看出，吴哥寺与浮雕的形式对应确实不仅体现在石造层面，而且在"光"的层面及更为抽象的象征意义层面上也同样存在。有鉴于此，我们完全可以断定，吴哥寺建筑立面的造型主题正是"翻搅乳海"，它与浮雕壁同样旨在表达"君权神授"与"神王一体"的含义。

图 4.3　春分旭日自中央圣殿塔尖冉冉升起的景象。

照片由日本摄影师 Yoshiaki Fujiki 于 1992 年 3 月 21 日清晨 6 点 35 分拍摄。

在拍摄这张照片时，摄影师站在东西主道北侧楼梯的第一级台阶上

　　从空间层面来看，依靠透视法则和精巧的角度设置，吴哥寺立面中的南北塔楼与太阳年度运行造就的南北基点相重叠，中央圣殿则与东方基点相重叠，由此将太阳在地平线上的平移范围限定于寺庙立面的横展区域以内，使寺庙成为一个真正的宇宙①：它的边界并非人为设置，而是由太阳的周期运行轨迹来划定，与宇宙空间秩序的形成过程相吻合；同时，太阳在寺庙立面上空范围内运行，也使寺庙得以与其他的只能被动接收神界光辉的世俗造物区别开来，成为一座真正意义上的、容纳了秩序主宰的封闭式小宇宙。其中运转着的时空秩序，同样由宇宙间的最高神亲自创造和主导。这样的设计，在空间营造上符合"神圣空间"中的神显法则，在设

---

　　① ［英］恩斯特·贡布里希：《艺术与错觉》，杨成铠、李本正、范景中译，广西美术出版社 2015 年版，第 174 页。

定和属性上也与《翻搅乳海》神话所描述的事件场所相契合，从空间角度为"君权神授"的成立创造了条件。

从时间层面来看，太阳的周期运行带动着整个宇宙在"有序"和"混沌"间循环往复，不论昼夜周期抑或年度周期，都反映出秩序在神的操纵下周期性地战胜混沌、复又归于混沌的规律。[①] 以年度周期为例，夏至节点日照时间最长，光明、温暖等有序特质在世间停驻最为持久，生物体的生命周期也到达极盛。与此相对的冬至节点则是混沌失序发展到极致的日期。这一天日照时间最短，宇宙长时间地笼罩在黑暗、寒冷与萧瑟之中，生物的生命周期也随之陷入低谷。这一系列现象，使得夏至日和北方成为秩序的象征，而冬至日及南方则成为混沌失序的象征，秩序与失序以分日为过渡点和转换点，不断进行周期性的更替，而春分日由于标志着混沌失序状态的结束和新一轮秩序的再度开启，对于生灵来说，便显得尤为重要、尤为值得纪念。

在吴哥时期，春分日被规定为元旦日。[②] 它是一年一度的太阳回归日，也是新的太阳年度周期循环的起点，代表一个万物复苏的新开端。在这一天，阔别数月的秩序在神的驱使下再度降临衰败的大地，将宇宙从黑暗、寒冷和死亡中解救出来。因此，这一天的太阳尤其能体现出神所委任的救世主、混沌失序的惩罚者以及新时代领路人的特质。[③] 在这一天发生的日出现象，不仅代表规模较小的昼夜周期的开端，而且还结合了规模更大的年度周期，从而将秩序在神意主导下战胜混沌的意味推向了顶点。这一天的太阳连同阳光被浮雕及吴哥寺立面中象征"君权神授"的中轴所标记，无疑向我们提示了春分日出与"神王"之间存在可类比性。同时，这一标记行为本身即等同于一种对于神圣事件的庆祝仪式，它使用固定不动的建筑体块作为标记物，并借助"春分日出"这一种周期性发生的现象，营造出一个循环往复的相似情境，促使身临其境的群体不断回忆起神王如何在神的扶持下登上宝座、开启新纪元，从而巩固群体对于"君权

①　［美］埃里克·沃格林：《秩序与历史　第一卷：以色列与启示》，霍伟岸、叶颖译，译林出版社2010年版，第79页。

②　Félix Gaspard Faraut, *Astronomie Cambodgienne*, Phnom Penh：Impr. Schneider, 1910, pp. 17，26-27，97.

③　［美］埃里克·沃格林：《秩序与历史　第一卷：以色列与启示》，霍伟岸、叶颖译，译林出版社2010年版，第80页。

神授"和"神王一体"的认同感。① 君主的统治权不是人为攫取，而是如宇宙周期一般源自神的安排；国王本人也如同太阳，在神的授意下驱逐非法、开启新时代——这样一种神王理念被保存在浮雕的中轴符号组及寺庙中央圣殿当中，在秩序开始统治宇宙的那个神圣时刻里被再度激活，通过周而复始的重复上演，使观者对于神王的认知得到不断的强化和传承，最终成为集体回忆的一部分。在这一回忆的维度里，不但时空秩序可以发生重叠，人间的君主也与宇宙中的太阳重叠了起来，共同成为广义上的神王代表。

在许多宇宙论神话中，太阳均被比作天上的统治者。② 这种神王间的类比关系，在吴哥政治文化中同样存在并且可逆：不但太阳被称为众神之王，王者也会将自己比喻为太阳，并借用情境相似的神话故事及宇宙现象来类比自身经历，以证明王权源自神意，因此神圣合法、不可侵犯。吴哥寺主人苏利耶跋摩二世选择了太阳神苏利耶为其名号，也正是意在将自己类比为太阳，彰显自身作为秩序的捍卫者、混沌失序的惩罚者和新时代引路人的特质。③ 结合史料可知，苏利耶跋摩二世的加冕不仅代表了他个人在政治争斗中的胜利，而且也标志着笼罩国土多年的战乱阴霾终被驱逐，分裂长达数十年之久的王国终获统一，吴哥王朝就此进入一个崭新有序的纪元。从这一角度来看，"太阳王"的头衔实至名归。更重要的是，通过神与王、宇宙周期与夺权战争的类比与诠释，不但国王的夺权意图、斗争的胜利乃至最终的加冕得以脱离世俗意味，斗争过程中的道德争议性也将不复存在，而且国王作为太阳的类比者，其统治疆域也将不再局限于某一块区域，而是会扩张至无限的宇宙空间之中。国王由此而成为一位真正的

---

① ［德］扬·阿斯曼《文化记忆：早期高级文化中的文字、回忆和政治身份》，金寿福·黄晓晨译，北京大学出版社 2015 年版，第 88—90 页。

② 月亮的周期盈亏同样表现宇宙秩序，只不过无法表现秩序周期性战胜混沌黑暗的意味，因此通常不用来类比政治领袖。

③ "跋摩"是对梵文词汇"varman"的音译，本意为"以……为铠甲者"。需要补充说明的是，吴哥寺的主人之所以自我命名为苏利耶跋摩二世，除了将自己比作太阳之外，应当也是出于对苏利耶跋摩一世的追慕和效仿之心。根据史料记载，苏利耶跋摩一世本不在高棉王族继承人之列，但仍凭借强悍的武力夺得王权，在位期间多有征伐，一度将统治范围推至马来半岛。此外，苏利耶跋摩一世对于表现"神王"理念的那罗延神的崇拜也十分令人瞩目，今日在柬埔寨高布斯滨遗留的那罗延浮雕像，均为苏利耶跋摩一世在位时打造。除了如出一辙的强大武力及登基经历以外，苏利耶跋摩二世显然也在一定程度上沿袭了这种崇拜。

"宇宙之王"①,实现"神王一体"。

　　需要指出,在我们惊叹于吴哥寺及浮雕壁利用"神圣时空"及相应的标记仪式激发类比想象、巩固群体认同方面的精妙设计之余,也不应忘记"翻搅乳海"主题在其中的重要意义。一方面,除了借助神圣时空秩序、从宇宙和自然的角度诠释秩序在神力扶持下周而复始地战胜失序之外,"翻搅乳海"事件还为我们展示了人类历史长河中的种种过往如何服务于当下。正如前文所述,神话作为一类拥有定型性力量并且绝对正确的"神圣过去",能为当下处在相似情境中的人充当榜样和向导。② 具体来说,《翻搅乳海》故事中神王因陀罗在大神的扶持下获得王权的情节,为当下亟须获得群体认同的国王提供了有关自我定义的必要因素和方向。国王从中得到一种证明王权合法性和统治正当性的有效途径,即把王权定义为神的旨意,并将对手定义为非法。正是凭借这种对于当下的指涉功能,神话的光辉得以穿透"虚构"和"真实"的纷扰疑云,照亮此刻和未来。③ 另一方面,《翻搅乳海》故事将冥冥之中建构和操纵存在秩序的力量描述为一位具有人类性格的最高神,并且在他操纵之下轮流占据宇宙的也都是拟人化的神明,这种拟人化处理无疑为事件本身以及它所展示的神授理念赋予了一种可亲近的特质,使其更贴近于人类社会的形态,令人更易于在宇宙和社会、神与人之间建立类比想象。这种拟人化诠释也正是"神话"之于"现实"的重要意义之一。

　　在本节论述的尾声,随着吴哥寺立面结构中的"翻搅乳海"主题元素及其意义的最终揭示,长久以来困扰众多学者的吴哥寺朝向之谜便能同时得到解答。综合上述分析,不难看出吴哥寺之所以呈现为反传统的西面朝向,是因为参与其形式塑造的是太阳,而非传统的旭日阳光,寺庙也不

---

　　① 在吴哥时期有关"神王"的碑铭中,"神王"一词的原文是"kamteng jagat ta raja（rajya）",意为"宇宙之王",赛代斯将它直译为梵文词汇"devarāja",即"神王"。曼尼加对这种释读表示了异议,认为宇宙之王与神王不能等同。但笔者认为,"宇宙"本身就是神所管辖的领域,统治宇宙一事不可能被一个凡人实现。换言之,宇宙的统治者必然是神,宇宙之王就是神王。

　　② ［德］扬·阿斯曼《文化记忆:早期高级文化中的文字、回忆和政治身份》,金寿福、黄晓晨译,北京大学出版社 2015 年版,第 73、75 页。

　　③ 人们时常将"神话"这个概念与"历史"相对立,并由此引出"虚构"与"真实"的对立、"有目的性"和"客观性"的对立。事实上,当神话作为一种记忆而对当下产生影响时,它真实与否并不重要。详见［德］扬·阿斯曼《文化记忆:早期高级文化中的文字、回忆和政治身份》,金寿福、黄晓晨译,北京大学出版社 2015 年版,第 72 页。

再以门户来迎合、接纳初升旭日的光芒，而是另外起用了一个突出的建筑体块与旭日本身相互配合，共同营造出特殊的视觉效果，体现主题关于神王崛起的核心理念。在这个意义上，面朝东方的"翻搅乳海"浮雕壁与朝西的吴哥寺立面就好比两幅贴背而立、大小不等的同主题画卷，只不过一者具体，一者抽象。在图像研究的过程中，刻画了具体形象、承载着神话内容的浮雕图像化身为寺庙建筑的示意图和解读指南，唯有在其引导之下，我们才得以拨开笼罩于寺庙各处的迷雾，窥见那被隐藏的真实。

　　值得一提的是，在整个吴哥古迹区内，没有第二座建筑采用面西的朝向。无论是在吴哥寺之前还是之后建起的建筑，绝大多数都是坐西朝东。因此，自吴哥寺被考古学家发现以来，它那独一无二的朝向一直令各国学者感到迷惑不解，由此引发了经久不衰的讨论。目前学界关于吴哥寺朝向的主流观点，其一是赛代斯提出的"毗湿奴神庙说"，即吴哥寺的朝向是由毗湿奴庙的性质所决定的。毗湿奴与西方有关，寺庙建造者出于对毗湿奴的礼敬，便将寺庙正门设为朝向西方。① 然而即使仅在吴哥古迹范围内，这一观点都无法站住脚跟，因为同样敬奉毗湿奴的豆蔻寺（Prasat Kravan）（图4.4）②，建筑朝向也依然是东方。第二种观点来自考古学家博施，他在比较了爪哇殡葬建筑之后，提出"陵墓说"，认为吴哥寺的建造目的是充当王陵，因此要面朝象征死亡的西方。③ 这一说法有国王的石棺等考古发现作为有力证据，但无法解释寺庙中同时存在的宗教元素和明显的王权隐喻，而吴哥寺本身作为一个文化凝聚体，不可能仅满足殡葬这一项需求。再者，吴哥古迹内被认定具备陵墓功能的寺庙也有很多座，例如变身寺④（图4.5）等，其建筑朝向也仍是东方。可见墓葬功能也并不

　　① David Chandler, *A History of Cambodia*, Angkor Wat, Boulder of USA：Westview Press, 2008, p. 58; Eleanor Eminnikka, *Angkor Wat：Time, Space and Kingship*, Honolulu：University of Hawaii Press, 1996, p. 9.

　　② 豆蔻寺在公元921年由诃利沙跋摩一世（Harshavarman I）修建，是一座供奉毗湿奴的砖造建筑。它的建筑格局并非须弥山式，而是五座塔楼并列，它们全都朝向东面。具体描述请参阅 Helen Jessup, *Art & Architecture of Cambodia*, London：Thames & Hudson, 2004, p. 87。

　　③ Maurice Glaize, *Angkor：Les Monuments du Groupe d'Angkor*, Paris：Jean Maisonneuv Press, 1993, p. 23.

　　④ 变身寺（Pre Rup）是罗贞陀罗跋摩二世修建的国庙，由五座砖塔构成，呈须弥山式样。根据铭文记载，它在古代的名称应是"Preah Vaisvarupa"，意为"万相之所"。详细介绍请参阅 H. I. Jessup, *Art & Architecture of Cambodia*, pp. 97 – 98。

会对建筑的朝向产生决定性的影响。①

图 4.4　供奉毗湿奴的豆蔻寺（Prasat Kravan）同样坐西朝东。
它修建于公元 921 年，由五座并排的砖塔构成②

图 4.5　坐西朝东的变身寺。它修建于公元 10 世纪中后期，
是罗贞陀罗跋摩二世（Rajendravarman II）的国庙

---

①　北京大学颜海英教授曾指点笔者，古埃及的陵墓建筑也并非必须朝向西面。鉴于古代东方宇宙论国家在政治文化领域可以彼此诠释，颜老师所提供的古埃及的案例，也可以作为吴哥寺的墓葬功能不影响坐向的证据之一。在此谨向颜老师表示感谢。另外，中国文化遗产研究院温玉清研究员向笔者建议，吴哥寺在耶输陀罗补罗地区所处的位置同样十分特殊，远离重要的水源地东巴莱水库，对于此前贴近东巴莱的寺庙选址传统来说也是一种革新。它的朝向选择，有可能也与选址有关，因此朝向问题仍有进一步挖掘的空间。本书篇幅有限，这一问题暂且留至以后再作具体讨论。在此谨向温老师表示感谢。

②　图片来自英文维基百科网页，作者为 Melancholiai，图片已被释出到公有领域。

第二节 "时令之环"：关于吴哥寺 逆时针回廊的讨论

古往今来，人类始终在以一种积极的态度，在天与地、神与人共同合作的伟大戏剧中扮演一个角色。这种参与一部分表现为生存，另一部分表现为创造。① 其中，后者是使人类优越于其他生灵从而更接近神的根源，而前者则体现为积极适应生存规律的生活方式，即设法与宇宙法则保持同步合拍，以求在狂暴的自然力下自保并得偿所愿。以寺庙为例：人们进入象征宇宙的寺庙，为的是与显现于其中的大神建立交流关系，通过取悦神来使他满足自己的某项需求，而恰当的绕行仪式则是建立这种交流关系所必须遵守的规则，象征人在神面前的顺从。出于人类自保的本能和取悦神的目的，经典中多将绕行的方向规定为顺时针，因为它是宇宙天体的运行方向，沿此方向绕行象征宇宙的寺庙，即是与宇宙秩序保持同步。古印度婆罗门教经典《百道梵书》声称顺时针方向是与神同在的绕行方向，遵从这一秩序将会得到幸运喜乐；反之则必然遭殃。② 这也是人类在长期生存中得出的经验，用中国古话来说，即是所谓"顺天者昌，逆天者亡"的意思。

但是，当我们带着这样一种经验观察吴哥寺首层台基长廊（即浮雕走廊）的行进方向，会发现它并非我们所熟悉的、寓意为"顺天而行"的顺时针，而是呈现为惊世骇俗的逆时针方向（图4.6）。③ 如果说吴哥寺那面西的朝向创造了吴哥古迹的先例，那么这条逆时针方向行进的绕行路线，不仅在吴哥古迹内独一无二，而且在整个印度文化圈中都是极为罕见的。它的形式与我们惯用的、表现守序的方式完全相左，给人以反叛生存经验乃至整个宇宙秩序的印象，寓意似乎不详。有学者据此猜测，这条逆时针方向的走廊象征着死亡，吴哥寺之所以建造这样一条路径，乃是为

---

① ［美］埃里克·沃格林：《秩序与历史 第一卷：以色列与启示》，霍伟岸、叶颖译，译林出版社2010年版，第41、58页。

② SB. 8. 7. 2. 13.

③ 对于逆时针行进方向的判断，是考古学家基于浮雕图像所反映的事件发展顺序，以及铭文的阅读顺序而做出的。详见 F. D. K. Bosch, "Notes Archeologiques (4)：Le temple d'Angkor Vat", *BEFEO* XXXII, 1932, p. 13。

图4.6　吴哥寺的逆时针回廊。这条半封闭式回廊位于寺庙主体第一层台基上，
因里侧墙壁上雕有精美的大型浮雕，又被称为"浮雕画廊"。根据浮雕
叙事顺序及铭文的阅读顺序，可知它是一条逆时针方向行进的通道

了体现其作为王陵的实际用途。① 鉴于殡葬并非吴哥寺的唯一功能，这种
观点的合理性有待商榷。从整体视角来看，吴哥寺的建筑形式极富秩序
感，其秩序性不仅体现在人工雕凿的"石"的层面，而且也因"光"的
参与而具有宇宙时空秩序的特质。一个如此井然有序的神圣空间，不可能
允许任何会对秩序造成真实破坏的设计现身其中。同时，吴哥寺具有明显
的虔敬色彩，表明它仍以取悦神、赞颂神力为目的，在对神有所求的情况
下，表现出逆反态度也是不合情理的。有鉴于此，我们必须转换思维模
式，避免用形式本身去解释形式，而是应当在充分明了"一种理念可以
有多种表达形式"的基础上，假设这条逆时针通道借以表现秩序的方式
与传统做法不同，然后找出证据证实这一假设。考虑到吴哥寺是一座拥有
独立的时空秩序的"真实宇宙"，我们以往在别处获得的关于如何表现秩

---

① F. D. K. Bosch，"Notes Archeologiques（4）：Le temple d'Angkor Vat"，p. 20；另请参见
G. Cœdès，"Ankor Vat：Temple ou Tombeau"，*BEFEO* XXXIII，1933，pp. 303 - 309 所记载的关于
Przylusky 的观点。

序性的经验在此处很可能不再适用。为了在这条通道中探求秩序性，我们首先须得找出吴哥寺所象征的时空，以及它所定义的时空秩序。

根据上文分析，已知吴哥寺西大门塔楼及中央圣殿在建筑立面中与"翻搅乳海"浮雕壁中的须弥山相对应，而以西大门为中心平分开来的南北两侧长廊则分别对应浮雕中的阿修罗众和天神众，各自象征宇宙周期中的混沌与秩序。这一主题设施在寺庙中的位置非常特殊，因为外墙本就是来访者在进入寺庙过程中遇到的第一个建筑部分，承担着"寺庙先行者"的职责，是来访者对于寺庙性质及建筑主题的第一个认知来源，因此必然会体现出寺庙的若干特质。从宏观角度来说，这种特质首先表现为由隔离产生的神圣感。通过在庙内空间与外界俗世之间划下界限，寺庙那有别于广阔外界的独特性便能较为直观地为人所感知。① 与此同时，外墙本身也是这神圣空间的一部分，并不游离于其外，因此该神圣空间的特性必然也会在外墙上有所反映。例如它所圈围出的是一个象征宇宙秩序的四方形空间，入口门楣上又雕刻有"那罗延"主题浮雕，明确地向来访者提示了墙内乃是一个有那罗延神居住、有其神力显现的小宇宙。而从更为具体的层面来看，这道外墙与中央圣殿共同构成的吴哥寺建筑立面已被设计者赋予了一个神话主题，基于外墙在展示寺庙整体属性方面的功能，我们有理由推测，此神话主题所覆盖的范围其实远不止这一道围墙，而是整个被墙圈起的内部空间。② 换言之，吴哥寺中体现"翻搅乳海"主题的建筑部位并不只有立面，其平面也同样呈现为一个大型的"翻搅乳海"模型。

根据上文分析浮雕及寺庙立面的经验可知，吴哥寺"翻搅乳海"主题的造型要素大致包括一个象征着须弥山的中心轴，两支包含"54—54"数字对称且分立于南北两方、象征神魔队伍的对称翼，以及一个由太阳或阳光来担任的秩序执行者。而我们在吴哥寺平面结构中也确实发现了与此标准十分契合的建筑部分。它以贯穿寺庙东西方向的中轴线为对称轴，带有数字"54"的对称翼则出现在浮雕回廊的南面西侧部分和北面西侧部分。这两段走廊的长度均为 54 毗耶玛③（图 4.7），共同充当寺庙主体在平面上的南北边界，而位于它们之间的对称轴仍由西大门、寺庙主体入

① ［罗］米尔恰·伊利亚德：《神圣与世俗》，王建光译，华夏出版社 2002 年版，第 4 页。

② Stella Kramrisch, *The Hindu Temple*, Vol. 2, Calcutta：University of Calcutta, 1946, p. 316.

③ Eleanor Mannikka, *Angkor Wat：Time, Space and Kingship*, Honolulu：University of Hawaii Press, 1996, p. 122.

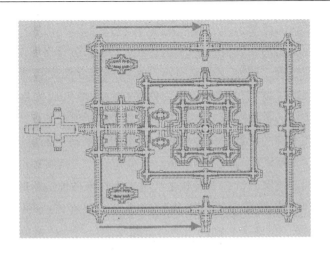

图4.7　在吴哥寺主体建筑平面结构中出现的"54—54"对称示意图。[①]
它们分别位于浮雕画廊的南北两侧，以东西中轴线为对称轴

口和中央圣殿共同构成。不论是整体布局还是寓意，这一组设施都体现出了"翻搅乳海"主题的主要特质，并且它使用某一类建筑部位来表现主题的方式也与寺庙立面基本一致，浮雕和寺庙立面共同规定的"南混沌、北秩序"的时空秩序，在平面中也同样适用。具体来说，浮雕中轴南面的阿修罗队伍、寺庙立面南翼及南面西侧走廊，三者都象征着宇宙及社会层面上的混沌失序；浮雕中轴北面的天神队伍、寺庙立面北翼和北面西侧走廊，则象征着广义上的光明有序。尤其值得注意的是，平面布局中象征天神和阿修罗的两段走廊，正是吴哥寺逆时针回廊的一部分，可见逆时针设计无疑与《翻搅乳海》神话有关，它体现秩序的独特方式，也必须在"翻搅乳海"的框架之下才能被了知。

如前所述，吴哥寺"翻搅乳海"主题的造型要素，除了象征性的"神魔队伍"和"搅棒"之外，还须有一位担任秩序执行者的领袖。为体现主题意义，这位领袖必须在象征秩序和失序的区间里来回移动，以切实表现秩序在神力的支持下周而复始地战胜失序混沌。由于寺庙平面结构的限制，在立面造型中效果甚佳的光照投射法和天体标记法在此处都不适

用，唯一的解决之道是引入一位与太阳和因陀罗拥有相仿属性的秩序执行
者，使他按照一定的轨迹沿着平面边界移动，以模仿和再现太阳对宇宙空
间秩序的塑造过程，同时在移动中体现出秩序与混沌交替并存的宇宙周
期。在这一表现主题的过程中，作为秩序执行者的人成为自然物的类比
者，他那模仿性的移动也随之转化为一种富于象征意义的仪式，促使人们
回忆起王者在大神的授意下驱逐黑暗、为世间带来新生的事迹。① 而从寺
庙平面来看，象征秩序与失序的通道已然就位，作为现实中的领袖及太阳
象征者的苏利耶跋摩二世，无疑就是代替太阳作象征性运行的不二人选。

不难推想，在吴哥寺的时空秩序体系下，要在寺庙平面上表现出
"秩序战胜失序"的意义，则国王的行进路径也应与太阳的周年活动轨迹
相一致，有从南向北移动的过程。具体来说，当这位以太阳为名号的国王
经寺庙入口进入浮雕回廊，首先须沿通道移动到象征失序混沌的南面走
廊，以象征太阳直射点向着南方移动，此时混沌主宰宇宙，世间陷入黑暗
失序。在经过东侧走廊的过渡之后，国王便应转入象征秩序的北侧通道，
模仿太阳直射点在冬至以后持续向北回归，秩序在宇宙中逐渐占据上风，
于是大地春回，万物复苏，世间欣欣向荣。当国王沿长廊圆满绕行一周，
即表示一个宇宙周期结束，新一轮周期即将开始。在这个循环中，秩序周
而复始战胜混沌并复归于混沌，而宇宙也因这永不停歇的力量而生生不
息。结合吴哥寺的面西朝向和四方形制，这一"先南后北"的行进方向
必然呈现为逆时针（图4.8）。而基于回廊的南北两段在神话主题框架下
的隐喻意味，这条逆时针回廊非但未与宇宙秩序背道而驰，而且正是以一
种十分直观的方式体现了宇宙秩序，反映出时人对于宇宙周期规律的理性
认知。在我们充分了解这一点之后，这条逆时针通道寓意不祥、象征死亡
的说法，也就不攻而破了。

既然这条回廊的逆时针形式归根结底只是为了配合寺庙的面西朝向而
设，而人类膜拜自然力、顺应秩序的本能未被动摇，在神面前一贯顺服的
姿态也并未发生改变，我们似乎便可以松一口气了。但与此同时，在神话
和史料的双重映射下，我们无法不注意到，人们在吴哥寺小宇宙中周而复
始地绕行并非只是一种简单的重复行为，它的真正目的在于，令参与者在

----

① 关于重复性的仪式及其背后意义的论述，详见［德］扬·阿斯曼《文化记忆：早期高
级文化中的文字、回忆和政治身份》，金寿福、黄晓晨译，北京大学出版社2015年版，第88页。

特定神话的框架下，一次次地回想起领袖消灭混沌失序、开启新时代方面的功绩，从而巩固群体对于领袖的认同感，使领袖在群体记忆中成为不朽。在这个意义上，我们似乎又难以把这种绕行仪式简单地定义为人类对于宇宙法则的被动适应。正如《翻搅乳海》故事所叙述的那样，神站在高处指引方向，而王及其率领的群体才是积极勇敢、永不停歇的行动者，王在协助神建立和维护秩序的同时，神也在为王服务。这种积极而伟大的改革驱动力，正是令王得以成为"神王"的一大根源。

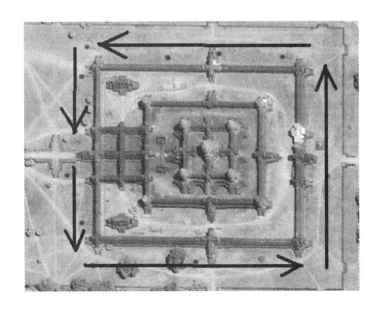

图4.8　浮雕画廊行进方向示意图。来访者自大门进入以后，
首先向南行进，最终由北面绕回原点，呈现为逆时针的行进方向

在苏利耶跋摩二世去世以后，吴哥寺成为他的安葬之所，往昔的繁华也随之归于沉寂，但王者统一帝国、引领秩序的荣耀光辉，却绝不会就此湮没在忘川之中，而是同《翻搅乳海》神话一样成为神圣过去的一部分，不断为当下的人所忆念，为他们充当前行路上的榜样与向导。即使人去楼空，那些已逝去时刻的最高点仍然伟大，仍然为人类而存在。[1]　今时今

---

① ［德］弗里德里希·尼采：《历史的用途与滥用》，陈涛、周辉荣译，上海人民出版社2000年版，第12页。

日，当一位旅人沿通道步入吴哥寺、在回廊里缓缓前行时，无疑仍能透过这些封存着光辉岁月的巨幅浮雕，见证人类自豪地开创新纪元的伟大历程。

第三节　旭日与因陀罗：英雄神王的精魂

　　基于吴哥寺立面与"翻搅乳海"浮雕壁之间的形式对应关系，在象征着须弥山的中央圣殿上方，理应还有一个独立于圣殿塔尖的设施，以呼应浮雕中处在相应位置上的因陀罗。在经过上文的分析论证之后，我们基本已断定，在吴哥寺立面中，用于象征神王因陀罗的物体，就是中央圣殿所标记的、带有强烈的秩序执行者意味的春分旭日。单从形式塑造的角度来看，设计者之所以选择可移动的太阳为材料，而不是用石材在塔尖上另行雕刻出一个固定不动的神王形象，显然是因为太阳在一定的角度设计之下，能确保特定视觉效果的出现。这意味着，不只是它那光照四方、散播秩序的特性，它那冉冉上升的运动本身也是能令人联想起神王因陀罗的一大因素。"春分旭日—因陀罗—苏利耶跋摩二世"三者间类比关系的成立，虽然在秩序执行者的同质性层面上无可争议，但其中涉及形式和材料本身所蕴含的高度个性化的细节仍令人着迷，以至于我们无法将其仅视为题材的一件无关紧要的外皮而略过不谈。关于吴哥寺神王理念的详细讨论，若不包含对于其表达形式及材料选择方面的分析，必会陷入空洞的困境。

　　诚然，春分旭日就其发生的时刻而言已有别于其他世俗时间的太阳，但从营造行为本身来看，当太阳成为一种艺术材料，接受了某种特殊的人工处理，它便不再隶属于大自然，而是从混沌世界里被分离了出来。① 也就是说，被吴哥寺塔尖所标记的太阳不再是我们于其他时段在山野、林中或海边见到的太阳，它已被赋予了一种神圣的生命力，它那高度个性化的特质也已转化为某种鲜明的性格，昭显它在形式中需要履行的天职。旭日距离尘世的遥远令我们意识到自己的卑微与渺小，从而心生敬畏；它慷慨散播的光芒与温暖也令我们感受到来自遥远时空的神性慈悲，而在建筑物的标记之下，这轮旭日又仿佛变得十分切近，以至于在某个序幕拉开的时

---

　　① ［法］福西永：《形式的生命》，陈平译，北京大学出版社 2011 年版，第 94—95 页。

刻，所有有意或无心地来到寺庙前方的人都成为屏息以待的观众，共同见证这轮旭日如何在由建筑体块搭建而成的舞台上，从无边混沌的包围中奋力厮杀和崛起，最终成功地驱逐黑暗、登上那位于天穹顶部的王座。这种高于群体的遥远、神性的慈爱和英雄式的伟大，共同勾勒出一种理想的、散发着神性的君主精神，而无论雕凿技术如何精湛，这一种精神都无法通过被刻画在世俗易朽材料上的人形图像而被确切感知。[①] 所以吴哥寺的设计者决心让我们从天空中去寻求它，而不是冒险采用长着人面的石刻神像来充当盛放它的容器。[②] 在这个意义上，"翻搅乳海"主题浮雕壁仅是一张为我们指明方向的示意图，它足够精美，然而最为激动人心的东西还不在那里。

根据故事文本的提示，吴哥寺"翻搅乳海"浮雕壁中的因陀罗，在神山被毗湿奴放置在巨龟背上之后，又飞上天空、在须弥山顶上放置了一件"器具"。[③] 鉴于我们并未在下文里找到这个行为在事件中造成的确切回响，被放置的器具的属性和具体用途也暧昧不明，书中这一情节多少令人困惑。不过，若是从空间秩序的本质、飞翔行为的意义以及吴哥寺对此情景的刻画方式等角度来看，虽然经典声称须弥山顶就是天神居住的天界，然而就我们所见，天空缥缈而不可捉摸，唯一能使它免于沦为混沌与虚无的救星，恰是那些为它设定了界限的"极点"。因为极点的存在，神所居住的天空之城在我们心中才有了确切的空间感，从而变得可以理解，并成为秩序世界的一部分。[④] 浮雕中飞翔于神山上空的因陀罗，正是扮演了这样一个极点的角色。在他飞越须弥山、为天空设下一个最高点之后，众神及其居所才得以从无所依托的状态下解脱出来，宇宙的空间秩序才得

① ［奥］德沃夏克：《作为精神史的美术史》，陈平译，北京大学出版社 2010 年版，第 21 页。

② 这种设计的危险性在于，它只在特定的时间出现，人们须在特定的地点才能观察到，并且它十分抽象，必须在一定的印度教常识的引导下才能被充分地理解。一旦保存这一文化的少数祭司精英遭到打击，相关的文化内涵在群体中间便很难延续下去。也许正因为这样，在吴哥都城遭占婆洗劫之后，重新崛起的阇耶跋摩七世在打造神王偶像时选择回归传统的石材雕塑形式，在高塔上塑造起一个个糅合了多位神王特质的理想化神王偶像，即俗称的"四面佛"。

③ ［印度］毗耶娑：《摩诃婆罗多 卷一》，金克木、赵国华、席必庄译，中国社会科学出版社 2005 年版，第 59 页。

④ 伊利亚德曾指出，是神圣建构了世界，设定了它的疆界，并确立了它的秩序。这也就是说，使宇宙成为神圣、从而区别于混沌的，正是"疆界"和"秩序"。见［罗］米尔恰·伊利亚德《神圣与世俗》，王建光译，华夏出版社 2002 年版，第 7 页。

以建立。同时，这一举动展现出的因陀罗的个人能力，也使他从众神的群体中脱颖而出，成为相应的社会秩序中的顶点。

在肉眼可见的自然界中，协助我们判断宇宙界限的坐标是以太阳为首的天体。它们不像云团那样易散，不受风、热和寒冷的干扰，仿佛被黏着于一个平整的弧面之上。正是这些遥远而稳定的发光体令我们坚信，天空不是虚无，而是有一个实在的穹顶。不过，无论是在光、热抑或是对万物的影响力等方面，这些天体都无法与太阳相抗衡，由此产生的等级排序便将太阳认定为一切天体的领袖，即宇宙的最高点。随着这一点的确立，不单天界的秩序得以成立，整个可见世界的秩序都在其垂直层面上得到了规定。然而极点并非凭空产生，它那出众的品质全因为创造它的那一方决意如此，而创造了它、将它安置在极点上的，不是别人，正是那超验的、主宰世间万物的真理化身。在意识到这一点后，我们接着便不难发现，虽然我们在本节中改换了另一条路径开展关于神王的讨论，但无论是以极点、领袖、太阳或是普遍意义上的秩序执行者为起点，当试图追溯他们的权力与使命究竟源自何处时，最终总会回归到同一个存在秩序模型之上。

不过，太阳并非始终停滞在天庭的最高处。在地面上的人们看来，太阳每天沿着一种抛物线式的轨迹做运行。它从地平线上出现，仿佛曾是大地的一部分，同时却又在一种看不见的伟大力量的支持下，以全副力气挣脱这世俗的束缚，无畏地向着更高的所在步步攀登。在上升的过程中，它那金色的光芒逐渐增强，同时伴随着黑暗、寒冷等失序状态的节节溃败与退却。当它终于升至宇宙的最高点时，它那充满力量的光与热也同时到达顶峰，而黑暗混沌则从宇宙中被全面彻底地驱逐。从本质上说，在体现混沌与秩序的此消彼长这一方面，日出的意义与春分相同。只不过比起春分所预示的缓慢回暖或天光渐长，在短时间内发生、发展的日出所引发的心灵震颤更为强烈。太阳初生时那稍显黯淡的光芒，奋力向上迎击的姿态，和最终登上顶点后散射出的强烈光辉，与一位经历了战斗并最终获胜的英雄是如此相似，以至于一位处在相似情境下的奋斗者会视它为榜样，从它那里得到精神上的抚慰与激励。在这轮冉冉上升的旭日中，我们看见一位高贵的武士所应具备的一切品质。他在神的授意下自豪而又坚定地大步踏向宝座，在此过程中毫不留情地击退黑暗混沌，同时又不乏对这世间的怜悯与慈爱。这样的英雄神王偶像，与神话中的因陀罗何其相似。①

　　根据吠陀神话的描述，因陀罗是无限女神阿底提（Aditi）之子，他与伐楼拿（Varuṇa）、密多罗（Mitra）、雅利耶曼（Aryaman）、跋伽（Bhaga）、鸯舍（Aṃśa）、达多（Dhātri）并列为七位守卫宇宙正法的阿底提耶（Ādityas），即太阳神。② 到了梵书和往世书时期，阿底提耶的数量被扩充至十二位，因陀罗也仍被认为是其中一员。这位雷霆之神同时具备的太阳神属性，显然与他的神王身份有关；而相比起其他同样享有神王头衔的神明，因陀罗的加冕经历尤其体现出一种积极、火热、充满力量的英雄特质，因为他的神王称号并非与生俱来，而是凭借武力在战斗中赢得的荣耀。③ 不论是诛杀弗栗多的事迹，还是我们眼下正在探讨的《翻搅乳海》故事，事件本质都是一场诛杀非法者的武装争斗。敌手必然是势力强大、破坏秩序的恶徒，他的非法行为致使世间生灵涂炭，而众神对其束手无策。于是，在一片怯懦的沉寂中，众神中最英勇无畏的因陀罗站了出来，在最高神的支持下与非法者展开激烈的战斗，最终成功诛杀恶徒并被加冕为众神之王。在这些事件中，因陀罗以混沌邪恶的惩罚者、秩序的守卫者和一切众生的保护者形象出现，他与非法一方的战斗，体现出个人无与伦比的勇力、对于正法和秩序的忠诚以及悲天悯人的情怀。然而挑剔的立偶像者仍不满足，仍要继续求助于存在法则的制定者，让他为诛杀行为的合法性作出认定。这类认定方式依据神话的不同而广泛地包括赐予武器、建议或提供前期的某些援助等。

　　有趣的是，因陀罗施罚的权力虽然来源于最高神，并且他本身也是一位天神，但他在所参与的战斗中极少依靠神光、法宝等非凡手段取胜，而是往往如同一位人间的刹帝利那样使用武器和力量。④ 也就是说，作为一

---

　　① 关于因陀罗在神王文化中的意义，请参阅 Claude Jacques，"études d'epigraphie cambodgienne，VIII：La carrière de Jayavarman II"，*BEFEO LXIX*，1972，pp. 205 – 220；Lokesh Chandra："Devaraja in Cambodian History"，*Cultural Horizons of India*，Vol. 7，New Delhi：International Academy of Indian Culture，1998，pp. 206 – 207。

　　② RV. 10. 72. 9；在另外的几首赞歌中，阿底提耶也曾被描述为 6 位。详见 Arthur Anthony Macdonell，*Vedic Mythology*，Delhi：Motilal Banarsidass，1995，pp. 43 – 44。

　　③ ［美］米尔恰·伊利亚德：《神圣的存在：比较宗教的范型》，晏可佳、姚蓓琴译，广西师范大学出版社 2008 年版，第 74—76 页。

　　④ 关于因陀罗的刹帝利属性，更多讨论请参见 Charles Drekmeier，*Kingship and Community in Early India*，California：Stanford University Press，1962，p. 42。

位战神，他在战斗中的神性特质在绝大多数时候都被有意识地抹去了，代之以更为普遍的武士素质，但他周身环绕的偶像光环并没有因此消失，而是变得更加明亮、更加激励人心，因为他的成就在其过程中涉及的种种因果已被大大削减，只剩下"个人的武力"和"神的支持"这两个因素为人所见，从而令当下任何一位已经大功告成的武士国王都有可能与他相提并论：武力本就是刹帝利用以铸造荣耀的原料，至于神的支持——还有什么会比胜利本身更能证明最高神确实站在了自己这一边呢？只不过，为了说服更多的人，他需要依赖那些掌握着话语权的神之使者，让他们比照着理想化的神王及神话的框架，将他个人经历中的棱角——折断，以使这经历不但与神话相仿，而且能与神话一道被放入一个普遍的公式内，成为神圣的存在真理的一部分。① 同时，这一公式也再次提醒我们，神对于王的最大意义并不在于实战方面的干涉，而在于对其行为动机、手段方式和最终成就的合法性予以认证，确保他在做出争议性举动之后仍能保持道德上的清白无瑕。这一点，正是君主得以从一位杰出的世俗武士升华至"神王"的关键。

从现实层面来看，人类对于清洁、纯净等品质的推崇，部分源于对自身安全的考虑。清洁暗示的是没有危险性，与令人畏惧的混沌相比，它一目了然，是明确的、可信赖的秩序世界的一部分。同时，相较于生物体那必然存在的污秽一面，类似水、火、阳光、风等自然物表里如一、始终纯净清透，这使得以它们为标杆设立的"纯净"提法带有一种超凡脱俗的意味②，以至于当这个提法被用来形容某人时，我们无法从身边的芸芸众生中找到一个有效、恰当并且足够权威的衡量尺度，唯有请求宇宙间最具权威的一方，即创造一切的最高神来对其纯净性进行认可。在现实中，这种认可主要体现为宗教祭司为国王加冕，同时以主持修建纪念物等方式建立起针对王权的群体认同，并使这种认同感进入到文化记忆当中。一位纯洁如斯的王，其个性在相关纪念物中也须被大幅度地模糊化，经历也被巧妙地篡改，以极力向一个理想化的超凡形象靠拢。纯净在他身上发挥着调和性的镇定作用：一个人拥有强大的力量，但与此同时，他对于善良的众

---

① ［德］弗里德里希·尼采：《历史的用途与滥用》，陈涛、周辉荣译，上海人民出版社2000年版，第14页。

② 梨俱吠陀中有多首献给水、阳光、火焰的颂歌，对其清洁纯净的赞美，是这些颂歌重要内容。部分颂歌参见 RV. 8. 18. 1－22。

生毫无威胁性，他的杀戮行为也是在神的授意下合法施行，背后总有一个高尚而慈悲的目的。他从未做过有违道德法则的事，以后也不会做，值得被所有人发自内心地珍惜、忆念和赞颂。在最高神的认证之下，他的王权与他那清白无瑕的品德一样容不得质疑，否则便等同于反对存在的真理，必会遭到天谴。

经过上述打磨之后，一个符合理想、十全十美的神王偶像便呈现在人们面前。他在不同的情境下拥有不同的躯壳和名号，在天空中他是太阳，在《翻搅乳海》神话里他是因陀罗，在吴哥王朝则是苏利耶跋摩二世。在神使提婆伽罗班智达的主持下，吴哥寺以"石"与"光"为材料，以"翻搅乳海"神话主题为骨架，以苏利耶跋摩二世的事迹为核心，在随后的几百年间持续地向世人展现这一种理想化的神王精魂，同时也为这精魂及其背后的文化记忆提供了一个可依附的、坚固不破的承载体。作为交换，神王之魂常驻其内，永不离开，并在春分日出这样的神圣时刻被一次次激活，照亮一切凡俗、晦暗的存在。在这个蕴含记忆、富含意义的场景中，凭借周而复始的宇宙节律，以苏利耶跋摩二世的形象出现的神王被不断带入持续向前的当下，以此构成一幅关于时空的统一性和整体性的画面，而神王自然而然地也被纳入这幅图景当中。[①] 这样一来，无论神王在世与否，群体在自身与他之间建立起的联系都会借时间之力不断地再生与固化，使群体对于神王的认同得到反复确认。并且吴哥寺对于自然场景的巧妙借用，也确保了根植于社会环境中的神王回忆不被遗忘，表现出以统治为目的的纪念所普遍具有的前瞻性。它不单以追溯久远过去的方式论证王权的合法性，而且还以融会宇宙周期的形式干预未来，以确保苏利耶跋摩二世的荣光不仅在此时此刻被人忆起，而且在未来也会被反复地讲述、歌颂，从而在群体的记忆中实现永生不朽。

在这种时空统一性和整体性的前提下，从纪念的角度来看，给一个本就应当永生不死的神王偶像划分出"生"与"死"两个阶段，忽略建筑本身的纪念性，而认为其本质会随着这两个阶段的切换而发生根本性的改变，在某种程度上是不够科学的。不单吴哥寺，吴哥地区众多的由其他国王建造的纪念性建筑也是如此，它们所纪念和维护的都是同一类理想化的

---

① 关于文化记忆与神圣时间的关系，请参阅［德］扬·阿斯曼《文化记忆：早期高级文化中的文字、回忆和政治身份》，金寿福、黄晓晨译，北京大学出版社 2015 年版，第 57 页。

神王偶像，而建筑相对地只是纪念仪式中的一个道具，为的是确保永驻其中的神王精神能够不断在后世被忆起。然而从现实的角度来看，肉身凡胎的国王总会死去，随着时间流逝、记忆破碎，一个务实的考察者很难不被建筑遗址中发掘出的各类神像、骨灰罐等指示意味极为明确的物品所左右[1]，进而判断建筑的本质应当是一个宗教场所或是陵墓。对此，笔者的看法是，比起依据个别标本而将纪念性建筑简单地定义为庙或者墓，更安全也更科学的研究方法是，抛开对于碎片的过度关注，转而从文化研究的整体视角，将"神像"和"骨灰罐"都视为构建神王文化记忆的不同部件形式来加以考量，以契合这种文化本身从不受时空、技术和宗教派别所影响的本质。

自阇耶跋摩二世在大因陀罗山（Mahendra Parvata）上首创神王仪式、宣告成为宇宙之王（Kamrateng jagat ta rāja）开始[2]，在吴哥王朝数百年间，不论国王信奉的是湿婆教、毗湿奴教抑或大乘佛教，都城设立在耶输陀罗补罗、林伽补罗还是吴哥通王城，这种树立神王偶像的仪式性纪念活动都未曾中断过。通过"神王加冕"和修建纪念性建筑物等方式，一种独特的、以"神王崇拜"为核心的回忆文化凝聚成形，在其框架下，湿婆林伽、毗湿奴和佛共同代表了一种抽象的最高存在，担任神王荣光的认可人、见证人及捍卫者，吴哥国王则是永存的神王精神在不同情境下的投射，他与寺庙、雕塑等物质纪念品共同为这种精神提供了可附着的载体，因此骨灰入庙一事在本质上实为多种载体形式的合并，而神王的精魂仍在原处，永不消逝。基于这种纪念本身兼具回溯性和前瞻性特质，任何将吴哥寺判断为纯粹的庙或是墓的观点都将是不确切的，如果一定要从实用角度给这座建筑下一个定义，那么我们不妨将它视为一座以纪念为目的、在功能上可自由实现"墓庙合一"的纪念碑。[3]

---

① G. Cœdès, *The Indianized States of Southeast Asia*, trans. by Susan Brown Cowing, Honolulu: University of Hawaii Press, 1968, p. 119.

② G. Cœdès, "études Cambodgienne", *BEFEO XXVIII*, 1928, p. 122; I. W. Mabbet, "Devara-ja", *Journal of Southeast Asian History*, Vol. 10, No. 2, Sep. 1969, p. 206.

③ 关于纪念的前瞻性与回溯性的论述，请参见［德］扬·阿斯曼《文化记忆：早期高级文化中的文字、回忆和政治身份》，金寿福、黄晓晨译，北京大学出版社2015年版，第56—57页；法国学者赛代斯、费利奥萨等人都曾从功能角度提出吴哥寺应为"墓庙合一"的观点，参见 Jean Filliozat, "Temples et tombeaux de l'Inde et du Cambodge", *Comptes - rendus des séances de l'Academie des Inscriptions et Belles - Lettres*, 123e annee, N. 1, 1979, p. 48。

在实际历史情境下，吴哥神王文化除了能激发群体的崇敬与认同之外，也从另一个角度对国内外觊觎王权的野心家们表现出一定的威慑和抑制作用。以阇耶跋摩二世的神王加冕仪式为例，它的本质是一场对于神圣王权的昭告大会，昭告对象不仅是国民，而且还包括国内外对其王权虎视眈眈的敌人。由于神王或说极点本身的特殊性，有关神王的自我定义一定伴随着真伪、高下之辨，因此，当国王被合法认定为一位理想化的、所向披靡的神王，就等于同时将剩余所有人、包括全体敌对者划归为世俗和虚伪，表明他们不论在能力还是德行上都无法与他抗衡。同时，神王的统治范围不是某一片面积有限的区域，而是整个宇宙，意味着王者的特权和责任都到达了顶点。在这里，神王的排他性再一次显现出来：在宇宙间已经有一位神圣合法的最高领袖的情况下，不单爪哇夏连特拉王朝（Śailendra）对真腊的觊觎是不合理的，就连它本身也是一个虚假的政权，不被神王所承认；而国内残余的分裂势力更是毫无疑问属于非法，注定要被清除。[①] 最后，他的王权由最高神亲自授予，因此等同于世间的真理，神圣不可侵犯。任何胆敢质疑乃至颠覆这一神圣王权的反叛者，必将自取灭亡。凭借着这一套完备的神王理念体系，国王的统治权被牢牢地稳固了下来。不过，从阇耶跋摩二世的例子来看，这种排他性主要针对的是在同一时代下，与吴哥国王有利益冲突的相邻地域王国。在这种象征性的昭告仪式背后，也仍需要强大的武力作为支持。

在阇耶跋摩二世之后，吴哥王朝政权更迭一度十分混乱，有多位国王均以发动武装政变等"非正统方式"登上王位，与外族的冲突也时有发生。他们对于树立理想化的神王形象以攘外安内的愿望，因此而变得格外迫切。于是他们也效仿阇耶跋摩二世的做法，请婆罗门祭司为自己加冕，并在都城中心修建起一座座彰显神王精神的纪念性建筑。在绵延的时间长河中，神王头衔的排他性也随着王权的更迭而呈现出反复覆盖的特征：一位国王于在位期间自诩为理想的、宇宙间唯一的神王化身，并不影响下一任国王重新建立和演绎属于自己的神王精神。而历史就在这永不停息的更新中滚滚向前。

---

① G. Cœdès, *The Indianized States of Southeast Asia*, trans. by Susan Brown Cowing, Honolulu：University of Hawaii Press, 1968, p. 100.

第五章

关于"外沿符号"的讨论

随着图像的符号情境被建构完毕，本章便进入针对吴哥寺"翻搅乳海"主题艺术中的单个符号进行深入解析的环节。为展现符号特殊的文化内涵以及它在具体历史情境下的象征意义，本章会使用一定篇幅讨论符号的起源及发展历程。因此，除了继续参考《翻搅乳海》故事之外，也会将其他多种宗教神话文献引入分析过程。

本章标题中的"外沿符号"，指的是在吴哥寺"翻搅乳海"主题浮雕中，分布于中心轴以外的若干个符号，主要包括除因陀罗以外的天神众与阿修罗众和天女阿普萨拉，以及事件发生的场所乳海。其中，阿普萨拉对浮雕内容的影响力相对较小，意义也比较明确，因此本书在篇幅的限制下，暂不对这一群体符号进行详细讨论。相反，天神与阿修罗在浮雕中占据面积相对较大，又是翻搅乳海的主力军，而乳海不但是翻搅活动发生的场所，而且还是原初的宇宙之海、那罗延的住所，具有十分重要的象征意义，因此，本章所讨论的外沿符号，仅限于"天神与阿修罗"和"乳海"。

第一节　天神与阿修罗

一　秩序与失序的对立并存

吴哥寺"翻搅乳海"浮雕壁中的神魔队伍分别位于画面中心轴的北侧与南侧，呈相向对峙的姿态。两支队伍成员之间间隔相等，姿态一致，以连续重复、富有韵律的方式营造出强烈的秩序感。同时，队伍成员的外形也体现出了富有秩序性的脸谱化特征：88 位天神的面貌神态完全一致，眉清目秀，微露倦容；而位于另一边的 92 位阿修罗也全都拥有相同的脸孔，双眼凸出，显得十分凶恶（图 5.1）。虽然队伍中还夹杂着几位出众者，但从总体来看，绝大多数天神与阿修罗的个体多样性都被抹去了。他们的二元化外形特征，实际反映了神魔符号在象征意义上的二元分化。

在《翻搅乳海》故事中，阿修罗被刻画为存在秩序的破坏者。他们肆意妄为，强占了宇宙的统治权，导致世间失序，万物衰败。而天神则是秩序的化身，当统治权被他们最终夺回后，宇宙秩序便恢复如常。从这一点来看，故事中天神与阿修罗的对峙，本质就是秩序与失序的对立并存。作为一组代表广义的"有序"和"失序"的二元化符号，他们在故事中表现出的对立统一关系，实际在宇宙层面和社会层面上都有所体现。

图 5.1 阿修罗容貌特写。[①] 他们双眸圆睁，眉毛上扬，脸上有髭须

① 图片作者为 Michael Gunther，于 2014 年 8 月 13 日分享在维基共享资源网（Wikimedia commons），依据 CC BY - SA 4.0 协议授权。资源地址为：https：//commons. wikimedia. org/wiki/ File：Asura_ Churning_ the_ Sea_ of_ Milk_ Angkor_ Wat_ 0745. jpg。

神魔的二元化对立统一关系在文献中由来已久。从本质来说，他们都是可见世界中各种现象及秩序的化身，产生于人类认识世界的早期阶段。"天神"（Deva）一词源于梵文词根"div"，意为"闪亮的、发光的"，主要指自然现象的化身[1]；与此相对的阿修罗（Asura）则是"非天"，主要代表"非自然"，即人类社会现象。[2] 这两类角色在诞生伊始并没有明确的分界线，因此属性重叠的现象多有发生。[3] 后来，由于这种分类方式不能体现出足够的区分度，反而会令认知过程变得混乱，人们便效仿宇宙时空秩序，将多元化的神魔角色统一用自然界内对立并存的两种现象进行归类。以《百道梵书》中的创生故事为例：生主（Prajāpati）在白天从自己的嘴里创造了天神，他们全部飞上了天空，因此以天为名；随后夜晚降临，生主从自己的下息中创造出阿修罗，并目睹这些阿修罗遁入深暗的地下。在这个故事中，天神与阿修罗就如同白昼与黑夜、天与地、上与下那样，共生并存却泾渭分明，同时也被赋予了相应的特质：包含着光明、温暖与再生等多重意味的白昼，自此成为天神的属性；与此相对的，代表黑暗、寒冷和死亡的黑夜，则成为阿修罗的特性。[4]

相似的设定，在《翻搅乳海》神话中也能找到。故事提到，在翻搅乳海的过程中，海中生出了一匹全身洁白如月的骏马乌刹室罗婆和由象王埃拉伐多带领的八头方位象[5]（图 5.2）。骏马被类比为月亮，表明它隐含着月亮相关的寓意。而象王埃拉伐多又名阿伽输陀拉（Arkasodara），意为"太阳同胞"，并且它带领八头方位象，表明方位由它主宰，它正是太阳的化身。根据故事的描述，骏马被阿修罗王钵利所攫取，象征着月

---

① Malati J. Shendge, *The Civilized Demons: The Harappans in Rigveda*, New Delhi: Abhinav Publication, 2003, p. 20.

② 根据 W. E. Hale 的分析，吠陀中被称为阿修罗的，基本都是阿底提耶。鉴于阿底提耶不仅是天体，还是世间统治者的化身，因此吠陀中的"阿修罗"这一头衔所代表的，就是隶属于社会范畴的统治权。详见 Wash Edward Hale, *Asura in Early Vedic Religion*, New Delhi: Motilal Banarsidass Publishers, 1999, p. 2, 24, 35, 59。

③ Gaṅgā Rām Garg, *Encyclopaedia of Hindu World*, Vol. 3, New Delhi: Concept Publishing, 1992, p. 749.

④ Wendy Donier O'Flaherty, *Hindu Myths: A sourcebook translated from the Sanskrit*, England: Penguin Books, 1975, pp. 271 – 273.

⑤ 古印度宇宙观认为，在八个方位基点上有八头大象站立，大地即是支撑在这八头大象的身上。见 Benjamin Walker, *Hindu World: An Encyclopedic Survey of Hinduism*, London: Allen & Unwin, 1968, p. 282。

亮归于黑夜；而象王埃拉伐多被因陀罗选择，则表明太阳隶属于光明温暖的白昼。虽然故事在描述造物时没有明确提及日月，但阿修罗与天神的一光一暗的属性，依然通过象征日月的象王和骏马的归属得到了表现。

**图 5.2　东湄本寺（Eastern Mebon）内的一头方位象。①
该寺在东南、西南、西北、东北四个角上分别立有一头方位象**

按照《翻搅乳海》神话的说法，阿修罗之所以强势，是因为彼时的他们为时间所偏爱，而他们随后之所以会在乳海之战中落败，也是因为不再受到时间的眷顾。② 由此可见，与其说神魔轮流占据宇宙，不如说他们在时间层面上各自象征"昼"与"夜"，共同构成一个完整的宇宙昼夜周期。除此之外，在规模较大的年度周期内，阿修罗也能相应地代表寒冷、衰败、黑暗等失序状态，而天神则代表秩序再临时的温暖、有序和生机勃勃。这种二元化特质，正是《翻搅乳海》中神魔形象的本质，也是吴哥寺正面结构以建筑南翼象征阿修罗，以北翼象征天神的依据。同时，这一

---

　　① 东湄本寺距离变身寺约 500 米，同为罗贞陀罗跋摩二世（Rajendravarman II）所修建，供奉湿婆神。详见 Henri Parmentil, *Angkor Guide*, Saigon：Albert Portial, 1950, pp. 124 – 126。

　　② SBh. 8. 6. 19；8. 11. 7 – 8.

特质也揭示了神魔之间的对立并存关系："对立"体现为神魔的光与暗、热与冷、生与死等属性对比，而"并存"则体现为他们在时间上共同组成一个完整的宇宙周期，在空间上共同组成一个处在不同周期阶段的宇宙。

在上文引用的《百道梵书》创生故事中，天神从生主的躯体上部生出，飞上天空；而阿修罗从躯体的下方生出，遁入大地。这一描述使神魔的对立并存不再局限于时间维度，而是进一步扩展到空间的层面。同时，这一上一下的诞生位置，也使天神与阿修罗之间原有的横向平行并列关系被打破，转而发展出一种纵向的等级排序。天神地位较高、较为优秀，而阿修罗则相应地成为地位较低、较为劣等的群体。这种等级排序或许源于人类对于温暖、光明和秩序所怀有的天生热爱，以及对黑暗、寒冷、萧瑟的恐惧厌憎心理。无论如何，"天神优于阿修罗"的判断，与他们在宇宙周期中的象征意义一道产生，在社会层面上也继续对神魔的族群个性及地位产生影响。

在后来的神话故事中，天神与阿修罗的出身依然有明显的优劣差别，阿修罗之母、大地女神底提（Diti）被描述成不贞淑、不洁净的女子，因此由她诞下的后代"底提之子"（Daitya）全都堕入了非法之道[①]；而她的姐妹、象征无限的女神阿底提（Aditi）则与她相反，由她生下的子嗣无比纯净圣洁，正是宇宙秩序的维护者、正法的守护者"阿底提耶"天神。[②] 这一起源故事与上文引述的生主故事最大的不同点在于，神魔不再从同一个母体诞生，而决定神魔品质优劣及地位高低的因素，也不再是出生部位的清净程度或该部位在母体自然直立状态下的高低差别，而是生母在德行上的差别。我们从神话中看到，虽然神魔的生母仍具有"大地"和"天空"这样有高下对比的自然属性，但阿修罗的劣性更多地被归因于生母的无德，原有的自然属性被引申到社会道德范畴，业报色彩也变得更加浓厚：作为母亲的底提做下恶业，她的子嗣是这恶业的承受者，因此生来就品格低劣；而天神则因为母亲阿底提品行清净无瑕而获得福报。这

---

① SBh. 6. 18. 20.

② "阿底提"字面意义是"无限，无边界"。广义上说，女神阿底提不仅被等同于宽广无垠的天空，而且还包含了整个大地。她是宇宙的承载者。详见 John Garrett, *A Classical Dictionary of India：Illustrative of the Mythology，Philosophy，Literature，Antequites Arts，Manners and Customs of the Hindus*，Madras：Higginbotham & Co.，1871，p. 9。

种"异母业报起源说",将起初在二元结构的两端平等共存的神魔彻底分化开来了,双方的优劣对比更为明确,矛盾也更加尖锐,摩擦更为剧烈,因为阿修罗在被贴上"卑劣"的标签之后,他们的存在就不能被视为自然合理,而是成为一种应当消除的非法存在:"非法"即是堕落,堕落必遭毁灭,而合法者将会获胜,得以长久地存在。这种观念在随后的一系列描写神魔冲突的神话中得到了鲜明的体现:在争斗中,即使双方势均力敌,最终获胜的也必然是天神。而随着"非法"与"合法"的意义不断得到深入和细化,天神与阿修罗进一步成为两极化的善恶代表。天神不但代表光明、温暖、充满生机的有序现象,同时还代表了社会道德中光明美好的一面,即正义、本分、合法,而与此相对的阿修罗则同时代表了混沌衰败以及人类社会中的失序特质,如贪婪、狂妄、邪恶等。

随着神魔在社会层面上的象征意义趋于极端化,他们之间的冲突便不再仅限于对各自在自然界中的持久性进行竞争,而是进一步发展至以剥夺对方的存在性为目的的战斗:不仅要剥夺对方的生存权,而且由对方创建的、与己方的准则不符的社会秩序也都要摧毁,然后在其废墟上重建起一个新的秩序。于是,神魔所在的宇宙转变成一个帝国,神魔角色本身在自然层面上的象征意义退居幕后,双方的纷争也变得像是一场充满隐喻色彩的政治争斗,而我们对于《薄伽梵往世书》版本《翻搅乳海》故事的最初印象,也是其鲜明的政治意味。但与此同时,我们又很难将这个故事简单地定义为纯粹的政治史诗,因为它作为争斗记录而言缺乏诸多细节,除了大神的支持和神王个人的卓越武力这两点之外,我们看不到其他的制胜因素,这种模糊化使得故事变成一个最为理想的榜样和例证,可为当下的统治者利用,以证明自身王权的合法性。基于神话所宣扬的以及社会道德普遍认同的"合法者必胜,非法者必败"的观念,已经得胜的一方便可自我标榜为合法的、代表真善美的群体,而落败的对手则相应地被定义成与阿修罗毫无二致的"非法众"。

从吴哥寺"翻搅乳海"主题浮雕壁对于神魔的形象设定来看,阿修罗被塑造得面目狰狞,而天神则清秀平和,孰善孰恶一目了然。同时,他们在宇宙层面上的象征性也并未消失,作为天之子的天神,在吴哥寺中仍被赋予了光明、温暖等有序特质,而阿修罗也依然保有黑暗、寒冷、萧瑟等象征意味。这具体表现在,天神被安排在浮雕画面的北半边,阿修罗队伍则位于南边，符合《百道梵书》对于神魔各自所属方位的规定。① 在此基础上，设计者又将阳光的投射区域巧妙地限定于神魔队伍之间，并使它在浮雕上的移动轨迹，与太阳在大地上的年度周期运行轨迹保持一致。因此，当阳光投射范围向着天神一方偏移时，宇宙也同步进入光明有序的阶段；而当光照范围移向阿修罗一方时，宇宙也正好处在严冬之中，大地被黑暗、寒冷和萧瑟等无序状态所占领，象征着有序世界的天神被阴影所覆盖，势力衰弱，亟待在太阳的回归与引领下再度战胜失序混沌，携带着勃勃生机，开启一个新纪元。

从上述现象来看，浮雕壁十分巧妙地让我们重新忆起了神魔各自在自然层面上的象征意义，然而在《翻搅乳海》神话的引导下，在神魔形象的强弱及美丑对比、大神的顾视等诸多细节的提示下，我们不难看出，浮雕壁真正要表现的并不是神魔在宇宙间的平等共存，正如他们在画面中的对峙姿态也并不均衡。随着神话中道德法理意味的渗入，宇宙周期中的季节更迭已转变成一场攸关正法之存亡的神魔激战，而标记冬春交替的春分节点则因象征着秩序终于战胜失序而被大为推崇。恪守正法、热爱生命的人们一再将热切的目光投向秩序，即使它暂时性地随时间周期落于下风，也仍为神所偏爱，不久后必会在神的支持下迎来全面的胜利。这种政治化的联想，为相关主题的艺术表达形式带来了一种新的可能性，即合法者的胜利可以通过宇宙周期中的冬春节点及随后直至夏至的一段时间得到体现；而在神话与自然周期的双重映射之下，关于"合法者必胜"的法则反过来也同样成立，即在争斗中获胜的一方必然合法且为神所钟爱。通过这样的自我定义，胜利者被封为神圣，夺权过程中的争议性也被彻底洗去，广大群体对于胜利者的认同便能成功地建立起来。而这正是"翻搅乳海"主题在吴哥寺中存在并以如此形式呈现于世人面前的根源所在，它与苏利耶跋摩二世的登基历程及纪念的实际需求密切相关。

从历史记录来看，苏利耶跋摩二世的登基之路并不平顺。作为一位以非正统手段夺得王位的君主，他对证明王权合法性一事必然格外敏感、格外重视，因此不惜借助宇宙秩序、神圣往昔等榜样的力量，将王权解释为神圣合法，不仅要在当下对群体起到切实的安抚作用，而且要在未

---

① ŚB. 2. 1. 3. 3–4.

来也继续闪耀不朽的光辉，受到万世敬仰。通过将自己的登基历程与神魔"翻搅乳海"事件进行类比，由他率领的军队作为政治争斗中的胜者，自然就与故事中的天神形象相吻合，而他的敌人则被等同于"非法者"阿修罗，不为大神所眷顾，因此必然失利。这样一来，国王在利用神话解释统治权合法性的同时，也将敌我双方的属性做出了明确的定位。

神话是人间之事在天上的反映，而以神话为主题的图像艺术创作则是将发生在天上的人间之事重新搬回了人间，以此对特定历史事件进行纪念。天神和阿修罗作为构成《翻搅乳海》神话及吴哥寺同主题浮雕壁的重要角色，在宇宙层面和社会层面都具有重要的象征作用。鉴于神魔所代表的兴盛与衰败的周期循环正是宇宙永生不朽的根源，因此容纳并体现了这一循环的吴哥寺，就必会携带着国王的辉煌成就，与时间一样万古长存。

二 肘尺、"毗耶玛"、"54—54"对称及数字108之谜

在吴哥时期，修筑工程中时常使用的长度丈量单位，主要是肘尺（hasta）和毗耶玛（vyama 或 phyeam）。[①] 其中，肘尺的标准并不统一，往往采用建筑出资者的肘长作为标准单位[②]，因此，建造吴哥寺时所采用的肘尺长度，应该就是国王苏利耶跋摩二世的手肘长度。曼尼加通过实际测量与推算，认为这一长度约等于 0.43545 米（1 hasta = 0.43545 米）[③]，而1毗耶玛则等于4肘叠加的长度。除了"翻搅乳海"浮雕壁中的神魔队列

---

① 高棉丈量单位"毗耶玛"相当于印度传统丈量尺度中的"杖"（daṇḍa）。根据《摩耶工巧论》，可知四肘等于一杖（4 hasta = 1 daṇḍa）。详见 Bruno Dagens, *Mayamatam: Treaties of Housing, Architecture and Sculpture*, New Delhi: Indira Gandhi Centre for the Arts, 2004, p. 25 (6b – 11a)。

② Jacque Dumarcay 在其著作 "*Construction Techniques In South and Southeast Asia: A History*" 中指出，在印度传统建筑学的测量法中，"指"（aṅgula）、"肘"（hasta）等丈量单位的数值并不固定，而是充当一个可以重复叠加的标准单元，见 J. Dumarcay, *Construction Techniques In South and Southeast Asia: A History*, Leiden: Brill, 2005, p. 20；温玉清先生则进一步指出，建筑物中使用的肘尺是以出资人（即房主）的肘长为准。详见温玉清《茶胶寺庙山建筑研究》，文物出版社2013年版，第183页。

③ Eleanor Mannikka, *Angkor Wat: Time, Space and Kingship*, Honolulu: University of Hawaii Press, 1996, p. 18。

长度之外，吴哥寺平面及立面中出现的多组象征神魔的"54—54"对称段，都建立在这两个尺度单位和换算原则之上。它们在吴哥寺中除了发挥计量标准的实际功能之外，本身也具有重要的象征意义。

"肘尺"是古代印度营造工程中十分常用的一个长度单位，一般指的是从人体肘关节至中指指端的距离。[①] 相比起单位更小的"拳"和宜于建城的"杖"，肘尺在建筑中的运用尤为普遍，古印度工巧类经典《摩耶工巧论》指出，它适用于一切建筑工事。[②] 肘尺取自人的身躯，代表人的特性，而建筑物则被视为小宇宙，建造房屋乃是重复神创宇宙的过程，因此采用房屋主人的手肘长度作为尺度和单元，能够彰显出房主在这座小宇宙中的存在感，使他成为建筑小宇宙中的"秩序主宰"。从这一角度来说，建筑中的肘尺，实际反映的是古印度文化中人与宇宙的关系。

在印度教那纷繁复杂的符号体系中，宇宙须用四方形来表示。如前所述，四方形产生于天体的周期运动在大地上造成的四个方位基点，包含着时间与空间的双重秩序属性。拥有四方形平面格局的寺庙，在意义上相当于一座人间的小宇宙。[③] 吴哥寺的平面形制之所以是四方形，正是基于这一种印度教文化体系下的几何符号象征性。凭借精心计算过的角度，吴哥寺还将太阳的周期移动轨迹限定于寺庙立面的南北边界以内，从而使寺庙跳出单纯的形制模仿的范畴，化身成为一个拥有独立的时空秩序、蕴含着真实神力的"真实宇宙"。这座真实的宇宙以国王的肘长作为尺度，不仅体现普遍意义上的人与宇宙的关系，更体现出存在结构中的神王关系：最高神一手创造了这座宇宙，并将国王的肘长设为宇宙秩序的规范法则，这就意味着"国王即是正法"，而且这一定义是由最高神亲自给出，神圣不容置疑。它的背后是宇宙间至高无上的特权和随之而来的责任，国王也因此得以被神化，成为宇宙中引领法则、履行法则并守护法则的神之领袖，从而与上文提到的太阳、因陀罗等理想化的神王形象相重叠。

---

① 除此之外，肘尺也有从肘关节至大拇指或小指指端的丈量方式。见 Vibhukti Chakrabarti, *Indian Architectural Theory: Contemporary Uses of Vastu Vidya*, Surrey: Curzon Press, 1998, p. 39。

② Bruno Dagens, *Mayamatam: Treaties on Housing, Architecture and Iconography*, New Delhi: Indira Gandhi Centre for the Arts, 2004, p. 23.

③ Stella Kramrisch, *The Hindu Temples*, Vol. 1, Calcutta: University of Calcutta, 1946, pp. 40–43.

除了肘尺以外，吴哥建筑营造中惯常使用的另一个长度单位"毗耶玛"，同样反映出人在宇宙中的参与性：1 毗耶玛的长度被规定为人体自然站立时舒展双臂至与肩部平行，测量双手中指指端之间的距离，它与肘尺的换算关系是 1 毗耶玛 = 4 肘尺（1 vyama = 4 hasta）。[①] 上文提到的存在于吴哥寺中的多组"54—54"对称，有许多组都是以毗耶玛为单位构成的。同肘尺一样，毗耶玛也是以多个叠加的方式构成一段距离，而叠加的数量往往具有特殊的象征意义，例如吴哥寺东面南侧回廊的长度为27.02 毗耶玛，象征月亮周期；而北侧长度为 29.54 毗耶玛，象征太阳周期。[②] 从时空象征性的角度来看，在丈量空间距离的长度单位中嵌入象征宇宙周期的特殊数字，体现了时间依附于空间的特性，也表现出神王引领时空秩序的象征意味。洞悉这种以数字体现时空统一性的形式特质，对于理解数字"54"在吴哥寺中的文化寓意至关重要。

在"翻搅乳海"浮雕壁中，天神与阿修罗的队列各占 54 肘的长度，天神共有 88 位（不含因陀罗），阿修罗共有 92 位。[③] 其中，"54"所代指的是空间长度数值，88/92 则是神魔的个体数量。根据曼尼加的观测，阳光每年投射在图像中轴上的日期，是分日的前后三天到四天；从光照范围的移动规律来看，中轴南侧的 92 位阿修罗所代表的，就是从秋分日到冬至日以及从冬至日到春分日的大致天数，而北侧的 88 位天神则代表着从春分日到夏至日、夏至日到秋分日的大致天数。同时，两支队伍中间都各自夹杂着三位异常高大的领袖形象，它们将图像划分成了六个部分，象征着一年中的六个季节。这也就是说，在太阳的运行与提示下，浮雕壁中的神魔其实代表了一个完整的年度周期。[④] 天神与阿修罗个体代表着较小的时间单位"天"，穿插其中的高大形象则是规模较大一些的单位"月"和"季"，两支队伍的首脑及中心轴则象征着更大的分至日节点。

---

① 温玉清：《茶胶寺庙山建筑研究》，文物出版社 2013 年版，第 183 页。

② Eleanor Mannikka, *Angkor Wat*：*Time*, *Space and Kingship*, Honolulu：University of Hawaii Press，1996，p. 122

③ 曼尼加只算了 91 位阿修罗，以使观测结论能够严格契合历法中从秋分到冬至的标准时长。但笔者认为，我们所处的时代、地域、文化与吴哥时期的真腊并不相同，而且至日、分日本身也并未被明确规定为特定的某一天，一两天的偏差不意味着推论全盘错误，因此将 92 改为 91 并无必要。

④ Eleanor Mannikka, *Angkor Wat*：*Time*, *Space and Kingship*, Honolulu：University of Hawaii Press，1996，pp. 37 – 41.

　　根据吴哥寺形式上的时空统一性特质，既然浮雕已借助神魔个体数量来表现宇宙的时间秩序，不难推想神魔队伍所占据的空间长度数值"54"，就不会重复表现时间寓意，而是会相应地反映出宇宙空间秩序的特征，以充当时间的载体。此处的空间秩序并非宽泛意义上的四个方位基点，而是必须配合浮雕对于时间单位的详细划分，反映出可见世界的具体构造。也就是说，如果从宇宙时空秩序的完整性这一角度出发，神魔队伍在浮雕画面中所占据的长度数值"54"，极有可能是一个详细的宇宙空间构造图的缩影。

　　正如浮雕中的每一个神魔个体都代表一个时间单位，这54肘中的每一个单位肘长，都象征着构成宇宙空间格局的一个单元。这些单元团团围绕着须弥山，构成一个以须弥山为绝对中心的"存在曼荼罗"（Bhū Maṇḍala）。根据《薄伽梵往世书》的描述，须弥山所在的大洲"瞻部洲"（Jāmbu dvipa），由七大洲、七大洋所包围，洲内由八座山脉划分为八个区域，位于中央的第九个区域叫作伊拉弗栗多（Ilāvṛta），正是须弥山仁立之地。在须弥山的山脚下，围绕着20座山峰，分别是俱楞伽山（Kurānga）、俱罗洛山（Kurara）、俱须婆山（Kuśubha）等；在山腰的四个方向上，又各有一座山峰，分别是曼陀罗山（Mandara）、弥麓曼陀罗山（Meruman-dara）、须跋室婆山（Supāśva）和俱穆陀山（Kumuda）。除此之外，在须弥山周边的四个方向上，还各有两座山峰仁立，共计8座"方位山"，将须弥山环抱于中央。① 综上所述，可知以须弥山为中心的宇宙结构，就是由7大洲、7大洋、8座山脉、20座附属山峰、4座主峰、8座"方位峰"构成的，而"7、7、8、20、4、8"这几个数字所代表的，就是不含须弥山在内的构成宇宙空间格局的各个单元，它们相加的总数值正是54。② 这意味着，浮雕壁中各占54肘长度的神魔队伍，加上浮雕中已有的须弥山，能各自构成一幅完整的宇宙空间曼荼罗。

　　也许有读者会感到疑惑：如果数字54与须弥山的组合能够代表一个完整的宇宙空间构造图，那么将神魔双方占据画面的长度都设定为54肘，是否会有重复之嫌。实际上，由于神魔同时也象征着时间周期中的"秩

---

　　① SBh. 5. 16. 5 – 26.
　　② 浮雕壁和相应的寺庙建筑中都有代表须弥山的符号，因此吴哥寺的特殊数值"54"中，并不包括须弥山。

序"与"混沌",因此浮雕中各占 54 肘的天神队伍及阿修罗队伍,所象征的并不是一个世界的两半,而是同一个宇宙在有序及混沌失序时期的两种状态。以位于宇宙中心的须弥山为周期起点,当太阳光照亮北面的天神队伍时,秩序和光明统治世间,而天神一方所代表的,就是处在欣欣向荣、光明温暖的有序状态下的宇宙;而当阳光移至南方的阿修罗队伍时,萧瑟与寒冷占据大地,因此阿修罗一方所象征的,就是陷入失序混沌的宇宙。包括与浮雕有着对应关系、同样体现"翻搅乳海"主题的吴哥寺立面结构在内,虽然其中并未刻画出具体的神魔形象,但是在太阳的周年移动下,在它的南北两翼中连续叠加出现的"54—54"对称,同样能表现出不同时期下的宇宙状态。同样地,在寺庙的平面结构中,当神王移动到长度为 54 毗耶玛、象征着阿修罗的南面长廊时,就表示他所管辖的宇宙正处在混沌失序的状态中;而当他移动到象征天神一方的北面,就表示宇宙重新回到秩序的掌控之中,世间温暖、光明、有序。正因为空间秩序与时间秩序本就是密不可分的整体,而时间周期本身又具有"秩序"和"失序"的两面性,"54"在两两叠加之后才不会有表意重复之虞,更不会彼此抵触,而是分别象征不同时期下的宇宙。①

　　就神王文化的层面来看,将象征宇宙空间结构的数字"54"嵌入吴哥寺,同样也起到了神化国王、树立神王偶像的作用。通过将一段有限距离的单位数值设定为 54,原本有限的空间便被象征性地扩大至整个宇宙的范畴,因此,当人间的帝王行走于其间,也就相当于跨越了整个宇宙,国王本人也由此成为管辖宇宙的众神之主。同时,在这样的"宇宙之王"的头衔下,象征宇宙空间的数字 54 也被赋予了政治性的色彩,等同于一幅抽象的神王疆域图,彰显其"救世主"的角色特质。在神王的引领之下,在寺庙立面和平面结构中立于南侧的数字"54",便象征着在神王崛起前,处在混乱失序中的"旧世界",而北侧的"54"则相应地象征在神王成功地战胜非法势力之后,重新在其带领下走向复苏与繁荣的"新世界"。

　　在吴哥寺建立以前,曾有巴肯寺在其七层台基上设立 108 座小塔,共

---

　　① 巴肯寺(Prasat Phnom Bakheng)中有 108 座小塔,数字 108 可被视作"54—54"的叠加。法国远东学院考古学家 Jean Fillozat 在对巴肯寺进行研究时,同样将数字 108 解释为宇宙结构。详见 Jean Fillozat, "Le Symbolisme du monument du Phnom Bakheng", *BEFEO XLIV*, 1954, pp. 527 – 544。

同簇拥一座位于台基最高处的中心塔，以模拟宇宙结构。基于本节对于数字"54"的分析结论，我们不难判定，数字"108"作为"54—54"的总和，正是象征着一个时空合一、既包含空间结构又容纳完整的时间周期的宇宙。虽然时至今日，巴肯寺内绝大多数小塔已经坍塌，但那残存的塔基和壮观的七层高台，仍依稀透露出当年的辉煌。结合巴肯寺主人耶输跋摩一世杀死兄弟、夺权篡位的个人经历，可知如此大规模、大手笔的宇宙模型，很大程度上反映了国王自我神化的迫切需求，体现了吴哥神王文化的根本目的：在当下争取群体认同，在未来实现永恒不朽。同时，参照耶输跋摩一世在位期间创下的种种功绩，例如兴建新都城耶输陀罗补罗、修建东巴莱水库等，也不难看出在巴肯寺的恢宏气势背后，有着一位伟大王者的自信与雄心作为支撑。承载其威名的巴肯寺，也凭借着壮美的建筑形式，获得各国观者的一致赞誉。

在巴肯寺以外，绝大多数吴哥寺庙在模拟宇宙时，都只在高台中心塑造五座攒心结构的菡萏塔，以象征宇宙中心的须弥山，以及环绕在其四周的四座山峰。吴哥寺显然沿用了这一设计。不过，随着"翻搅乳海"主题的引入，吴哥寺无须再像巴肯寺那般耗费材料和人力建造密集的大型塔丛，而是可以借助"54—54"数字对称，利用神魔各自代表的秩序和失序的寓意，巧妙地达到数字108的象征效果，将处在不同时期的宇宙表现得更加明确、更为易懂。这种借助神话来表现宇宙结构的思路，似乎也为随后的阇耶跋摩七世所借鉴。虽然这位国王信奉大乘佛教，但在为自己建造象征性的小宇宙时，仍选用了印度教神话主题"翻搅乳海"。不过，与吴哥寺主题艺术不同的是，设立在吴哥王城南门外的"翻搅乳海"主题圆雕，其神魔队伍各含27位成员，两队相加共54位。除此之外，在都城中心的巴戎寺内，伫立有49座雕刻了四面神像的高塔（图5.3），它们与王城周边的5座四面神像门楼相加后，所得之数刚好也是54。从数值本身来看，"54"是"108"的一半，而"27"又正好是"54"的一半，这种关联性似乎表明数字27仍具有宇宙相关的寓意。而从印度教宇宙观的角度来看，"54"仅代表一种状态下的宇宙，因此吴哥王城中的"27—27"以及数字"54"，有一定可能象征着宇宙永恒地处在秩序的保护之下，不再有失序状态。由于论证过程还将涉及佛教宇宙观及国王个人经历，内容十分庞杂，此处不便详述，就留待日后另行撰文探讨。

图 5.3 巴戎寺（Prasat Bayon）① 内的四面神像塔。这样的塔楼，
在巴戎寺中共有 **49** 座，连上通王城城门上的 **5** 座，共计 **54** 座

第二节 乳海

"乳海"（Samudra）是神魔的"翻搅乳海"事件发生的场所。它的实质是宇宙之海，之所以又负有乳海之名，是因为神魔在海中进行翻搅活动之后，海水被搅成了浑浊的乳状。根据故事的描述，随着神魔激烈的翻搅动作，从乳状的海水里涌现出了众多的新生造物，包括象征太阳的白象埃拉伐多和象征月亮的骏马乌刹室罗婆，还有吉祥天女、阿普萨拉等。在诞生后，他们迅速地被不同的主人接收，表明乳海不但孕育可见之物，而且也孕育不可见的秩序。随着不死灵药自海中浮现，神魔争夺至高特权的战斗在乳海之滨爆发。也正是在此地，因陀罗用海中的泡沫作为武器，一举消灭了强大的阿修罗那牟吉，从而再度将神王头衔夺回手中。有鉴于此，我们除了关注乳海的创世功能以外，也不可忽略它在扶持神王方面的

---

① 巴戎寺（Prasat Bayon）是阇耶跋摩七世（Jayavarman Ⅶ）的国庙，建造于 12 世纪末，坐落在大吴哥王城的中心。详见 Henri Parmentil, *Angkor Guide*, Saigon：Albert Portail, 1950, pp. 57–62。

意义。

　　作为创世的母体，乳海在"传统样式"中的存在感，主要依靠从柱状山脚下冒出的造物形象来体现，而它本身并不真实地出现在画面当中。与此设定不同的是，吴哥寺浮雕壁不但单独开辟出一个乳海空间，而且在其中十分细致地刻画了各种水族，顺带地也将传统用以提示乳海的造物形象一并删去。这种独辟蹊径的表现形式或许表明，吴哥寺浮雕壁中的乳海，其文化内涵与以往相比有所不同。它必须存在，但并非以制造可见实物为存在的目的，而是似乎仅仅为了容纳那些混乱的水族。与这片纷乱的水域形成鲜明对比的是，在海平面以上的世界里，不论是神魔队伍、中心轴还是天女阿普萨拉，其排列方式均呈现出强烈的秩序性。这种反差令我们思考，吴哥寺浮雕壁中的乳海角色之所以存在，是否正是为了以混乱之貌凸显秩序感，而它在"混乱"与"秩序"之间又起到了怎样的作用，这作用究竟是"隔离"还是"转换"——要想一一解答这些疑问，我们需要先从乳海形制本身的文化内涵入手。

一　乳海形制：四方形的"神圣空间"

　　在吴哥寺中，宇宙之海共有两个表现形式，其一是"翻搅乳海"主题浮雕壁中，位于神魔脚下、充满水族的空间（图5.4），其二则是吴哥寺大门以内的庙中世界（图5.5）。根据上文的分析结论，须弥山与中央圣殿，大王钵利及须羯哩婆与吴哥寺外围南北塔楼，神魔队列与建筑（立面、平面）中的若干组"54—54"对称，彼此间都能够一一对应。同时，太阳在吴哥寺南北界点以内的年度周期运行轨迹，也与浮雕中阳光在乳海上的移动轨迹相同。据此不难判定，吴哥寺内部空间与浮雕中的乳海之间的对应关系，在现象方面也是能成立的。

　　首先要关注的是浮雕和寺庙共有的四方形形制。这一形制在吴哥古迹中极为常见，其重要性往往被忽视。根据古印度工巧典籍《摩耶工巧论》的说法，四方形的居所既适合天神又适合婆罗门，它的形状无可指摘，寓意吉祥。[①] 这样的描述让我们在第一时间意识到四方形的隔离性，即它能够将世俗世界与适宜天神和婆罗门居留的洁净空间有效地隔离开来，而这

---

　　① Bruno Dagens, *Mayamatam*：*Treaties of Housing*, *Architecture and Sculpture*, New Delhi：Indira Gandhi Centre for the Arts, 2004, p. 11.

图 5.4　神魔脚下的乳海空间。① 海中充满各种水族，种类各异，姿态各异

图 5.5　吴哥寺内部空间示意图。大门位于画面的最左侧、东西中心轴上。
这扇大门所在的墙体将空间隔断，并以标记至日日出的方式，表明墙内的
四方形空间是一个有神力显现的神圣小宇宙

① 　图片作者为 Allie Caulfield，于 2009 年 9 月 5 日发表在维基共享资源网（Wikimedia commons），依据 CC BY 2.0 许可授权。资源地址为：https：//commons. wikimedia. org/wiki/Category：Samudra_manthan_relief_in_Angkor_Wat？uselang = zh － cn#/media/File：Angkor_Wat_reliefs_（Sept_2009k）. jpg。

种隔离作用的实现，有赖于图形本身的神圣属性。从另一个角度来看，在被这个四方形圈定之前，"神圣空间"的前身也只是一片普通的土地，这又令我们意识到四方形在转换空间属性方面具有强大的功能。这种功能，正是众多寺庙的建造者选择四方形作为平面形制的原因。对其根源和文化内涵的探讨，对于进一步理解吴哥古迹中诸多庙宇的意义将颇有裨益。

被誉为古印度"百科全书"的《广集》（Bṛhat Saṃhitā）记载了这样一个故事：天神们因无法打败阿修罗而向毗湿奴求助，毗湿奴便赐给因陀罗一面旗帜，让他悬挂在太阳战车上。凭借这面旗帜的力量，天神就能在战争中所向披靡。众神得知后，纷纷为这面战旗献上礼物：第一件礼物是一个有着无忧花红色的四方形，它来自创造之神毗首羯摩，周长是旗子总长度的1/3。随后由其他天神送上的各种几何图形，尺寸依次递减。因陀罗在悬挂起这面旗帜之后，果然战无不胜。在故事结尾处，《广集》进一步总结道，这面旗帜是常胜不败的标志，因为它就是正法之旗。①

这个小故事有若干细节值得注意：正法之旗的第一件装饰品是一个四方形，这意味着四方形在时间上最早出现；在它之后的图形尺寸依次递减，表明它在空间上占据面积最大；它的赠予者是创造之神毗首羯摩，说明四方形在一切造物中最为基本，是存在的基础；同时也意味着它最富有创造力，其后的一切几何图形，都被这个四方形所容纳和统摄。最后，这个四方形呈无忧花红色，而无忧花在印度教符号体系中乃是生殖力的象征②，可见这拥有无忧花特质的四方形，不但在时间和空间层面上拔得头筹，而且还拥有强大的创生能力。它不仅是世间秩序的基础，而且也是万物诞生的根源。

这一结论，离乳海形制之谜的答案已经非常接近。在《翻搅乳海》故事中，乳海本就是孕育新生造物的宇宙之海：它先于新生造物存在，面积宽广无垠，各类造物都小于它。这几个特质，恰与因陀罗战旗上的四方形相吻合。不过，四方形并不是一个自然存在于现象世界里的图形，而是

---

① Varaha Mihira, *Bṛhat Saṃhitā*, trans. by Chidambaram Iyer, Madura: South Indian Press, 1884, p. 172.

② Heinrich Zimmer, *Myths and Symbols in Indian Art and Civilization*, New York: Harper and Row, 1946, p. 69.

经抽象化和简练化以后形成的具有隐喻意味的几何形状，这意味着四方形中隐藏着不可被直接看出的秩序性内涵。这种内涵只有在彻底弄清四方形的诞生源头之后才能被了解。

如前所述，古印度符号体系中的四方形产生于天体的周期运行轨迹。[1] 远古时代的人们日复一日地观察重要天体在天幕上的运行，并根据其运行轨迹与地平线的交点确定了东、西、南、北四个方位基点。这四个基点是天与地相接之处，促成了人类对于宇宙空间组织形式的最初印象。一切天体的活动，都被限定在这四个方位以内，因此用四条线连接起这四个方位基点所形成的四方形，本质即是以一种抽象的结构相似性，来表现那个容纳了天体在其中运行的宇宙空间，四方形也因此成为象征宇宙秩序的符号。[2]

同时，由于天体的运行展示出令人惊叹的秩序性，而在古人眼中，唯有神力才能在混乱的自然界中建造起这样的秩序[3]，因此这四个方位基点就被人们视作四个神圣的标记，它们彼此联系，共同划出一块呈四方形的、有别于世俗世界的"神圣宇宙"。这个宇宙是时间与空间的集合体，它先于一切造物存在，是万物赖以生存的基础。天体在这个空间内运行，意味着神显的力量在这个空间内持续存在，四方形由此成为神圣力量永不枯竭的源泉。[4] 当人们感到有必要与这种神圣力量建立联系、以表达某些诉求时，便会尝试复制这一神圣空间，以便与现身其中的神圣力量进行交流。复制的手段主要包括模仿宇宙形制建造设施，并在其中嵌入象征天体周期的特殊数字等。在吠陀时代，象征天界的烧供火祭坛（Āhavanīya）之所以要建成四方形（图 5.6），根源就在于此。[5]

① Horace Geoffrey Quaritch Wales, *The Universe Around Them*: *Cosmology and Cosmic Renewal in Indianized South-east Asia*, London: Arthur Probthain, 1977, pp. 39-40.

② Kapila Vatsyayan, *The Square and the Circle in the Indian Arts*, Delhi: Abhinav Publications, 1997, p. 77.

③ [英] 恩斯特·贡布里希：《秩序感——装饰艺术的心理学研究》，范景中、杨思梁、徐一维译，广西美术出版社 2015 年版，第 6 页。

④ [美] 米尔恰·伊利亚德：《神圣的存在：比较宗教的范型》，晏可佳、姚蓓琴译，广西师范大学出版社 2008 年版，第 347 页。

⑤ 本书将此词意译为"烧供火祭坛"，同时也可音译作"阿诃伐尼耶"火祭坛。关于此祭坛的详细讨论，可参阅 Stella Kramrisch, *The Hindu Temple*, Vol. 1, Calcutta: University of Calcutta, 1946, pp. 23-28。

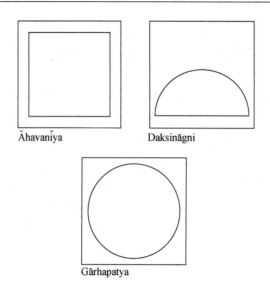

Āhavanīya　　　　Daksināgni

Gārhapatya

图 5.6　火祭坛形制示意图。其中，左上方呈四方形的就是代表天界的烧供火祭坛，它应当设在祭场的东面；下方的家主祭坛（Gārhapatya）呈圆形，代表地界，应设在祭场西面；右上方的南火祭坛（Dakṣiṇāgni）呈半圆形，代表空界，设在祭场南面

　　寺庙及浮雕的形制内涵，与烧供火祭坛在本质上并无分别。[①] 吴哥古迹内的众多寺庙，包括吴哥寺在内，之所以都选择了四方形的平面形制，就是为了表现出寺庙的小宇宙本质，同时象征性地表现出创造秩序的神力，从而将寺内空间神圣化，令人间的统治者与神得以建立联系。就吴哥寺而言，设计者不但采用了传统的表现手法，选择经典的四方形作为寺庙小宇宙的建造形制，并将象征宇宙周期的特殊数字植入建筑部分，同时也通过为寺庙设定一个神话主题，从另一个角度表现出寺庙和宇宙之海的类比关系。尤其巧妙的是，主题浮雕中的乳海并不产出有形的造物，但乳海所托举的神魔队列，以及覆盖于其上的、规律移动的阳光，正是无形的秩序借以存在的躯壳，它令我们真切地意识到乳海承载秩序、容纳秩序的功能，意识到乳海作为宇宙之海的深刻内涵。在同一个神话主题的框架下，吴哥寺也表现出了相同的属性：通过寺庙托举着的、寓意为整个世界的南

---

① 火祭坛是印度教寺庙形制的源头之一。见 S. Kramrisch, *The Hindu Temple*, Vol. 1, Calcutta: University of Calcutta, 1946, pp. 145 – 155。

北两翼长廊，透过那高高耸立、象征宇宙中心的中央圣殿，以及每天清晨从寺庙中冉冉升起的一轮旭日，我们得以见证秩序如何以"石"和"光"作为载体，从"时"与"空"的角度，全面展现吴哥寺作为孕育秩序的宇宙之海这一本质。而当我们禁不住要对这鬼斧神工的建造技艺发出赞美时，真正的创作者又适时地以神话作为面纱将自己隐去，同时也试图说服我们，这样的奇迹之所以能够在吴哥寺出现，无疑是因为最高神就身在其中。但他的存在意义并非赐大众以解脱，而是亲自为国王涂抹金身。

论述至此，结合吴哥神王文化的核心，我们便不难理解，为何一座模拟宇宙形制的寺庙，对于国王而言是极为必要的。一方面，"神王"这一头衔所提示的神圣的至高权力，需要一个物质体将其形象化。相比起人间帝王惯常用以彰显权力的权杖和冠冕，寺庙的宏伟、稳固的特色和利于集合人群的功能，使它更适宜充当引发群体认同的媒介，长久地留存于群体记忆当中。另一方面，通过种种象征手法将隶属于国王的寺庙营造为宇宙，即是表明国王拥有"宇宙之主"的身份，并且这一身份绝非自诩，而是由现身于其中的最高神亲自认定和颁赐。在"翻搅乳海"的框架下，浮雕是吴哥寺的缩影，吴哥寺是整个宇宙的缩影，但它绝不仅是对于宇宙的简单复制，在其高度概括的形制背后，实际蕴含着铸造神王偶像的各项必要条件。

长久以来，人们在判定吴哥地区众多寺庙的小宇宙本质时，多以其须弥山式结构作为唯一的证据①，但事实上，寺庙在时空秩序层面上的小宇宙特性，在寺庙的四方形形制中就已经得到了充分的表现。在吴哥寺的案例中，根据"翻搅乳海"浮雕的刻画，可知吴哥寺的乳海除了充当秩序基石之外，本身也具有十分鲜明的特色，例如海中充满了各种各样的水族，与上方空间的秩序感形成巨大的反差，二者对比极为强烈。这种刻意营造出的混乱感，究竟有何深意，它与秩序又是以何种方式彼此相连，就是我们接下来要探讨的问题。

二　混沌之海：秩序的源头

在欣赏吴哥寺"翻搅乳海"浮雕壁时，人们对于乳海的印象，往往是"混乱"。这一印象源于海中被激烈的翻搅运动所波及的水族。它们种

---

① 参见 Claude Jacques & René Dumont, *Angkor*, Cologne：Könemann, 1999, p. 29。

类繁多，数量可观，姿态各异，身躯破碎扭曲，排列得又十分密集，使乳海呈现出一种极度混乱、充满不安与死亡的面貌。这种混乱感，与乳海上方神魔队列的秩序性形成了鲜明的反差，加深了观者对于秩序性的印象（图5.7）。有趣的是，相比起《翻搅乳海》故事中的那片创造了丰富造物的乳海，浮雕中的乳海非但没有创造任何有形的造物，相反还充满了水族的残肢断尾，杂乱不堪，不免让人一时难以将它本来的创世功能与这片"死亡水域"联系在一起。

图5.7 充满混乱水族的乳海，与水平面上方富有秩序感的"新世界"，形成了鲜明的对比

那么，这是否说明，吴哥寺浮雕中的乳海本来就不具备创造功能？答案当然是否定的。从神魔伫立的"海上空间"与下方乳海空间的格局来看，混乱的空间在下方，有序的空间在上方，表明秩序性必须以混乱为基石才能存在。鉴于海上空间里，除了欢庆胜利的天女阿普萨拉之外，其余造物形象都已被创作者尽数删去，不难推知浮雕中的乳海实际创造的，并不是任何一种有形的造物，而是以神魔和天女为形式的秩序。

根据《翻搅乳海》故事的描述，在各种新生造物从海中涌起之前，大神阿笈多曾强力搅动乳海，由此产生的巨大力量，把本是在深海中的水族都搅到了海面上，还将鱼、龟、摩羯、水蛇等各类水族都压得粉身碎骨[1]（图5.8）。不过，搅乱乳海的目的是为了重新创建一个新世界，而各种新生造物也确实是在大量水族死亡之后才开始陆续从海中生出，这样的先后顺序与因果关系表明，新生须以死亡为前提，秩序必由混乱中诞生。在浮雕中，这样的关系主要通过两个空间的排列次序得到表现：混乱的乳海空间位于图像下方，而富于秩序感的新世界则位于上方。这一构图方式与文献所传达的理念相吻合，都说明了混乱是秩序产生的基础，秩序脱胎于混乱，它的出现必须以混乱为先决条件。

图5.8　乳海中的身躯支离破碎的水族。这些水族种类各异，因受到神魔翻搅力量的冲击而死去

从本质上看，《翻搅乳海》神话的这一情节，以及吴哥寺浮雕对此情节的刻画方式，体现的都是印度教传统的生死观念。在此可再援引一个记载于《广林奥义书》（*Bṛhat Āraṇyaka Upaniṣad*）中的创世神话作为例子。这个神话声称，原初的宇宙是一团唯有死亡存在的混沌，而死亡的本质是一种能吞噬一切的贪欲，它的存在迫使新造物必须不断产生，就像饥肠辘辘的人必须制作食物以飨口腹之欲。故事指出："凡是它创造出来的造物，

---

[1]　ŚBh. 8.7.18.

它都将其吞噬了。它是万物的吞噬者，万物都是它的食物。"① 将死亡认定为创世主，反映出古代印度人对于生死本质的思考，即死亡是新生的原动力，如果死亡不存，则新生无必要。同时，也正因为生者总有一死，生物才须不断繁衍。② 秩序与混沌的关系也是如此。从视觉角度来看，秩序感之所以能够凸显，是因为它以混乱为背景。这一原则同样适宜于描述人类社会的兴衰发展：新秩序必然要在旧时代的废墟上建立起来，并且在混乱、动荡等失序状态的对比之下，新秩序的崛起会令人尤为强烈地感受到其中蕴含的使命感。对于这两点的深入探查，能够帮助我们更好地理解乳海符号在吴哥寺神王文化中的意义。

一方面，从《翻搅乳海》故事交代的事件起因来看，宇宙之所以陷入衰败，根源是阿修罗在时间的偏爱下转为强势。鉴于乳海本是宇宙之海，不难看出翻搅乳海这一举动的本质，即是将"旧的宇宙"连同神弱魔强的反常格局一并摧毁，使其恢复到除了死亡之外别无一物的原初状态，从而令新造物和新秩序得以从中诞生，最终形成一个全新的宇宙。同样的意味在随后爆发的神魔大战中也得到了明确的体现，而我们也由此得知，新世界和新秩序都无法通过弥补、修复或是部分调整等较为温和的手段来建立，而是必须依靠强力、兵刃等霹雳手段。同时，翻搅乳海这一行为由最高神所授意和主持，这意味着，不单"死亡催生新生"、"秩序出于混沌"是绝对的真理，而且摧毁旧世界所使用的强力手段也同样来自神的安排，其合法性也就毋庸置疑。如此一来，发动摧毁行为的一方，便不再需要为自己的杀戮行为而承受道德方面的质疑。在神的名义下，讨伐过程中的杀戮行为就能解释成替天行道，新秩序的引领者由此得以保持清白无瑕之姿，成为一位无可指摘的神王。任何敢于质疑其正当性的人，即等同于与神作对，必然遭到诛罚。

另一方面，在人们的认知中，秩序总是与神力相伴，而混沌则被视为神力所不及的异质空间的标志③，在人们心中引发恐惧、焦虑、厌恶等种种负面情绪，因而是应当被消灭的。鉴于唯有秩序才能消灭混沌，消灭者

---

① *Br̥hat Āraṇyaka Upaniṣad* annotated & trans. by Sri Madhvacharya, Mumbai：Nagesh D. Sonde, 2012，p. 8（aśvamedha brāhmaṇa 1）.

② Bansi Pandit, *Explore Hinduism*, Malborough：Heart of Albion Press, 2005, p. 108.

③ ［罗］米尔恰·伊利亚德：《神圣与世俗》，王建光译，华夏出版社 2002 年版，第 7—8 页。

即是秩序法理的化身，而消灭混沌一事意味着充满死亡与混乱的局面得以结束，萦绕于人们心头的恐惧和焦虑也得以被驱散，这一行为也就因此得以显现出一种强烈的救赎意味。正如太阳在最高神的授意下，一次次将宇宙从衰败、寒冷与黑暗的包围中拯救出来，人间的统治者通过英勇战斗，一举结束残破、动荡的局面，还人民以稳定安康的新生活，这正是一位救世主的绝佳写照。而对于一个理想化的神王偶像来说，这种救世主的特质，与上文提到的道德无瑕同样重要，不可忽视。也正是出于这样的表现需求，吴哥寺"翻搅乳海"浮雕壁才创造性地在画面中开辟出一片乳海空间，同时极尽刻画其混乱状态，通过上下空间中的混乱与秩序、死与生的强烈对比，激发观者对于混沌死亡的本能排斥和对于秩序的偏爱，令观者从中体会到秩序救赎世间的意义，从而对具备此种美德、做出如是功绩的统治者产生崇敬心，并长久地对他进行纪念和歌颂。

有必要指出，吴哥寺"翻搅乳海"浮雕壁由海平面分隔开来的上下两个空间，在表现混乱与秩序的关系方面，与轴对称式构图能够相互映衬、相互补充。一方面，海上空间与乳海空间对立并存，"对立"是指秩序与混沌之间的反差，"并存"则是指一个时空结合体必然兼具"有序"与"混乱"两种状态，二者缺一不可。另一方面，相比起象征着秩序战胜失序的神魔争斗，这两个空间更倾向于指示"秩序自混乱中生起"的关系，从而能为当下君主所发动的武力打击找出合理的解释，并对君主的救赎作用加以渲染和强调，为理想化的神王偶像增添光彩。如果说，在由太阳和神魔符号共同搭建的剧场中，神王呈现为一位战无不克、武力超群的武士英雄形象，那么以乳海为背景，解救众生于混沌、引领有序新世界的神王，则更多地表现出"救赎者"与"领路人"的特质，充满慈悲的神性。通过"翻搅乳海"浮雕壁中的轴对称构图和上下水平构图，一个在神的授意下惩罚非法者、拯救世间、开启新时代的"神王"形象便成功地竖立了起来。

行文至此，我们对于吴哥寺塑造的理想神王形象，已有较为全面的了解。不过，就神王职能来看，除了上文提到的惩罚、救赎和引领以外，还有一点尚未论及，那便是"监督"职能。在《翻搅乳海》故事中，这一职能由太阳神苏利耶履行。他在主题浮雕壁和相应的寺庙建筑中分别以阳光和太阳的方式出现。

三 秩序的维护者：苏利耶与因陀罗

在传统样式"翻搅乳海"主题浮雕画面中，我们时常能看到太阳神苏利耶（Sūrya）与月神旃陀罗（Candra）的身影，他们分别位于神王左右两侧，高高端坐于空中（图5.9）。到吴哥寺"翻搅乳海"浮雕壁时，日月连同其他的乳海造物都被一并删去，其中一部分原因可能是为维护画面的秩序性，但鉴于日月在"传统样式"中均以对称形式出现，形状也都是圆盘形，对于画面秩序性的破坏比较有限，因此吴哥寺浮雕壁之所以摒弃了日月的形象，更有可能是基于表现手法方面的考虑。尤其是，太阳本就是吴哥寺树立神王偶像时所参照和类比的重要对象，它在主题浮雕中绝非销声匿迹，只是不再被拟人化，不再具备一个独立、固定、静止的石造形体而已。

图5.9 达山寺"传统样式"浮雕中的太阳与月亮。
他们位于上层空间，不属于乳海造物的范畴

根据《翻搅乳海》故事的描述，苏利耶并未参与神魔的翻搅活动，而是与月神旃陀罗一同对整场事件进行监视。当一位名叫罗睺（Rāhu）的阿修罗假扮天神，混入天神队中偷饮不死灵药时，苏利耶与旃陀罗同时揭发了他，罗睺因此被毗湿奴用轮盘斩杀。从这一情节来看，罗睺无疑是秩序破坏者，而苏利耶则是秩序的维护者。他身在宇宙的最高处，世间一切违背秩序之事，都逃不过他的眼睛[①]，因此他才能在众神尚未察觉时率先揭发罗睺，并借助最高主宰之手，对非法者施以惩罚。由此可见，高居穹顶监视世间，正是苏利耶在《翻搅乳海》神话中的角色职责，也是他作为神王的重要特质。

在吴哥寺"翻搅乳海"浮雕壁中，位于画面最高处、呈俯瞰姿态的形象，是神王因陀罗。在这个至高无上的位置上，除了他之外再无别人（图5.10）。显而易见，创作者之所以将《摩》版故事中的情节植入主线画面，其中一个十分重要的目的就是将因陀罗设为宇宙顶端的极点，使他的形象与太阳重叠起来，从而将因陀罗所代表的武士精神与苏利耶的监督职能结合在一起，塑造出一个在广袤宇宙间无所不察并且有能力实施惩罚的神王形象。这种洞察力和威慑力无疑是一位理想化神王所应具备的，对于维护当下统治有着十分重要的意义。

图5.10　位于浮雕画面最上方、同时发挥苏利耶的监督功能的因陀罗。他的位置比须弥山更高，天女们也无法与之比肩。在他两侧没有任何人物出现，这种刻意留出的空白越发凸显了他的至高地位

上文提到，因陀罗也是一位阿底提耶，他的神性本质与太阳神苏利耶

① Raj Kumar, *History of the Brahmans: A Research Report*, Delhi: Kalpaz Publication, 2006, pp. 124 – 125.

相同①。这意味着因陀罗在维护秩序、打击非法者的过程中，也须使用无所不见的洞察力，发挥与太阳相同的监督作用，以便更公正、更及时地对秩序破坏者施罚。更何况，作为一国之君，随着新秩序的成功建立、新时代的顺利开启，理应继续承担惩恶扬善的责任，对这个新世界进行监视与维护，不放过任何一个角落。② 从吴哥时期的诤讼记录来看，国王是一切民间纠纷的仲裁者，被他认定有罪的人将受到严酷的处罚，这正是统治者在政权稳固后继续担任正法化身，履行监督及惩戒职责的表现。吴哥寺浮雕走廊南面的"阎摩审判"主题浮雕，也从另一个角度说明了作为执法者、审判者和施罚者的"法王"特质，对于一位理想的神王来说极为必要。在"翻搅乳海"浮雕壁中，这一职能由因陀罗和太阳共同彰显。一方面，在神话的框架下，超越须弥山而化身为宇宙极点的因陀罗，具备了实施监视行为所必需的高度；另一方面，在浮雕画面上规律移动的阳光，正是对于神王巡视世间的象征性再现，二者一静一动，相辅相成。同时，太阳光线照射在乳海上、穿行于象征宇宙时空的神魔队伍中，也是对秩序在宇宙间的永恒存驻进行提示。即便大地陷入周期性衰败，神王也始终不曾真正离开，而是一直在世间巡视和监督，必会在恰当的时机取代黑暗混沌，再次将秩序带回人间。

　　吴哥寺浮雕壁并未刻画偷食灵药的罗睺，这很可能是因为他作为日月的吞噬者，对于"太阳王"苏利耶跋摩二世及同样以太阳为名的提婆迦罗班智达而言是不吉利的。③ 不过，神王的监督职能，并不因罗睺的缺席而有所削减，而是会随着每天的日出现象反复呈现于世人面前，让人一次次回忆起故事中的罗睺在太阳的监视下无所遁形的情节，进而亲眼见证被形象化为阿修罗罗睺的混沌失序，如何被太阳引领的秩序彻底摧毁。有趣的是，依照古印度占星经典的说法，罗睺是造成日食和月食的根源，而美国学者曼尼加在考察后认为，吴哥寺内有三座藏经阁，很可能与月食周期

---

　　① 因陀罗的太阳神本质，在他斩杀弗栗多的故事中已有体现。详见 H. D. Griswold, *The Religion of the Rigveda*, Delhi: Motilal Banarsidass, 1999, p. 181。

　　② Heinrich Zimmer, *Philosophies of India*, edited by Joseph Campbell, Princeton: Princeton University Press, 1969, pp. 106 - 107.

　　③ 提婆迦罗（Divākara）意为"白昼制造者"，是太阳神的名号之一。

有关。① 由此看来，罗睺在吴哥寺内的表现形式及具体功能，或许比我们目前所知晓的更加丰富，更加精妙幽微。相应的探究将留待以后开展，此处不再赘述。

本节论述的主要目的，是对吴哥寺塑造的理想化神王的形象特质进行补充，阐明神王在"有序新世界"成功建立后所应履行的监督、维护和管理职责。从神话的角度来看，因陀罗和苏利耶同宇宙之海的关联，实际并不限于依赖须弥山、神魔等媒介实现的间接接触。作为世间正法的化身及其捍卫者，神王本身正是从宇宙之海中诞生的。在系统分析这一关联性后，乳海作为"神王孕育者"的角色功能，便能得到圆满的证实。

四　乳海与王权：神王的"再出生"

在古印度文化中，王权诞生于水的观念由来已久。早在《梨俱吠陀本集》的赞歌里，水就被描述为孕育王者的母体②，而《夜柔吠陀》更是将水定义为国王的加冕者、王权的施予者。③ 从这一角度来看，神话中的水与最高神毗湿奴在属性上是一致的，均为主宰世间生灭之力的具象化形式。虽然在多个版本的创世神话中，水都被描述为万物的母体，而王自然也被包含在万物以内，但明确地将存在于大自然中的"水"，与隶属于社会范畴的"王"直接联系在一起的，还是兼具自然属性与社会象征性的太阳。

在《梨俱吠陀本集》中，有一首献给"水之子"的赞歌。这首赞歌描述了太阳如何生长于水，并从水中获取力量，升至云间光照万物。④ 这是文献中首次出现"太阳生于水中"的说法。此后的创世神话，将水的孕育范围进一步扩展至世间万物，而太阳作为万物中的一员，也继续表现出"水之子"所特有的纯洁无瑕等特征，它在天空中的运行也被描述为是在天界的河流间漂游。⑤ 此处所谓的"水之子"身份，与太阳作为无限

---

① 关于藏经阁的具体用途，请参阅 Henri Parmentil， "Vat Nokor"，*BEFEO XVI*，1916，pp. 9 – 10；G. Cœdès， "Etudes Cambodgiennes VI：Des edicules appeles 'bibliotheques'"，*BEFEO XXII*，1922，pp. 405 – 406。关于曼尼加的观点，请参阅 Eleanor Mannikka， *Angkor Wat：Time, Space and Kingship*，Honolulu：University of Hawaii Press，1996，pp. 97 –106。

② RV 2. 35. 8；7. 49. 4.

③ WYV. 10. 1 – 11.

④ RV. 2. 35. 1 – 15.

⑤ Ian Bradley， *Water：A Spiritual History*，London：Bloomsbury Publishing，2012，p. 3.

女神阿底提之子即"阿底提耶"的身份，其实并不矛盾，但二者在细节处仍存在着一定的区别。在此不妨以神话中兼任阿底提耶和水神的伐楼拿（Varuṇa）为例，对这一点稍作说明。

图 5.11　吴哥"变身寺风格"的伐楼拿雕像。伐楼拿神情恬静安详，坐在孔雀之上

伐楼拿是吠陀时期最重要的神明之一，他象征着夜间从西方潜入大海中的太阳，而星星就是他在夜间监视宇宙的一千只眼睛。他在《梨俱吠陀》中被称为正法的守护者和宇宙之王，同时也是统领其他太阳神的阿底提耶之王。[1] 即便在宇宙被黑暗混沌所占据时，伐楼拿也仍然存在并持续监视着世间，这尤其能够体现出神王毫不间断维护秩序的责任感以及慈悲情怀。同时，他所代表的太阳，在夜间从西方穿过海洋、又从东方再度升起的过程，本质正是经历一个象征性的衰亡与重生的周期，而容纳了衰

----

① RV. 1. 25. 20.

竭的太阳、并为它补充必要精力，使其再度精力充沛地战胜混沌、照亮世间的海洋，无疑就是孕育神王的母体。由此可见，阿底提耶与水之子虽然都是太阳的称号，但阿底提耶的母亲阿底提并非创世主，她的主要职能是对其子的天体属性加以提示，以呼应他们创立时空秩序、维护宇宙正法的功绩①，而"水之子"则更着重于强调创世母体对于神王的扶持和孕育过程。这种"君权神授"式的诞生关系，对于神王偶像的树立极为关键。

在《翻搅乳海》神话中，引领宇宙空间秩序的象王埃拉伐多率领八头方位象从乳海中诞生，表明吠陀时代的"太阳诞生于水"的理念，在往世书时期已被进一步细化为"秩序诞生于水"。鉴于宇宙空间秩序本是通过八个方位基点而得以确定，如果要单纯地表现宇宙秩序的诞生，那么八头方位象似已足够。然而乳海在生成八头方位象的同时，还生出了一位统领象群的领袖，这一情节引导我们注意到最高神力在扶持领袖以建立社会秩序方面的意义，同时也再度证明了前文总结的"创世神—领袖—群体"的存在公式，体现出浓厚的"君权神授"的意味。而在吴哥寺"翻搅乳海"浮雕壁中，虽然象王自乳海诞生的情节并未得到刻画，但这一诞生关系所象征的"君权神授"意味，已通过借须弥山与乳海相连的因陀罗，以及在乳海上规律移动的"水之子"太阳而得到了充分的彰显。

有必要指出，因陀罗虽是一位阿底提耶，但他与水同样颇有渊源②，典型事例即是《百道梵书》所记载的"诛杀弗栗多"故事。根据故事描述，因陀罗因惧怕怪物弗栗多的袭击而躲进水里，水的精华就在他的身躯上方聚集起来，形成一层坚固的屏障，保护他免遭伤害③，正如胚胎进入子宫、被子宫严密包覆以保护其不受伤害，水因此而被视作孕育因陀罗的又一个母体。当因陀罗从水中走出，就等于再一次从母体中诞生④（图5.12）。更重要的是，这一次重生发生在因陀罗被击退，斗志和体力都降至谷底的时刻。当他从水中走出，已恢复为一位英勇无畏、精力充沛的英

---

① RV. 2. 27. 1 – 4.

② 因陀罗与水的渊源最早见于《梨俱吠陀》赞歌。详见 H. D. Griswold, *The Religion of the Rigveda*, Delhi：Motilal Banarsidass, 1999, pp. 187 – 191。

③ ŚB. 7. 4. 1. 13.

④ 为因陀罗充当母体的水在一些典籍中也被描述为河流女神、辩才天女娑罗室伐底。见 Catherine Ludvik, *Sarasvatī, Riverine Goddess of Knowledge：From the Manuscript – carrying Vīṇā – Player to the Weapon – wielding Defender of the Dharma*, Leiden：Brill, 2007, pp. 51 – 52。

雄，随后更一举杀死了弗栗多，登上神王之位。这一情节令我们想起夜间进入海中的太阳神伐楼拿，二者同样都是在陷入象征性衰亡之后，重新进入一个拥有强大创生力量的母体，在其庇护和滋养之下重获新生，最终以王者之姿再度降生于世。这种仪式性的"再出生"在印度教存在思想中极为重要，即人在第一次出生时并不完整，他必须在精神上被第二次出生。唯有经历了第二次出生，他才能从一个不完美的、未成熟的蒙昧状态转变得完美、成熟，从而成为一个完整的社会人。[①] 神王的崛起也是同样的道理。在这个再出生的过程中，水凭借至高的创生之力，为最终成就一个完美的神王提供支持。只要作为母体的宇宙之海不枯竭，神王就将始终所向披靡、战无不克。这种与神王密切相关的文化内涵及愿景，无疑也是促使吴哥寺浮雕首次刻画出乳海空间，并将"翻搅乳海"作为建筑主题的动因之一。

图5.12 女王宫山墙上的"弗栗多与因陀罗交战"主题浮雕。

画面中兽首人身的弗栗多显然占据了上风，因陀罗则被其扼制。

二者周围环绕着翻卷汹涌的水纹，提示了因陀罗在落败后从水中再出生的意味

---

① [罗] 米尔恰·伊利亚德：《神圣与世俗》，王建光译，华夏出版社2002年版，第104页。

在《翻搅乳海》故事中,因陀罗的王者之路,主要由他个人的卓越武力和神意支持这两方面因素铺就。其中,促使因陀罗获胜的最直接原因,是令他恢复精力的不死灵药。这灵药诞生自宇宙之海,又由化身为摩西妮的最高神毗湿奴亲自授予,它的归属表明最高神对因陀罗从如下三个方面予以认可,即歼灭秽恶的责任、惩罚异己的权力及享受特权的资格。在服下灵药之后,因陀罗得以恢复勇力、重整旗鼓,并以最终的获胜,为最高神对于神王的扶持画上圆满的句号。鉴于吴哥寺"翻搅乳海"浮雕并未刻画出灵药、摩西妮和因陀罗的重生情景,神对于王的扶持唯有依靠角色形体上的相互联系来得到彰显,具体表现为,在中心轴角色群的布局中,因陀罗位于体现王权属性的极点,舍沙与俱利摩则构成基础,神与王通过须弥山彼此相连。从龟和蛇的角色属性来看,它们都生活在海中,都是毗湿奴的化身①,这种关联性使得这四者能够共同充当吴哥寺"君权神授"关系中的"神"之一角。在这样的共性之下,以乳海为建造主题的吴哥寺也化身为"君权神授"的标志,即专属于神王的权杖和冠冕。在伟大的婆罗门提婆伽罗的统筹下,这顶冠冕被打造得精致无双,成为古代高棉建筑艺术史上最为灿烂动人的一颗明珠。

有趣的是,不但俱利摩与舍沙同宇宙之海有着这样的渊源,在古印度宗教神话文献中也有着大量关于毗湿奴沉睡于海底的描述。这些描述再度提示我们,作为最高主宰的毗湿奴、俱利摩、舍沙以及宇宙之海,虽然形象、属种及象征意义的侧重点各有不同,但彼此间显然存在着密切的关联性。正是这种关联性使它们同时出现在《翻搅乳海》神话当中,共同构成推动宇宙生灭的最高神。无独有偶,在古印度神话符号体系中,还有另一组表现君权神授的符号,也是由这几个角色按同样的排列次序构成,这个符号组就是接下来我们将要讨论的那罗延。

---

① ŚBh. 5. 25. 1&6;8. 7. 8.

第六章

关于"中轴符号"的讨论

我们在上文讨论因陀罗、天神与阿修罗等形象时，侧重于从角色本身的内涵出发，解析吴哥寺神王的种种特质，探讨理想化神王偶像的树立过程。随着乳海与毗湿奴在扶持神王方面的同质性得到揭示，位于存在结构的顶部、在"君权神授"关系中位列"神"之一角的最高主宰，其真容也已愈加清晰。对于他的全方位探究，能协助我们充分理解神究竟在哪些层面上对王予以扶持。在《翻搅乳海》神话的框架下，针对最高主宰的探究，就如同从多个角度对一颗晶石进行打磨，除了已完成的乳海角度之外，目前尚余毗湿奴、舍沙和俱利摩的部分有待着手。同时，在神与王之间充当桥梁、兼具二者特质的须弥山，也还未得到较为系统的解析。有鉴于此，这几个角色在吴哥寺内的表现形式、文化内涵以及对于当下的实际意义，即是本章所要关注的焦点问题。

此前，考古学家根据在吴哥寺中发掘出的一尊毗湿奴雕像，以及吴哥寺的本名"毗湿奴世界"（Vrah VisnuLouk），判定此寺是为膜拜毗湿奴而建。高棉人则进一步指出，吴哥寺敬奉的最高神是那罗延。[①] 这两种判断在本质上并不矛盾，但因涉及最高神在扶持神王方面的意义，在此仍可作一专题稍加讨论。

基于门楣图像在提示寺庙主题方面的特殊功能，为核实吴哥寺主神的

---

① 这一信息来自柬埔寨文物局"仙女局"（APSARA Authority）的官方网页：http：//ap-saraauthority. gov. kh/？page = detail&menu1 = 218&menu2 = 745&menu3 = 746&ctype = article&id = 746&lg = kh。

真实身份,我们可对吴哥寺大门门楣上的长矩形浮雕板进行一番审视。[①]
在浮雕板的中心区域,可见一男性天神枕右胁躺卧于一条横贯画面的多头
巨蛇身上,左手平伸,与端坐于其足部附近的一位女神的右手相握。在此
天神的肚脐处生出一支莲花,长长的花茎向上延伸,于盛开的花朵内,有
另一位四臂天神端坐。并且在这位天神的四周,还紧密环绕着一圈呈放射
状的火焰纹饰(图6.1)。这几个形象自下而上构成浮雕的主画面。虽然
经过数百年的风吹雨淋,人物的五官细节已经模糊不清,部分肢体也已缺
失,但这一构图的特征是如此典型,以至于不必花费太多力气,就能在文
献中找出它的真相。

图6.1 吴哥寺大门门楣上的"那罗延"主题浮雕。浮雕右侧已损坏,
中心图像尚且完好,人物面貌细节虽然模糊,但结构相对清晰。
图中可见最高主宰躺卧在多头巨蛇身上,脐部生出一支莲花,
花内端坐梵天。配偶女神坐在他的脚旁,伸手与他相握

① 一般来说,印度教寺庙大门门楣上雕刻的神明,就是寺庙所供奉的主神。此观点见于
Stella Kramrisch, *The Hindu Temples*, Vol. 2, Calcutta: University of Calcutta, 1946, p. 316, 以及
Henri Marchal, "Le Temple de Prah Palilay", *BEFEO XXII*, 1922, p. 120。

据古印度《那罗延歌》（*Nārāyaṇa Suktam*）所述，有一位名为那罗延的大神居于水中，从他的肚脐处生出一支莲花苞，花苞向外散射着永恒不灭的火焰，照亮四方宇宙。就在这团火焰的中心处，端坐着至高无上的神王梵天。① 这几大特征，与浮雕中的神明形象完全吻合。而一旁的女神和充当座榻的巨蛇，则源于《吉祥天女——那罗延心赞》 （*Lakṣmi - Nārāyaṇa Hṛdaya Stotram*） 的增补：那罗延总是与他的配偶女神吉祥天女一道，坐在巨龟及巨蛇舍沙的背上。② 据此足以断定，吴哥寺大门门楣浮雕中的神祇，就是沉睡于宇宙之海深处的那罗延神，这同时也证实了吴哥寺所敬奉的最高神，确实就是那罗延。③

从图像结构和角色属性来看，"那罗延"主题造型艺术与吴哥寺"翻搅乳海"主题浮雕壁明显存在着相互对应的关系。在较宏观的结构层面上，"翻搅乳海"浮雕壁中由蛇、龟、山、神王等角色构成的图像中轴，与"那罗延"主题图像的中心符号群，排序几乎完全一致。在较为具体的角色属性层面上，卧于乳海底部的巨蛇及巨龟、龟背上的须弥山、山顶上空的因陀罗，也能够与"那罗延"主题浮雕中的舍沙、脐部生出的莲花茎及梵天一一对应。至于双方的意义是否也能吻合，还有待更多文献的证明。

"那罗延"（Nārāyaṇa）一词由"Nārā"和"ayana"两部分构成。"Nārā"的意思是"水"，它与后面的"ayana"即"行走"构成复合词，意思是"在水中行动者。"④ 那罗延虽居于水中，但并不是掌管海洋的神，而是能显现于万物之中并推动宇宙运行的最高神，能为人类实现宗教解脱。⑤ 他在文献中多被描述为一位呈躺卧姿态的男性天神，同时伴以宇宙之海、巨蛇、吉祥天女等元素，形成一个固定模式的集合体。⑥ 当提到

---

① Taittiriya Aranyaka：10. 13. 1 – 2.

② 完整的《吉祥天女——那罗延心赞》见 *Sri Lakshmi – Narayana Harudaya Stotram*，trans. by Saroja Ramanujam，http：//www. ibiblio. org/sadagopan/ahobilavalli/lakshminarayanahridayam. pdf。

③ 除了吴哥寺门楣之外，"那罗延"主题浮雕在吴哥古迹其他寺庙中也多有出现，绝大多数是小型的门楣浮雕。见 Mireille Benisti，"Représentation khmères de Visnu Couché"，*Arts Asiatiques*，Tome. 11，Fascicule1，1965，pp. 91 – 117。

④ ŚBh. 2. 10. 11.

⑤ ŚBh. 2. 10. 1.

⑥ Gavin Flood，*An Introduction of Hinduism*，Cambridge：Cambridge University Press，1996，p. 121.

图 6.2 吴哥"喀霖风格"那罗延主题门楣浮雕局部。
图中可见那罗延侧躺在舍沙身上，肚脐生出莲花，花上
端坐梵天。侍奉其双脚的吉祥天女头部已遭损毁

"那罗延"的时候，在我们心中浮现出的形象，并非单指这个集合体中的某一个形象，而是包含了上述所有元素的整体。这意味着，代表最高神的"那罗延"，必须在这些元素的共同作用下才能完整表意。不论男性天神、宇宙之海、巨蛇舍沙抑或吉祥天女，都是最高主宰"那罗延"的不同面孔，他们各自彰显了最高神在不同情境、不同层面上的主宰性，共同构成一个完整的那罗延符号。

对照吴哥寺门楣浮雕图像可知，位于中心区域、呈躺卧姿态的男性神明，代表的是最高主宰作为"孕育者"或说"创造者"的一面，但他与《百道梵书》中的生主又有着明显的不同：生主诞下神魔的部位是笼统的上身和下身，所生子嗣以群体形象出现，优劣差别也只体现在群体之间，并未具体到个体。而依照图像细节以及《那罗延歌》的描述，那罗延诞下子嗣的部位被明确规定为脐点，并且他的子嗣是梵天、因陀罗等神王，这充分表明那罗延创造的对象在属性上唯一固定，生育目的性也极为明确。他的子嗣拥有至高特权，意味着生主时代的广泛涉及一个族群的优越性，至此完全集中在一个人身上，从而使得族群出现了鲜明的等级分化。而正如出生部位的高下能够决定神魔群体的优劣性，那罗延的子嗣之所以能成为神王，关键因素也在于那罗延的生产部位：脐点（nābhi）。

从生理结构的角度来看，人类在胎儿时期，须通过脐部吸收母体供给的营养，因此脐部被认为是供生命力注入的重要门户。及至长大成人，脐部作为人体的中心点，远离危险，富含精气，在其下方饱藏着食物和生殖力，被认为是最为优胜也最为关键的部位。并且这种优越性，在整个人体中独一无二。[①] 这种优于其他部分的性质，使得脐点能够被进一步抽象和引申为主导有机体的权力中心。而从这个位置诞生的造物，也必然具备优于群体的特质，从而能脱颖而出，跨上权力结构的顶点。同时，脐点是生命力的接收点，亦即胎儿之所以能生成、壮大和成熟，他的优越性和特权之所以能形成，都是源于脐点的存在及创生者的滋养。从这一角度来看，作为生育者的那罗延和自他脐部生出的神王，同"翻搅乳海"浮雕中的毗湿奴与因陀罗一样，都反映出"君权神授"的意味。

既然在"那罗延"符号群中，特权的施予者那罗延与接收者神王，能够与"翻搅乳海"主题中的毗湿奴及因陀罗实现对应，那么在那罗延与神王之间充当纽带的莲花茎，就应当也能与须弥山彼此呼应。从二者的位置和具体功能来看，连接神与王的莲花茎相当于母体与胎儿之间的脐带，它所传输的养分，正是从它的发源地——大神"脐点"生出的造王意志。这条有形的莲花茎，是抽象的神意及神王亲缘关系确实存在的证据。而"翻搅乳海"主题艺术作品中的须弥山，底部与毗湿奴的龟化身相连，顶端则与神王因陀罗相连，构成方式与莲花茎完全相同。在反映神王间亲缘关系方面，它虽不及莲花茎那样直观，但依然通过实际的维系作用，体现了神与王之间的关联性。

此外，在印度教观念中，世间的一切现象及其变迁发展，都受到最高主宰的支配。这位最高主宰显现于每一个个体之上，在空间上不受阻碍，在时间上也不受限制，是时间与空间共同的主人。[②] 由于宇宙时空秩序是宇宙及万物存在的基础，在表现最高神的"那罗延"群像中，反映神在时空方面主宰性的角色，也须相应地处在基础的位置上，那就是在那罗延

---

① ŚB. 1. 1. 2. 13；3. 3. 4. 18.

② Mariasusai Dhavamony, *Classical Hinduism*, Rome：Gregorian University Press, 1982, pp. 23–24.

天神与吉祥天女身下充当座榻的巨龟及巨蛇。[①] 他们在位置和种属上均能与吴哥寺"翻搅乳海"浮雕中的舍沙及俱利摩相对应。

与此同时，那罗延的主宰力在宏观层面上体现为操纵时空，在具体层面则表现操纵具体事件的走向和结局，而后者主要通过那罗延的配偶女神吉祥天女来体现。作为性力女神（Śakti），吉祥天女代表的是至高的创造力与随之而来的支配力，正如《翻搅乳海》神话所述，当吉祥天女向着天神一方顾视，好运便降临在他们身上。在吴哥寺浮雕壁中，吉祥天女的回眸动作改由毗湿奴完成，表明浮雕创作者非常清楚配偶女神的威能实际是主神力量的映射。[②] 同时，女性形象的去除，也使浮雕在神王方面的象征意义不受女神本身所象征的生殖意味所干扰，而能集中体现最高主宰对于神王的扶持力，彰显"君权神授"关系。

综上所述，"那罗延"主题采用多个形象来表现最高神对于世间万物的主宰力，其中，最高神对于王者的扶持，即"君权神授"，是"那罗延"主题和"翻搅乳海"主题所共有的核心理念。"那罗延"主题图像中的组成角色，基本也都能在吴哥寺"翻搅乳海"主题图像中找到相对应的角色。至于各个角色的内涵、彼此间的关联性以及对于当下的意义，则须在接下来的章节中继续作进一步的讨论。

第一节　毗湿奴与那罗延：神话的符号化

毗湿奴既是宗教中赐人解脱的至高大神，又是一个神话角色。他从远古的吠陀神话中一路走来，贯穿两大史诗，在往世书的神话世界里依旧绽放夺目的光彩（图6.3）。围绕着这一形象，诞生了丰富多彩的神话故事。而《翻搅乳海》神话作为众多毗湿奴相关的神话中较有代表性的一个，能够比较全面地展现这一形象背后的文化内涵。

---

① 由于舍沙的职能实际上能够同时涵盖时间与空间两个方面，因此在许多刻画那罗延的图像中往往会略去巨龟，只以舍沙来代表这两方面的象征意义。

② Suresh Chandra, *Encyclopaedia of Hindu Gods and Goddesses*, New Delhi: Sarup & Sons, 1998, p. 284.

图6.3　巴戎寺"毗湿奴"主题门楣浮雕局部。[1]
毗湿奴立于莲花中心，身边有信徒向他跪拜

　　"毗湿奴"（Viṣṇu）的名称源自梵语词根"viś"，意为"进入"，后期的注释家多将"Viṣṇu"解释为"进入各处者"。[2] 这一名称彰显了毗湿奴在空间和时间上都畅行无碍的特质。据《梨俱吠陀本集》中的《毗湿奴歌》（Viṣṇu Suktam）的描述，毗湿奴是一位能以三步跨越整个天空的神明，由此得名"跨三步者"（Tri‑vikrāma）。[3] 这三步设定了宇宙空间的秩序，学者们据此推断毗湿奴实际象征着太阳，他所跨越的三步，代表的是太阳在一天中的三个时段——即清晨、中午和傍晚所在的位置。[4] 在这一阶段，毗湿奴所主宰的领域仅限于天空，角色更近似于太阳神，而非

---

　　① 原图作者为 Sailko，于 2012 年 10 月 17 日发表在维基共享资源网（Wikimedia commons），依据 CC BY‑SA 3.0 协议授权。资源地址为：https：//commons.wikimedia.org/wiki/File：Cambogia，_architrave_con_visnu_caturbhuja，_da_bayon，_stile_di_bayon，_1190‑1210_ca._02.JPG？uselang=zh‑cn。

　　② Swami Parameswaranand，*Encyclopaedic Dictionary of Puranas*，New Delhi：Sarup & Sons，2001，p.1377.

　　③ 这一描述可见于 RV.8.12.27、1.22.17、1.154.3、1.154.4、6.49.13、7.100.3 等。

　　④ W.J.Wilkins，*Hindu Mythology*，*Vedic and Puranic*，Calcutta：Thacker，Spink & Co.，1900，p.158.

毗首羯摩式的最高神。但与此同时,他的三步跨越本身是一个自发性的行为,而不是受到某位更高等级的神所驱使,这种自主性显然也为他随后等级的上升留出了余地。

到吠陀时代后期,毗湿奴跨步的区域不再局限于天穹,而是纵贯天地间,并且跨步行为也被赋予了一个明确的目的,即为了因陀罗与怪兽弗栗多的对决开辟战场。[①] 这两处变化实际提示了毗湿奴在等级与职能上的转变:一方面,毗湿奴凭借本意以三步在天地间设定了极点并将宇宙划分出明确的层次,意味着宇宙的空间秩序就此成立,而他也因此超越了一般天体的层级,显示为一位能力无比强大、统摄范围遍及宇宙的根本存在。另一方面,鉴于因陀罗正是凭借诛杀弗栗多的功绩而得以加冕为神王,毗湿奴为这一场决定性的争斗而制定宇宙空间秩序,无疑也表明毗湿奴的至高主宰力,是为了"扶持神王"这一目的服务,而这无疑正是"君权神授"理念的绝佳体现。

及至《翻搅乳海》神话,毗湿奴继续以设定宇宙空间秩序的方式,为神王的崛起提供助力。在大的层面上,毗湿奴授意神魔在乳海进行翻搅活动,并且随后的神魔大战也在乳海之滨爆发,这同样是为神王因陀罗的关键战役提供战场。而在更具体的层面上,根据故事描述,由于乳海无法托举起沉重的须弥山,毗湿奴便化身为巨龟,将须弥山托在背甲上,使翻搅活动得以顺利进行。考虑到须弥山作为宇宙脐点的属性,当它被固定下来,就意味着宇宙的空间秩序由此建立,加之巨龟背甲在古代印度教宇宙论中也一向被用于比喻地理区块,综合这两大因素,不难看出"龟甲托举须弥山"这一情节,以及吴哥寺浮雕中对于这一情节的表现,实际是以一种隐晦的、符号式的表达,反映了毗湿奴以空间主宰力扶持神王的过程。在相应的"那罗延"主题中,这一过程同样被浓缩、提炼为充满象征意义的符号,通过充当座榻的巨蛇或巨龟、从主神脐部生出的莲花茎、端坐的神王等符号而得到体现。

此外,在扶持神王的过程中,毗湿奴的配偶女神吉祥天女,同样发挥了巨大的助力作用。根据《翻搅乳海》神话,吉祥天女是从乳海中诞生

---

① Jan Gonda, *Aspects of Early Vaisnuism*, Delhi: Motilal Banarsidass, 1969, pp. 32 – 33, p. 57;更多关于毗湿奴协助因陀罗的故事,请参阅 Arthur Anthony Macdonell, *Vedic Mythology*, Delhi: Motilal Banarsidass, 1995, pp. 39 – 40。

的造物之一，是新生宇宙的一部分。在诞生后，她首先选择毗湿奴作为夫婿，随即伏在毗湿奴胸前凝眸注视天神，提示天神的胜局。这一情节表明吉祥天女的神力在本质上乃是性力，并且来源于主神毗湿奴。[①] 对比吴哥寺门楣处的"那罗延"主题浮雕，可以清晰地看到吉祥天女伸出左手，与主神的右手交握，相比其他同主题图像中在主神脚边垂首侍奉的吉祥天女，这一手势无疑更能彰显出性力意味[②]，从而对那罗延本身的创世寓意进行强调。反观吴哥寺"翻搅乳海"浮雕壁，吉祥天女那充满象征意味的回眸，改为由毗湿奴来完成，意味着源于主神的主宰力被交还至主神手中，而性力的元素也被同步去除，浮雕中的毗湿奴形象由此而能更加直观地集中反映"君权神授"的意义。

作为"君权神授"关系中的"王"，吴哥寺浮雕壁中的因陀罗正向须弥山顶放置一件器具。正如前文所述，我们在故事里找不到这一举动的实质作用，然而与这举动相关的一些问题，诸如因陀罗的飞翔高度、动作以及被放置的器具等，却富含象征性，其分量远超过它作为情节锁链中的一个环扣的分量。换句话说，这一举动本身即是一个承载着特定含义的符号。至于这含义的具体内容，本书已从"极点"的角度予以论证，而此处提及的巨龟、毗湿奴符号及其扶持意味，也再度为我们证实，在名为"君权神授"的神王关系示意图中，出现在须弥山上空的因陀罗作为神意的接收者，必然相应地蕴含着"奉命登基"的意味，以便与神的扶持意志相契合，同时对神王的"极点"本质做出呼应。由此可见，在吴哥寺浮雕中，由飞翔的因陀罗、托举须弥山的巨龟及回眸的毗湿奴共同构成的中心轴，实际正是这样一个抽象化的符号体系，它们在《翻搅乳海》神话构成的符号情境下被激活，共同反映以"君权神授"为主要内容的神王关系。鉴于这组中心符号在本质上与"那罗延"主题相同，二者的核心意义也完全一致，我们完全可以判定，吴哥寺所敬奉的最高神既是毗湿奴，又是那罗延，唯一限定的条件是，他必须处在"君权神授"的关系中，充当"神"之一角。在承载和传播神王文化这一目的面前，吴哥寺

---

① 这种支配力以生殖力作为前提，这也是为什么故事中的吉祥天女先选择了毗湿奴作为丈夫，尔后才向天神一方顾视的原因。相关情节描述详见ŚBh. 8. 8. 24 – 25。

② 在很多表现"那罗延"主题图像中，吉祥天女往往还会被塑造为跪在那罗延神身边垂首侍奉的姿态，实际是在性力的基础上，进一步表现了夫妻纲常等社会法则。详见 Sunil Sehgal, *Encyclopaedia of Hinduism*, Vol. 3, New Delhi：Sarup & Sons, 1999, p. 786。

对于这位主神的赞颂和供奉，绝不可能脱离"王"而单独存在。这也是为何我们不能将吴哥寺定义为普通的印度教寺庙的原因。

从诞生伊始，毗湿奴的形象始终伴随着丰富多彩的神话故事，他的主宰力和扶持作用往往有具体的故事情节作为载体，并且他的性格、能力、行为模式等个人特质，也都有相应的情节和描述作为支撑。不过，当一位艺术家试图用图像语言来描绘这一形象，就需要依照实际的创作目的，对其身后庞杂的故事进行一番筛选、提炼和归纳，最终确定一个故事，又从这个故事中挑选出一个最具意义、最能概括其本质的瞬间，通过塑形使之永恒定格。[①] 吴哥寺"翻搅乳海"浮雕壁中的毗湿奴，无疑就是这样被创作出来的。他与那罗延同为表达"君权神授"理念的符号，二者在神性本质与职能方面也都能彼此重合。而正如"那罗延"主题图像必须由若干个角色共同构成，当毗湿奴作为扶持神王的最高神符号时，也须由多个角色共同配合，以彰显他在不同层面上的至高力量，以及这种力量在扶持神王的过程中起到的具体作用，同时完整地表现出神与王之间的关系。[②] 本书接下来要讨论的巨蛇舍沙与巨龟俱利摩，就是这些化身符号中较有代表性的两个。[③] 它们共同体现最高神在时空层面上的控制力。

一　时空神力的化身：舍沙与俱利摩

蛇与龟，都是自然界的生灵。这些生灵之所以能够在某些时刻取代人类，成为神性的载体，主要是因为在动物身上，代际相传不会带来形貌上的明显变化。这种恒定性，令古人从它们身上感受到一种比个体人类程度更高的、对于存在的参与，并据此认为它们更加贴近于宇宙及诸神的永恒存在性。[④] 同时，动物所具备的某些特殊习性和能力，由于古人在自己族类的身上无从发现，便会将这些特性视为神亲自幻化而成的启示，从而自

---

① 卡西尔认为艺术本身即是一种符号语言。见 Ernst Cassirer, *Philosophy of Symbolic Forms*, trans. by Ralph Manheim, Vol. 3, New Haven: Yale University Press, 1985, p. 281。

② Alain Daniélou, *The Myths and Gods of India: The Classic Work on Hindu Polytheism*, Rochester: Inner Traditions, 1991, p. 13.

③ 舍沙并不是毗湿奴的"故事化身"（avatāra）。《薄伽梵往世书》指出，舍沙与最高主宰毫无二致，所以此处所说的"化身"，意为将舍沙视为最高主宰的一种变现形式。

④ ［美］埃里克·沃格林：《秩序与历史　第一卷：以色列与启示》，霍伟岸、叶颖译，译林出版社2010年版，第129页。

然而然地对其产生敬畏心理，将这些动物尊为神的化身。① 本部分所讨论的巨蛇舍沙和巨龟俱利摩，正是这样的两个神性化身。

在吴哥寺"翻搅乳海"浮雕壁中，位于乳海底部、全身舒展的巨蛇，乃是毗湿奴的化身舍沙（Śeṣa）（图6.4）。这一名称来源于梵语词根"śiṣ"，意为"剩余的，剩下的"。之所以以此为名，是因为这条巨蛇是在宇宙被时间之力所摧毁以后，唯一能留存下来的实物。② 即使是能够摧毁一切有形物质的时间，也无法毁灭舍沙，说明舍沙不受时间约束，在力量上比时间更强，在等级上也能超越宇宙中的一切存在。非但如此，根据《薄伽梵往世书》的记载，在最大规模的宇宙周期行将终结之时，舍沙会从双眉间生出一位毁灭之神扇伽舍那（Sāṅkarṣaṇa），将整个宇宙摧毁。③ 从角色本身的寓意来看，这位毁灭之神扇伽舍那，正是时间的化身，

图6.4　卧在乳海底部的舍沙。它身躯舒展，头部向前，不参与"翻搅乳海"事件

---

① Daniel E. Bassuk, *Incarnation in Hinduism and Christianity: The Myth of the God - Man*, London: Humanities Press, 1987, p. 3.

② ŚBh. 10. 3. 25.

③ ŚBh. 5. 25. 3.

象征着时间摧毁性的一面。同时，他的诞生预示着一个周期的终点，正是这个点将时间划分成规律的段落，从而催生了时间秩序，这意味着他本身带有节点的性质，同时也是时间秩序的履行者。他由舍沙诞下，一方面表明舍沙是设定和主宰时间秩序的最高力量；另一方面，扇伽舍那摧毁宇宙的力量来自舍沙，也体现了"特权神授"的意味。当一切灭尽之后，唯有时间的主宰将万古长存。在他的操纵之下，随着下一轮周期的开始，宇宙便能由这时间之力带动，又一次走向新生。这就是这条巨蛇的名称"剩余、留存"背后的真意，也是他的另一个名号"阿难答"（Ananta）即"无尽"背后的内涵所在。

在吴哥寺"翻搅乳海"浮雕中，舍沙横贯了整个画面，但作为最高主宰的化身，他实际是中心轴符号组中的一员。鉴于舍沙本是浮雕创作者自行增补的角色，关于他对神王的扶持作用，并没有相应的故事情节可作为引导联想的情境。此时，"翻搅乳海"主题与"那罗延"主题在结构上的相似性便发挥了关键性的作用。借助"那罗延"及相关文献的符号情境，我们不但能够看出舍沙作为时间主宰的本质，而且也能明了，这种主宰力并非无目的地投向广泛的世间，而是有一个明确的方向。鉴于时间是宇宙空间及万物存在的基础和前提，拥有操纵时间之力的巨蛇舍沙，在象征最高主宰的多个符号中，无疑也应当处在至关重要的基础位置上，发挥承载作用。

在相关文献的描述中，舍沙具有千头千眼，他以头颅承托宇宙，然而与他的头颅相比，宇宙不过是一枚芥子般大小。[1] 这一描述用极尽夸张的笔法，将舍沙身躯之庞大提高到了一个超越常识的层面上：宇宙空间已是古人空间认知的极限，而舍沙之大甚至还远远超越宇宙，这种身形大小的强烈对比，实际说明了代表时间之力的舍沙在等级上高于空间。同时，宇宙由舍沙以头颅托举，意味着宇宙时空及世间万物的存亡生灭全要依赖于舍沙，而他的主宰领域也已不再仅限于时间层面，而是能扩展到整个存在的范围。这样的属性，再加上"千头千眼"的外貌特征，很容易便会令人想起《梨俱吠陀本集》中的创世主"原人"。据《原人歌》（Puruṣa Suktam）所述，原人是过去、现在、未来之主，他的身躯有四分之一充满

---

① ŚBh. 5. 25. 2.

宇宙，另外四分之三延伸到宇宙以外。① 这两个分别描述时间主宰性与空间广大性的特征，与舍沙完全吻合。舍沙也因此成为与最高主宰毫无二致的存在。②

古人经过长期观察，发现蛇在地上、地下及水中都能生存，因此认定蛇类能够畅行三界，在空间层面上不受任何阻碍。同时，蛇通过蜕皮永葆青春，又给人以不受时间之力影响的印象，以至于认为它能战胜时间、主宰时间。③ 并且蛇将身躯盘绕成环形，也符合印度古人对于时间周期循环性的认知。④ 在巨蛇舍沙所代表的种种神性力量当中，我们能够清晰地看出这些生物属性的印记。与此同时，由于蛇类大多在湿润天气下较为活跃，人们便将其视为掌管降水的雨神。在季风气候下的热带及亚热带地区，雨神蛇的地位十分崇高，高棉人更是宣称本民族乃是那伽（Nāga）的后裔。这种崇敬心理，应当也是"翻搅乳海"浮雕的创作者在画面中添加舍沙，并在寺庙各处饰以巨蛇形象的原因之一。⑤

在吴哥寺建筑结构中，舍沙同样没有缺席。浮雕中的舍沙身躯修长伸展，横贯画面，而根据浮雕图像与寺庙平面结构的对应关系，可推知在相应寺庙平面中，用以象征舍沙的绝不会是呈点状或片状分布的设施，而极可能是蜿蜒、漫长的路径。同时，由于寺庙本身是宇宙的模型，而文献中的舍沙身躯庞大，远超宇宙，因此寺庙内象征舍沙的路径，应也会超出寺庙围墙所圈定的范围。并且舍沙本身作为时间之主的属性，也必然要在这一路径中得到体现。

根据美国学者曼尼加的测算，在吴哥寺的外围有一条十分特殊的路径，路径上的每个转向点都是分段点，将其划分为四段，每一段的长度都分别对应一个完整宇宙周期中四个时段的年数。具体来说，从吴哥寺主通道的东面起点跨越护城河，这一段桥面距离是 432 肘，对应宇宙周期中的

① RV 10.90.2 – 3.

② ŚBh. 5. 25. 6.

③ Jean Philippe Vogel, *Indian Serpent - lore：Or，The Nāgas in Hindu Legend and Art*, London：Probsthain, 1926, pp. 7 – 8, 11 – 14.

④ Edward Moor, *The Hindu Pantheon*, London：J. Johnson, 1810, p. 103.

⑤ 除去舍沙的特殊身份不论，"那伽"（即巨蛇）在高棉文化中始终具有崇高的地位，高棉人也一直都有膜拜巨蛇的传统。以巨蛇作为主题的艺术作品，在吴哥古迹中比比皆是。详见 Henri Marchal，"L' animal Dans L' Architecture Cambodgienne"，*Art and Decoration*，Tome. XLII，1922，pp. 68 – 70。

第四个阶段"伽利期"（Kali Yuga）的 432000 年；跨过桥面后，从该点各自转向南北两端，两段距离都是相等的 864 肘，对应第三个时期"二分期"（Dvāpara Yuga）的 864000 年；从南北两端点处转向东方，延长至与寺庙的南北中轴相交，这两段距离的长度都是 1296 肘，对应第二个时期"三分期"（Treta Yuga）的 1296000 年；最后一段即是在路径与南北轴交点处分别转向南方和北方，同时向寺庙中心的第三层台基移动，直至到达台基，这两段距离相加的总数是 1728 肘，对应第一个时期"生成期"（Kṛta Yuga）的 1728000 年[①]（图 6.5）。这一条路径以长度数字象征一个完整的宇宙周期，它无疑就是时间主宰舍沙在吴哥寺中的表现形式。

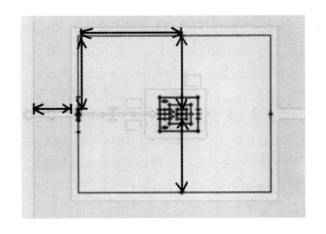

图 6.5　吴哥寺象征舍沙的宇宙周期路径示意图。
其中，代表"生成期"的路径是两段距离加起来的总长度

这条路径呈现出一些十分有趣的特色。首先，它以一条路径象征时间之流，以路径的转折点象征时间节点，从而十分形象地表现了秩序化的宇宙周期。其次，它所排布的时期顺序与人的行进次序刚好相反，象征第四个时期"伽利期"的路径被设置于最外围，象征第一个时期"生成期"的路径则位于寺庙内部，给人以"时光逆流"的感受。这种设置一方面凸显出人在行进过程中逐渐得到神圣化的仪式感；另一方面则是对当下的

①　Eleanor Mannikka, *Angkor Wat: Time, Space and Kingship*, Honolulu: University of Hawaii Press, 1996, p. 52.

时间秩序进行象征性的干预乃至重构，以令我们在最终抵达中央圣殿时，我们所身在的这个当下，不再是宇宙周期末尾的"伽利期"，而是一个宇宙周期的崭新开端"生成期"，从而配合中央圣殿在年度周期的开端——春分，以及昼夜周期的开端——日出时的标记意义，从最大规模的宇宙周期层面上，彰显神王开启新时代、为宇宙带来新生的伟大功绩。与此同时，代表"伽利期"的一段路径位于寺庙围墙以外，超出围墙圈定的寺庙小宇宙的范围，与文献中关于舍沙身躯的描述相契合。而这条路径最终交会于中央圣殿，也象征性地体现出了舍沙在扶持神王方面的参与感。

需要注意的是，原人之所以是最高的创世主，不仅因为其巨大的身躯彰显了他在空间层面上的高等级，而且还因为他以身躯化为供万物生长栖息的宇宙空间，从而成为空间秩序的创造者和主宰者。关于这一点，在古印度经典《广集》中可见详细描述：原人本是一个遮蔽了天地的混沌怪物，后来，他被天神们捉住，并被面朝下按压在大地上，从而令天地得以被明确地分开。随后，天神们就在他的身躯上驻扎下来，各自占据不同的部位。[1] 这段描述为我们展示了以分区为标志的宇宙空间秩序的形成过程，同时也令我们意识到，宇宙的空间结构可用生物的躯体来进行类比，尤其是那些本身就具备了分区特征的生物。在这种类比关系下，生物的躯体成为宇宙空间结构的模型，而它则被神化为原人式的空间主宰。这种生物就是我们在"那罗延"主题和"翻搅乳海"主题艺术中所见到的巨龟。

在早期印度教创世论中，巨龟的角色与原人极为相似。例如《百道梵书》就将宇宙比喻为一只巨龟，龟板是大地，龟身是空界，龟甲则是天穹。[2] 同时，龟甲上自带甲盾分区，也被人们用来作为空间划分的范本，依照其样式对宇宙空间进行规划。例如《广集》提到一种地理学上的分区法，即是以巨龟俱利摩命名的"俱利摩分区"（Kūrma Vibhāga）。[3]

---

[1] Varaha Mihira, *Brhat Samhita*, trans. by N. Chidambaram Iyer, Madura：South Indian Press, Part. II, 1884, p. 25.

[2] ŚB. 6. 1. 1. 12.

[3] Varaha Mihira, *Brhat Samhita*, trans. by N. Chidambaram Iyer, Madura：South Indian Press, 1884, Part. II, pp. 82 – 86.

它将大地划分为由"中心区域 + 八个方位"构成的九大板块①，并以同样的划分方式，将天上的 28 星宿也划分为相应的九组。根据天与地的结构对应，通过观测天象，人们便能预知与其相对应的地区将会发生何事。②这种分区方式将天地视为一个有机的整体，恰如龟甲与龟板同在一个生物体中，二者在纵向层面上彼此呼应。更重要的是，这一分区法将宇宙划分为九大区域，由此催生了"中心"的概念。相比起环绕于周围的八个方位，"中心"凭借其独一性，得以从群体中脱颖而出，进而被引申为一个象征着最高特权的神圣部位。与此同时，这一神圣部位又出自秩序主宰本身，显然带有"君权神授"意味。

与俱利摩相关的神话故事，唯有《翻搅乳海》。虽然"史诗类"、"往世书类"故事在细节上各有差异，然而俱利摩在事件中的角色始终没有变化。他由毗湿奴所化，在乳海中托举不断下沉的须弥山，尔后神魔的翻搅活动才正式开始。鉴于龟本来就是宇宙空间的象征，而须弥山则被认定为宇宙的中心轴柱，因此"须弥山放上龟背"这一情节，实际就是以中心轴柱在宇宙中的最终落成，提示宇宙空间秩序就此初步建立。须弥山在龟甲上所伫立的区块就是象征性的大地中心，其余的甲盾分区则象征着大地的其他区域。同时，联系到翻搅活动本身对于神王的意义，俱利摩以龟甲托举山峦，从而使翻搅活动得以展开的举动，也显示出空间秩序主宰在神王崛起过程中所提供的积极助力。

吴哥寺"翻搅乳海"浮雕壁中的巨龟俱利摩，背甲同样被分为许多板块（图 6.6）。这些分区以莲花花瓣的形式出现，龟甲中央安放须弥山的区域则被饰以细碎蜷曲的蕊状纹样。这种刻画方式不仅使龟甲极富艺术美感，而且还鲜明地彰显了俱利摩作为宇宙空间主宰的本质，因为文献中正是以莲花来比喻宇宙空间的结构。③鉴于吴哥寺是一座模拟宇宙的建筑，而俱利摩又是宇宙空间秩序的开创者，带有原人的属性，我们据此可

---

① 这种分区结构与瞻部洲的结构是一致的。详请参阅上文"天神与阿修罗"一节，文献依据见 ŚBh. 5.16.6。

② Dines Chandra Sircar, *Cosmography and Geography in Early Indian Literature*, Calcutta：Indian Studies：Past & Present, 1967, p. 90.

③ Swami Venkatesananda, *The Concise Srimad Bhagavatam*, Albany：State University of New York, 1989, p. 131.

以推断，龟甲上这三层总数为 45 片的莲花花瓣①，应当与吴哥寺的建筑曼荼罗（Vāstu Maṇḍala）② 有关系。

图 6.6　巨龟俱利摩局部特写。图中可见他头戴一顶
莲花冠冕，背甲上则雕满了精致的莲花花瓣

简单来说，建筑曼荼罗是印度传统的建筑平面版型图，以一个或多个四方形格子（pada）为单位，重复叠加而成。③ 在正统的印度教建筑曼荼罗中，若干个相邻的格子可构成一个分区，每一个分区内都驻扎着一位神明。不论一个建筑曼荼罗由多少格子组成，其中驻扎的神明总数都是 45 位，他们被统称为建筑曼荼罗天神（vāstu maṇḍala devatā）。④ 这 45 位曼荼罗天神由内而外排列为三层，中心处是神王梵天，他由 12 位天神团团

① 在龟甲靠近中央区域的第一层莲花瓣中还夹杂有半个花瓣，因其并不完整，此处就不把它计入花瓣总数。

② 建筑曼荼罗（vāstu Maṇḍala）是一种建筑分区规划图形，以一个或多个四方形格子叠加构成房屋建筑的结构图，根据格子数量的不同，共分为 32 种式样。详见 Bruno Dagens, *Mayamatam: Treaties of Housing, Architecture and Sculpture*, New Delhi: Indira Gandhi Centre for the Arts, 2004, pp. 37 – 49。

③ 给选定的区域打上网格以确定比例标准的做法，在古埃及的浮雕壁创作中也多有使用。参见 ［美］埃尔文·帕诺夫斯基《造型艺术的意义》，李元春译，台湾远流出版社 1996 年版，第 67—68 页。

④ Stella Kramrisch, *The Hindu Temples*, Vol. 1, Calcutta: University of Calcutta, 1946, p. 85.

环绕，最外围则由 32 位"格位天神"（pada devatā）构成（图 6.7）。相较于建筑曼荼罗中那些为了实际的工事修建提供比例依据的"格子"，这45 位曼荼罗天神的存在意义，主要是象征性地重现《广集》中众位天神在原人身上驻扎的过程。① 在神话中，正是得益于他们的停驻，以分区为标志的宇宙空间秩序才得以完整地确立。考虑到巨龟俱利摩本身所代表的宇宙空间，以及龟甲分区与天神分区之间明显的关联性，我们不难推知，吴哥寺"翻搅乳海"浮雕壁中雕刻于龟甲之上的 45 片莲花瓣，所象征的正是这 45 位曼荼罗天神，而它的三层结构，无疑也正是为了体现曼荼罗天神的排位层次而作。

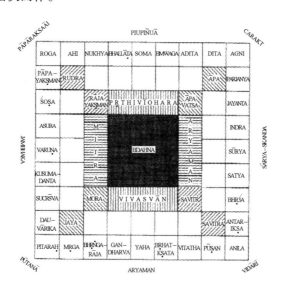

图 6.7　建筑曼荼罗天神排位示意图。如图所示，梵天位于中心，周围由 12 位天神环绕，最外围则由 32 位天神环绕构成

在吴哥寺"翻搅乳海"浮雕中，龟甲被清晰地划分为"中心"和"周边"两部分。中心区域伫立着须弥山，山的周边由内向外依次排列着三层莲花瓣。按照曼荼罗天神格位排布的特征，在这 45 片花瓣中，应有一片位于中心的花瓣象征着梵天。虽然龟甲中心区域已被须弥山占据，但为了提示这片特殊的花瓣，浮雕创作者特意在龟甲上雕出了一条垂直的绥

① Stella Kramrisch, *The Hindu Temples*, Vol. 1, Calcutta：University of Calcutta, 1946, pp. 73 – 97.

带，绶带上端指向龟甲表面的中心点，另一端则垂直落于花瓣最里层中心处的一片莲花瓣上（图6.8），明确指示这片花瓣所象征的就是被曼荼罗天神所围绕的梵天。有趣的是，莲花瓣所簇拥的、雕有花蕊纹样的区域，本就是龟甲上的中心区。之所以还要在此区域中设置一条连接两个中心点的绶带，显然是为了强调"绝对中心"的概念。这一概念不仅在神王文化中颇具深意，而且在实际的建筑布局中也具有特殊的指示作用。

图6.8　龟甲中心示意图。垂直绶带的一端位于龟甲表面的中心点上，另一端指向最靠内的一层莲花瓣中位于中央的那一片，表明它就是莲花所象征的45位曼荼罗天神的中心，即梵天

根据上文的分析，已知这45片花瓣分为三层排列，与建筑曼陀罗天神的排位结构一致。有趣的是，与浮雕结构相对应的吴哥寺主体建筑，也由三层台基回廊组成。根据建筑曼荼罗的一般法则，这三层台基回廊的平面版型图内，也应当存在着45个曼荼罗天神格位。至于这45个神位在建筑中具体如何划分、以何种方式体现，则必须结合寺庙的建筑曼荼罗的类别，获知版型图内"格子"的具体数量后才能确定。

据美国学者曼尼加猜测，吴哥寺的建筑曼荼罗是一种包含49个格子的"广场式"（sthaṇḍila）曼荼罗，但未能给出任何证据。[①] 根据古印度

---

①　曼尼加认为49格的建筑曼荼罗是高棉人的发明，实际上，在古印度建筑经典《摩耶工巧论》（*Mayamatam vāstu śāstra*）里就已提到了由49个格位构成的"广场式"曼荼罗，它流行于南印度，并不是高棉人的发明。关于曼尼加的观点，请参阅 Eleanor Mannikka, *Angkor Wat*: *Time*, *Space and Kingship*, Honolulu: University of Hawaii Press, 1996, p. 56；关于"广场式"的记录，请参阅 Bruno Dagens, *Mayamatam*: *Treaties of Housing*, *Architecture and Sculpture*, New Delhi: Indira Gandhi Centre for the Arts, 2004, p. 37。

建筑论的说法，“广场式”曼荼罗流行于南印度，是一种由 49 个格子按照“1 + 8 + 16 + 24”的结构由内向外叠加构成的四方形平面图（图6.9）。① 从吴哥寺的“中央圣殿 + 三层台基回廊”的平面结构来看，曼尼加的猜测不无可能。但在南印度的建筑传统中，“广场式”曼荼罗的三层结构，由内向外依次象征围绕在梵天周围的天神、人类、鬼魂。② 更确切地说，与传统的 64 格曼荼罗、81 格曼荼罗③不同，49 格的“广场式”曼荼罗的起源与原人神话无关，因此图内没有曼荼罗天神的踪迹。在此我们无须判断曼尼加的猜测准确与否，唯一要再度强调的是，距离文明中心越是遥远的地区，其人便越会注重、追求和彰显自己所接收到的文明的正统性。因此，不论吴哥寺的设计者是否确实采用了“广场式”曼荼罗，他都已通过龟甲上的 45 片花瓣，彰显了正统印度教建筑中必有的 45 位曼荼罗天神，确实存在于吴哥寺内这一事实。而有了曼荼罗天神驻扎的吴哥寺，也因此成为一个符合规范、无可指摘的神圣空间。

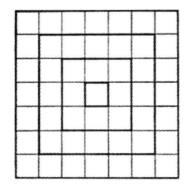

图 6.9　由 49 个“格子”构成的“广场式”建筑曼荼罗。
它的中心格是梵天神位，但围绕在梵天周围的格子内没有曼荼罗
天神驻扎，而是以层次为单位，从内到外依次象征神、人、鬼

---

①　即以梵天为核心，第一层结构由 8 个格子构成，第二层由 16 个格子构成，第三层由 24个格子构成。详见 Stella Kramrisch, *The Hindu Temples*, Vol. 1, Calcutta：University of Calcutta, 1946, p. 60。

②　S. Kramrisch, *The Hindu Temples*, Vol. 1, Calcutta：University of Calcutta, 1946, p. 61.

③　关于这两种曼荼罗的详细描述，请参看 Bruno Dagens, *Mayamatam*：*Treaties of Housing, Architecture and Sculpture*, New Delhi：Indira Gandhi Centre for the Arts, 2004, p. 45；S. Kramrisch, *The Hindu Temples*, Vol. 1, Calcutta：University of Calcutta, 1946, pp. 86 – 88。

综上所述，巨龟俱利摩作为宇宙空间秩序主宰，其龟甲的分区方式，催生了蕴含着特权性质的"脐点"概念。结合此前讨论的时间主宰舍沙，我们不难看出，吴哥寺"翻搅乳海"浮雕中的中心轴符号组，其自下而上的排列顺序中有着十分清晰的逻辑。随着时空秩序的确立与完善，特权中心必然应运而生。鉴于在人类社会范畴内，特权的集合体或说"特权中心"，就是王者本人，而他的崛起实际源于自身在构建新秩序时的种种行为①，因此，发挥"扶持神王"具体功能的最高主宰就不宜再呈现为动物的形式，而是会以人的形象出现。在"翻搅乳海"浮雕中，这一形象就是位于巨龟上方的毗湿奴。

二　王权助力：须羯哩婆背后的扶持者

在吴哥寺"翻搅乳海"浮雕壁中，列于蛇与龟的上方，表现"扶持神王"意味的，是毗湿奴的本体形象。从故事情节来看，毗湿奴一手促成了以因陀罗为首的天神们的胜利，即使中途又变化出俱利摩和阿笈多等化身，其本体形象也一直存在、贯穿事件始终，因此以本体表现扶持者，设定十分合理。同时，浮雕壁中的王者其实不止因陀罗一位，其余如大王钵利、猴王须羯哩婆，其王权或失或得，均与毗湿奴有关。在他们的故事里，毗湿奴以不同的化身形象出现。从这一角度来看，浮雕中的毗湿奴本体也能作为代表，对其他有关的化身形象进行提示。

在浮雕图像中，代替因陀罗充当天神领袖的角色，是猴王须羯哩婆。他本是《罗摩衍那》中的角色，之所以被植入浮雕画面，不单因为与他处在相向位置上的大王钵利（Balī），同他在《罗摩衍那》中的对手波林（Bālin）同名，而且也因为他的夺权过程十分特殊。须羯哩婆与波林本是兄弟，二者因误会而生仇，波林一怒之下夺走弟媳，并将须羯哩婆流放出境。在流放过程中，须羯哩婆遇到了罗摩，二者达成协议，由罗摩帮助须羯哩婆夺回王位，作为回报，须羯哩婆承诺帮助罗摩寻找悉多。于是须羯

---

①　沃格林在《秩序与历史　第一卷：以色列与启示》中谈道，人在创造秩序的过程中，会体验到他与存在之主的同质性：他既是神的创造物，也是神的匹敌者。在本书中使用"匹敌者"一词并不恰当，但同质性是确实存在的。对于人类构建政治秩序的行为而言，真理并不能起到真正的推动作用，而是仅在事后对合理性进行验证。因此，神话中的大神表现出的种种支持，归根结底仍是人的行为。详见［美］埃里克·沃格林《秩序与历史　第一卷：以色列与启示》，霍伟岸、叶颖译，译林出版社 2010 年版，第 58 页。

哩婆前去向波林挑战，两只猴子厮打起来，势均力敌，难解难分。随后，在哈努曼的指引下，罗摩弯弓搭箭，将波林射死，须羯哩婆由此得以重返王位。①

根据上述情节，不难看出须羯哩婆与因陀罗的王权之路具有明显的相似性：二者起初都在政治争斗中处于劣势，都被迫离开了属地，在流亡期间都获得了最高神的援助，复仇时也都选择了武力打斗的方式，最终也都是在大神的扶持下赢得胜利、成功加冕。在此过程中，充当扶持者的毗湿奴虽是以人主罗摩的化身形象出现，但他的神圣本质并未改变，他的援助仍是王者获胜加冕的决定性因素。正是这样共同的"君权神授"式的登基经历，加上猴王自身的天神属性，使他能够在浮雕中代替因陀罗担任神王。在他的身上，同样集中了鲜明的"君权神授"和"神王一体"的特质，他也因此而有资格成为又一个十分典型的榜样，以及一个不容置疑的例证，为当下统治的合法性做出证明，同时也为吴哥寺的神王文化增添分量。

不过，须羯哩婆毕竟不能完全等同于因陀罗，以他为中心的王权争斗故事，也与《翻搅乳海》不尽相同。为更好地了解这一形象在"翻搅乳海"浮雕中的象征意义，这些不同点值得做进一步的追问。例如，须羯哩婆与他的敌人波林乃是血亲兄弟，他们的冲突由王权归属问题所激发，显示出王权与亲情的矛盾。只不过，比起《摩诃婆罗多》中的般度之子阿周那（Arjuna）在亲族大战前夜的不安②，须羯哩婆与波林都没有过多地纠结于亲族残杀行为背后的道德伦理问题。不论是波林夺走须羯哩婆之妻，还是二人因王权而自相残杀，都鲜明地反映出一种基于业瑜伽理论的价值取向，即在实现个人解脱的过程中，为了更高的利益，应将种姓职责和个人业绩置于亲情之上。这种取向在将行为动机神圣化的同时，也将行为本身的意义抬升至最高，伴随行为而生的道德争议则被无限淡化。我们由此而得到一种印象：正是凭借伟大的功绩，王者才得以被封圣，而同样的力量也能帮助他在未来成为不朽。这正是吴哥神王文化产生的根源。

---

①　详见［印度］蚁垤《罗摩衍那猴国篇》，季羡林译，人民文学出版社 1982 年版，第11—168 页。

②　阿周那在大战前夜，因血亲残杀而感到疑惑、忧伤。黑天（Kṛṣṇa）便前去开导他，要他遵循刹帝利的正法，履行个人对社会的义务和责任，他的教诲便是著名的《薄伽梵歌》（Bhagavad Gītā）。

　　在吴哥时期，须羯哩婆与波林的搏斗一直是颇受欢迎的艺术题材①（图6.10、图6.11）。之所以如此流行，就是因为它所蕴含和传达的价值取向符合统治需求。正如史料所述，吴哥历史上有多位统治者都是以发动武装政变、杀死亲属的方式登上王位，在他们掌握话语权之后，便会借助须羯哩婆故事中"功绩大于一切"、"责任高于亲情"的理念，在业瑜伽和种姓法则的映照下，转而将弑亲夺权一事解释为履行正法的高尚行为，从而使其摆脱道德瑕疵的嫌疑，转化为个人功绩的一部分。在充分认识到这一点之后，再结合苏利耶跋摩二世弑亲登基的个人经历，我们便不难理解须羯哩婆在吴哥寺"翻搅乳海"浮雕中的存在意义。

图6.10　女王宫（Banteay Srei）② 山墙上的"须羯哩婆与波林"主题浮雕。浮雕刻画了须羯哩婆与波林打斗的场面，在画面右边手持弓箭作势欲射的人就是罗摩

　　另外，根据故事的说法，"夺妻"是导致须羯哩婆与兄长波林决裂的根本原因。在古印度道德法理观念里，妻子的意义十分特殊，她隶属于丈

---

　　① Helen I. Jessup, *Art & Architecture of Cambodia*, London：Thames and Hudson, 2004, p. 95. 另外，巴方寺内也有一幅同主题浮雕，详见 Jean Commaille, "Notes sur la decoration cambodgienne", *BEFEO XIII*, 1913, p. 16 (P1. X1)。

　　② 女王宫（Banteay Srei）修建于阇耶跋摩五世统治时期。详见 Henri Parmentier, *Angkor Guide*, Saigon：Albert Portail, 1950, pp. 163 – 168。

夫，代表丈夫的尊严、后代、家族、丈夫自身及其功德①，必须始终受到敬重和保护；与此同时，《摩奴法论》也明确规定，如果哥哥挨近弟媳，弟弟挨近嫂子，那么两者都将丧失种姓。② 因此，波林强行占有弟媳一事，不但意味着须羯哩婆个人严重受辱，而且还导致了社会秩序纲常遭到损毁，是严重的违法行为。就因为这一行为，原本合法的统治者波林便沦为非法者，而被他破坏了的秩序，唯有须羯哩婆重回王位才能得到修复。这使得须羯哩婆随后的复仇不但在个人层面上有理有据，而且还因维护了社会秩序、体现了更高层次的利益，而得以充满使命感，由此变得神圣合法。故事中大神给予他的援助，也进一步确认了他弑兄夺权一事的合法性。当然，"夺妻"只是引发纷争的众多原因中比较严重且典型的一个，

图 6.11 巴方寺内的"须羯哩婆与波林"主题系列浮雕之一③

---

① ［印度］摩奴：《摩奴法论》，蒋忠新译，中国社会科学出版社 2007 年版，第 177 页。
② 同上书，第 182 页。
③ 图片作者为 I，Sailko，于 2012 年 10 月 17 日发表在维基共享资源网（Wikimedia commons），依据 CC BY - SA 3.0 协议授权。资源地址为：https：//commons.wikimedia.org/wiki/File：Cambogia,_architrave_con_storie_di_rama,_lakasmana,_sugriva_e_valin,_da_vat_baset,_stile_di_baphuon,_xi_sec._04.JPG。

在实际的权力争斗中，导火索远不止如此，但须羯哩婆故事本身所宣扬的更高利益等观念，却普遍适用于当下的种种情境，同时也大大地深化了"君权神授"和"神王一体"的内涵：通过将弑亲的动机解释为一种更为高级的道义，君王的品格便得以超越清白无瑕的层面，变得无比高尚，充满道德情怀，而君王自身也能因此而更为贴近于一个理想化的神王。

此外，在故事中，真正杀死波林的人并不是须羯哩婆，而是最高主宰的化身——人主罗摩。这样的设定表明，波林并非死于须羯哩婆的个人仇怨，而是因自己的恶行招致了神的惩罚。不难看出，故事实际在以"夺妻"作为弑亲的缘由，彰显弑亲动机合法的基础上，又进一步从神的角度，对其合法性进行了有力的支持。在整个弑亲夺权的过程中，波林的非法、神的支援和须羯哩婆的成功被有意放大，从而导向这样的结论：失败者罪有应得，成功者则是因为有神支持。这一结论如同公式，能为当下处在相似情境中的一切当权者所用，以证明自己的行为符合理法。就吴哥寺的案例而言，在洞察须羯哩婆在吴哥神王文化中的特殊意义之后，结合吴哥寺主人苏利耶跋摩二世弑亲登基的个人经历，我们就不难看出这一形象在吴哥寺中发挥的实际作用。通过去除弑亲行为中的私欲成分，世人眼中的苏利耶跋摩二世，便不会是一个杀死长辈、篡位夺权的小人，而是恪守种姓法则、忠实于神、品格高尚、超越世俗的极致英雄。从这个角度来看，吴哥寺中的须羯哩婆形象，实际正是为吴哥寺神王偶像增添光彩的又一层金身。

《摩奴法论》规定，刹帝利必须遵守不回避战争、勇于战斗的种姓法则①，然而武力争夺统治权的过程必然伴随着血腥屠戮，在这样的情况下，如何在履行责任的同时洗清由杀戮带来的罪恶，便成为国王在争取统治合法性时必须面对和解决的问题。通过声称人的行为受制于神所主宰的生存秩序，掠夺过程中的杀戮行为自然也就成为神的安排，即使杀戮对象是身份较高的尊贵者或是自己的血亲家属也应受到褒奖，因为这种屠戮并非出于占有统治权的私欲，而是最高智慧的体现：一个人唯有在彻悟了业瑜伽的真谛之后，才能舍弃无用的私情，为了更高的利益而义无反顾，而他也必将凭借这种极致的舍身忘我而获得解脱。

---

① ［印度］摩奴：《摩奴法论》，蒋忠新译，中国社会科学出版社 2007 年版，第 126 页。

除须羯哩婆以外，在"翻搅乳海"浮雕壁中与他相向对峙的阿修罗王钵利（图6.12），其王权的由来其实也与毗湿奴有关。《薄》版《翻搅乳海》故事提到，以钵利为首的阿修罗们之所以在先前能够赢得神魔之战、夺下宇宙控制权，是因为彼时的他们为时间所偏爱。而同样地，钵利在翻搅乳海事件中落败，也是最高主宰操控的结果。[1] 由于钵利并非浮雕中的主角，在此无须对他多做分析，唯一需要说明的是，钵利在《翻搅乳海》故事及与他相关的侏儒化身故事中，关于都是以因陀罗之敌、象征

图6.12 位于阿修罗队伍末尾、手持婆苏吉头部的大王钵利。[2] 在《翻搅乳海》故事及侏儒"筏摩那"（Vāmana）化身故事中，他都以贤明、智慧的形象出现

---

[1]　除了《翻搅乳海》故事以外，毗湿奴的侏儒化身故事同样通过叙述钵利与毗湿奴的交锋，阐明了"君权神授"的理念。详见ŚBh. 8. 15 – 23；John Muir, *Original Sanskrit Texts on the Origin and History of People in India, their religions and institutions*, London：Truübner, 1861, pp. 107 – 130。

[2]　图片作者为Jean – Pierre Dalbéra from Paris, France, 于2014年1月6日发表在维基共享资源网（Wikimedia commons），依据CC BY – SA 2.0 协议授权。资源地址为：https：//commons. wikimedia. org/wiki/File：Moulage_ et_ original_ （détail_ du_ barattage_ de_ la_ mer_ de_ lait,_ Angkor_ Vat）_ （11804399064）. jpg? uselang = zh – cn。

混沌衰败的形象出现，但与此同时他又被描述为一位贤明虔诚的君王，拥有很高的智慧。在《翻搅乳海》故事中，关于宇宙周期循环的奥秘也是借钵利之口得到揭示。并且在毗湿奴的侏儒化身故事里，钵利也是在化为婆罗门侏儒的毗湿奴显示了三步跨越宇宙的神通之后，当即向他表示了臣服。毗湿奴为此举所取悦，宣布他将在下一个时期（yuga）担任宇宙之主。从这些事件来看，钵利绝非一个彻底的负面形象，他曾获得最高主宰的支持，同时也是一位虔诚、智慧的信徒。当我们将这些特质带入到具体的历史情境和人物当中，会发现一些有趣的共通点。

根据史料记载，陀罗尼因陀罗跋摩一世是一位十分虔诚的宗教信徒①，并且吴哥寺的设计者、婆罗门提婆伽罗班智达，也曾为他加冕、给他担任过宫廷国师。这些史实，与神话中钵利虔诚敬神，曾在神的支持下成为王者、后又被神推翻的描述，在一定程度上能够吻合。透过相似情境的神话和历史，我们能够清晰地看到，随着政权更迭及政治话语权的不断转移，合法与非法的代表也在发生着变动。彼时的合法神王，即使在其当权时表现为一个十全十美的统治者，也仍有可能在未来被颠覆者定义成阻碍新生秩序的旧势力代表。随后的新一代统治者，又将以另一种新颖的形式，重新为自己打造一个理想化神王的面具，而吴哥的神王文化也就在这样的历史进程中不断地发展和延续下去。

综上所述，得益于须羯哩婆及大王钵利的加盟，吴哥寺中以"翻搅乳海"为框架搭建起来的神王文化，在延续传统的基础上，也显示出一些鲜明的独特性。专属于苏利耶跋摩二世的神王面具，不但包含着神话中的因陀罗及自然界中的太阳的特质，以彰显神王武力超群、慈悲救赎的一面，而且也通过吴哥神王文化的经典形象须羯哩婆，将夺权过程中的道德争议点升华为至高的道义和极致的英雄主义，从而使神王形象更加高尚，令人敬仰。同时，浮雕中的这几位神王均以毗湿奴为中心，他们的王者之路，都与其协助和庇佑密切相关。在故事中，这种扶持关系可通过大量的情节描述来彰显，而在静态图像里，扶持意味往往被等同于亲缘关系，具体表现为，在大神与被扶持的王者之间，存在着一条象征性的"脐带"，将两者联系起来。这条"脐带"在"那罗延"主题图像中即是从大神脐

---

① G. Cœdès, *The Indianized States of Southeast Asia*, trans. by Susan Brown Cowing, Honolulu: University of Hawaii Press, 1968, p. 153.

部生出的莲花茎，在相应的吴哥寺"翻搅乳海"浮雕中则表现为须弥山。

第二节　须弥山：神王文化的中心

在吴哥寺"翻搅乳海"浮雕壁中，须弥山与莲花茎从外观来看并不十分相似。充当搅棒的须弥山被刻画为下大上小的长梯形，呈现出自然山峦的模样，山顶线条平直，与因陀罗手中的器具相接，顶端也并没有托举神王的莲花。不过，在"传统式样"同主题浮雕中，伫立在龟背上的"搅棒山"大多都呈上下粗细相对均匀的笔直茎杆状，顶端生有一朵莲花，花内坐着神王（图 6.13），可见"翻搅乳海"主题中的"搅棒山"，与"那罗延"主题中的莲花茎，确实存在着一定的对应关系。虽然吴哥寺浮雕壁又将它还原成了山峦的本貌，但须弥山与莲花茎在文化内涵上的共通点并不会因此发生改变。

图 6.13　吴哥"那罗延"主题浮雕中的莲花茎与"传统样式"浮雕中的
"搅棒山"对比图。① 如图所示，搅棒山被刻画为细长的茎杆状，
顶部托有一朵莲花，形式构造与莲花茎如出一辙

---

①　左侧的"那罗延"主题浮雕原片作者为 Sailko，于 2012 年 10 月 30 日发表在维基共享资源网（Wikimedia commons），依据 CC BY - SA 3.0 协议授权。资源地址为：https：//commons. wikimedia. org/wiki/File：Cambogia,_ architrave_ con_ visnu_ steso_ sul_ serpente_ sesha_ con_ sri_ che_ gli_ massaggia_ le_ gambe,_ da_ preah_ pithu,_ stile_ di_ angkor_ vat,_ 1150_ ca. . JPG？ uselang = zh - cn。右侧即巴提河"传统样式"浮雕局部，图片授权见前文。

在"那罗延"主题图像中，生于大神脐部的莲花茎，表明大神实为孕育神王的沃土，其神力与扶持的意志自这条花茎源源不断地输出，最终结成一朵承载王者的莲花。在这个过程中，莲花茎同时发挥"转化"和"传输"两种作用，在将大神意志转化为神王的同时，也将神性和脐点所代表的特权性一并传输给他。而就"翻搅乳海"主题中的须弥山来看，它伫立在巨龟俱利摩的背甲中心区域，即象征性的大地中心点之上，峰顶又与神王因陀罗以器具相连，同样是处在最高神与神王之间。相比起"那罗延"主题中以直观的脐带形式出现的莲花茎，"翻搅乳海"主题艺术中的须弥山须以具体的神话情节作为符号情境，以协助观者理解它在指代神王关系层面上的意义。不过，虽然莲花茎与神山的自然属性并不相同，但二者基于结构相似性而生的类比关系，在文献中却十分常见。①

在大自然中，莲花的根系深埋于河泥里，花朵和叶片却能借助长长的莲茎漂浮在水面上，可见莲花茎是使莲花上升至"另一个世界"的重要手段。无独有偶，当古人仰望拔地而起、高耸入云的高山时，也会产生类似的联想：有一座高山立足于尘世，顶部却与神所居住的天界相连，这意味着饱含圣洁、睿智、力量、光明等多种高贵特质的神意得以由此降落人间，而被这神意直接灌注的尘世之地，由此也能变成一个比其他地区更为优越有序的社会。这其中的哺育意味，使得这座神山等同于一条连接母体与子嗣的脐带，而山所在的地点就是神力的接收点，即集中一切优越性的"脐点"。② 被誉为天柱的须弥山，正是这样一座发挥脐带作用的神山。基于脐点本身的特权性，须弥山所象征的天人联系，并不指向广泛的群体，

---

① 二者的类比关系有文献上的依据。根据《毗湿奴往世书》的描述，须弥山的山脊自底座延伸而出，犹如莲藕的纤细根丝自藕根处四散开来。须弥山的底座被比喻为莲根（padmamūla），表明自底座高高拔起的山体就是从莲根长出的莲茎。此外，《毗湿奴法上往世书》（Visnudharmottara Purana）也明确指出了须弥山等同于那罗延脐部生出的莲花茎。不过，此处仅讨论二者在充当神王纽带方面的相似性。文献依据请参看 The Visnu Purana：A System of Hindu Mythology and Tradition，trans. by H. H. Wilson，London：John Murray，1840，p. 169；Pratapaditya Pal，Indian Sculpture：Circa 500 B. C. – AD 700，Berkeley：University of California Press，Vol. 1，1986，p. 41。

② 《阿闼婆吠陀》的《天柱歌》（Skambha Suktam）将连接天与地的纽带称为"天柱"，这根天柱被认为是须弥山的前身。它与文中的"莲茎"并不矛盾，因为此处讨论的"莲茎"，与须弥山之间并没有深入、全面的对应关系，而是仅在"那罗延"主题中发挥与须弥山相同的、连接神与王的纽带功能。《天柱歌》请参阅 AV. 10. 7. 1 – 44。

而是仅在神与王之间发生。① 这种指示神意孕育特权的脐带功能，就是须弥山与那罗延脐部生出的莲茎的共同点，也是须弥山的第一层含义。

需要注意的是，在以统治为目的的神王文化之下，神对于王的孕育关系不能等同于沟通关系，其营造重点并不在于表现君王单方面求索于神，而神也并不是一个远离尘世、被动地等待着君王与其建立联系的形象。恰恰相反，为了让世间如常运转，神积极地投身于构建社会秩序的伟大事业当中，这种"入世感"给人造成一种神意从天界降临人世的印象。不过，基于营造社会秩序的根本目的，神意不可能漫无边际地在人间广泛散射，而是必须造就一个优于群体的极点，为社会排出序列。从这个意义来看，发自神、造就王的须弥山，实际正是从天而降的神意被形象化后的实体。② 它的存在即是神意造就领袖的证据，它的特质则引导着人间的帝王以它为范例，将王权追溯至最高神的意志，从而在群体中获得认同。尤其不能忽略的是，当须弥山成为神意的实体化形象，它的属性也就同时发生了转变：虽然立足于人间，但它本身是神圣超凡的，而这种属性无疑也为"奉命登基"的君王所共有。这样一来，接收神意、君临四方并且无比神圣的国王，就等同于又一座"须弥山"。这种同质性，正是吴哥神王文化选择以须弥山为中心图腾的根源所在。③

吴哥王朝的前身，就是中国史书中记载的"扶南"。"扶南"是古代高棉语"bnam"的音译，意为"山岳"，是扶南君主用以自称的名号。它的全称为"kurung bnam"，即"山岳之王"。④ 这一称号提示了山岳崇拜的可能性，并且国王用于自比的山岳绝不会是随处可见的凡俗之山，而极有可能就是须弥山。从我们目前所了解的扶南的基本情况来看，它在地理上处于印度神圣文化的影响范围以内，开国君主及随后的几位统治者均

---

① F. D. K. Bosch 指出一个王国的脐点就相当于须弥山所仁立的"莲根"，莲花与须弥山能够相互进行类比，二者又能共同对王权起到指示和象征的作用。详见 F. D. K. Bosch, *The Golden Germ: An Introduction to Indian Symbolization*, Hague: Mouton & Co., 1960, pp. 230–231。

② ［美］埃里克·沃格林：《秩序与历史 第一卷：以色列与启示》，霍伟岸、叶颖译，译林出版社 2010 年版，第 72—74 页。

③ I. W. Mabbett, "The Symbolization of Mount Meru", *History of Religions*, Chicago: University of Chicago Press, Vol. 23, No. 1, 1983, p. 80; p. 83.

④ ［英］D. G. E. 霍尔：《东南亚史》，中山大学东南亚历史研究所译，商务印书馆 1982 年版，第 47 页。

为来自南印度的婆罗门①，这意味着其宫廷文化必然相应地具有印度教特质。据学者推测，扶南建国最晚不超过公元 2 世纪②，彼时印度的"须弥山崇拜"文化早已存在并十分成熟，具备向外传播的可能性。基于这些缘由，关于扶南君主自称的"山岳"就是须弥山这一推论，是可以成立的。在这样的文化内涵之下，其全称"kurung bnam"也就应当按同位语来理解，意为"等同于山岳的王"，而非"统治山岳的王"。据此也可看出，吴哥时期以须弥山为中心的神王崇拜，实际并不是一个突然出现的文化现象，而是早有渊源，只不过由于扶南时期的相关物质遗迹没能留存下来，今人除了"kurung bnam"这一称号之外，无从了解更多的信息。不过，在文献的指引下，这一称号同样能够化身为连贯古今的线索，带领我们一窥吴哥神王崇拜的根源，并遥想其发生、发展的过程。

在吴哥寺中，营造为须弥山式结构的中央圣殿，与其他寺庙内的须弥山式圣殿一样，既是神意从天而降的证明，又是一座等同于神王本人的纪念碑。同时，它被层层台基极力抬高，使得登上它的过程等同于一次向彼岸世界的过渡、一次对世俗空间和凡胎状态的摆脱③，它也因此而成为君王神圣化的象征。在这一共性的基础上，吴哥寺中央圣殿又以其巧妙的角度设计而在古迹区中一枝独秀。从寺庙正面来看，太阳的年度运行轨迹正是以中央圣殿为中心在南北塔楼间移动，与文献中日月以须弥山为轴心右绕旋转的描述相契合，表明圣殿不仅在结构和外形上类似于须弥山，而且也能逼真地反映出相应的宇宙秩序（图 6.14）。通过此类模拟效果，我们不难看出设计者对于宇宙秩序的极致强调，它的意义就在于从这些秩序现象中集结起一切绝对神圣的因素，然后将其全部投射于以寺庙为体的神王偶像之上。这种神圣性与宇宙及最高主宰直接关联，神王因此而得以与推动世间生灭的原动力同在。即使躯壳不免湮灭于时间的荒野，其精魂也仍将以圣殿、太阳等一切伟大的形式永恒地存驻于世间，在一代代后人心中持续激起回响。

①　[英] D. G. E. 霍尔：《东南亚史》，中山大学东南亚历史研究所译，商务印书馆 1982 年版，第 48—57 页。

②　同上书，第 46 页。

③　[美] 米尔恰·伊利亚德：《神圣的存在：比较宗教的范型》，晏可佳、姚蓓琴译，广西师范大学出版社 2008 年版，第 90 页。

图 6.14 远眺吴哥寺日出。太阳在南北塔楼限定的
范围内冉冉升起，给人以神圣的印象

第三节 因陀罗网与"摩耶"：物质世界的隐喻

至此，针对浮雕中轴大多数图形符号的分析工作已告完成，仅余下被因陀罗放置在须弥山顶的一件器具，关于其真实属性、文化内涵及象征意义等问题，依然悬而未解。比起浮雕中的其他符号，这件器具尺寸较小，雕刻简单，在外观上并不起眼，但它的位置十分特殊，处于神王因陀罗和须弥山之间，跟二者都有接触。作为图像中轴的组成部分，它的文化内涵与寓意同样不容忽视。

有必要指出，虽然因陀罗与梵天一动一静，所象征的神圣力量并不相同，但他们作为宇宙领袖的本质和职能是一致的，都要在最高主宰的授意下，对现象世界进行营造和管理。正如太阳造就宇宙中的昼夜、季节、大地的周期性兴衰等诸多现象，我们所看见、所体验的现象世界，虽是由唯一的最高神所驱使，但其直接营造者仍是在不同情境下显现为太阳、梵天或因陀罗的神王。这表明神王除了负有诛灭失序混沌、保卫宇宙正法的责任之外，还兼具创造现象世界的能力，如此方能真正引领宇宙进入新的纪元。其中，因陀罗作为武士神王，以强悍的战斗力为主要特质，故此他对于现象世界的创造，同样会体现出武者的鲜明特征。

在吴哥印度教造型艺术中，因陀罗往往被塑造为一位单手握持武器、屈起一膝盘坐于白象背上或时兽头上的武士（图6.15、图6.16）。他手中的武器尺寸较小，除去被手指抓握的中段之外，仅在两端各露出一个蓓蕾状的锤头，外观上极具特色。在将它与同主题作品及相关文献比对之后，不难断定，这柄武器就是金刚杵。①

图6.15   坐在时兽头上的神王因陀罗。图中的他盘膝坐于时
兽头上，左手扶腿，右手举起，握有一柄金刚杵

有趣的是，在吴哥寺"翻搅乳海"浮雕壁中，因陀罗握在手中的不再是标志性的金刚杵，而是一件在以往作品中未曾出现过的器具。并且因陀罗也没有摆出传统的屈膝盘坐姿态，而是飞翔在画面的最高处，面朝下方，双手展开，分别握住器具上半部分的两端，将它摆放在须弥山顶上。这一场景在《摩诃婆罗多》版本的《翻搅乳海》神话中曾被简要提及：

———————————

①   关于因陀罗与金刚杵的渊源故事，请参看 H. D. Griswold, *The Religion of Rigveda*, Delhi: Motilal Banarsidass, 1999, pp. 184 – 185。

在翻搅活动开始之前，因陀罗将一件"器具"（yantra）放置于须弥山顶①，尔后翻搅活动正式开始。而正如上文所说，吴哥寺"翻搅乳海"浮雕壁的场景绝大部分取材自《薄伽梵往世书》版本神话，此处却特意植入一个来自《摩诃婆罗多》版本中的细节，并且这一细节在以往同主题造型作品中从未被表现过，这其中的动机和文化寓意自然会引起我们的强烈兴趣。考虑到吴哥寺对于神王偶像的塑造极为细致严谨，关于神王的救赎性、高尚性、战斗力等特质均有极为周全完满的表现，唯独其创造力还未得到充分彰显，我们初步可做出假设，这件尚未分析的器具，应与神王在现象世界中的创造力有关，并且它出自因陀罗之手，应当也会相应地具备武器的功能。

图6.16 乘三头白象的神王因陀罗，仍摆出他的经典战斗姿态：
屈起一膝，左手扶腿，右手持金刚杵，举至齐胸高度

从语法角度来看，梵语词汇"yantra"系由词根"yam"即"支持、支撑"派生而来，本是指一种能促使物体运行或是起支撑作用的工具，常被译为"机关"、"装置"等。在宗教层面上，"yantra"多被译为"衍荼罗"，专指一种刻画着各类神秘的图形符号、蕴含着复杂玄妙的象征意

---

① 在金克木、赵国华、席必庄等几位老师翻译的第一卷《摩诃婆罗多》里，"yantra"一词被译为"器具"。

义的护身符,能保佑持有者免于灾厄,得到特殊的好运及财富。① 在密教中,这种衍荼罗主要作为观想对象,修行者通过观察其图案来领悟宇宙的本质,从而实现个人的解脱② (图 6.17)。不难看出,在宇宙的情境之下,"yantra"应当按"衍荼罗"来理解,它不再只是发挥某一项特定功能的实体工具,而是成为一个包罗万象的符号,其中浓缩着整个宇宙。在吴哥寺"翻搅乳海"主题框架下,浮雕中的这件衍荼罗,其发出者是因陀罗,所覆盖的对象是须弥山,从这两大特质出发,我们便不难在庞杂的文献之海中初步锁定一个与它契合度较高的器物,那就是大名鼎鼎的"因陀罗网"(Indra jāla)。

图 6.17　伽利衍荼罗。供信徒随身携带的衍荼罗可由多种材质做成,
有各种形状,上面多刻写主神名号及寓意吉祥的神秘符号

　　根据《阿闼婆吠陀》的描述,除金刚杵以外,因陀罗还拥有一件威力强大的法宝,那就是因陀罗网。它十分巨大,一切生灵都无法逃脱它的追捕。任何被它所笼罩的人,视线、心智均会陷入昏沉,因陀罗便可顺势

　　① T. A. Gopinatha Rao, *Elements of Hindu Iconography*, Madras: The Law Printing House, Vol. 1, 1914, pp. 12 – 13.
　　② 在密教中,"yantra"一般被译为"衍荼罗",指一种刻画了具有神秘意味的字母或图形符号的观想工具。修行者通过观想衍荼罗而领悟宇宙本质,从而获得解脱。衍荼罗可用纸张、布料、金属等材料制作,形式较为多样,大小不一,常作为吊坠供信众日常佩戴使用。

对其施加惩罚。① 不难看出，因陀罗网最初的功能与金刚杵相仿，是武士神王用以克敌的一项秘技。在《梨俱吠陀》中，同样属性的感官控制力也被数度提及，而且它也独属于因陀罗，只不过名称变成了"摩耶"（Māyā）②。相比金刚杵在个别敌人的肉体层面施以打击的特质，因陀罗网主要是以一种致幻的方式作用于人的感官，因此拥有因陀罗网或说"摩耶"秘法的因陀罗，也被誉为"诸根之主"。但与此同时，这种操控力并非仅仅作用于某几个人身上，而是会覆盖整个宇宙，如此巨大的影响范围，意味着与因陀罗网的武器功能相伴的，是一种能在所谓的"真实宇宙"以外，另行营造出一个为世人所感知的现象世界的能力。正因为如此，《阿闼婆吠陀》又将"摩耶"描述为一位有创世力量的女神。③ 从这一点来看，从其诞生伊始，不论"摩耶"还是"因陀罗网"，实际都代表着一种感官层面上的创世能力。④ 人们凭借感官了知并存在于心、神、意中的世界，正是源自"摩耶"或说"因陀罗网"的创造。它通过迷惑感官的方式令人陷入昏聩。

到了奥义书时期，随着人们对于世界本源的思考更为深入和系统化，"摩耶"的概念也得到了进一步的细化和发展。在涉及现象与本质的讨论中，"摩耶"与"梵"作为一对相伴共生的概念，被人们用来形容自身在不同认知阶段所领悟到的世界之相。简单地说，"摩耶"就是物质世界中为我们所见所感的人、事、物及种种现象，例如万物随时间、境遇而生灭变化，如是给人造成纷扰无常之印象的滚滚红尘，就是"摩耶"。人们为摩耶所迷，深陷其中，不得解脱。与之相对的"梵"，则是存在于种种现象背后，恒常不变、不因时间境遇而动摇的绝对真实，是谓宇宙本相。在宗教意义上，一个人必须意识到不停变换的摩耶是不实的，而恒常不变的"梵"才是真实，方能不因现象而深陷悲喜，从而得到解脱。在这关于"实"与"不实"的判断背后，潜藏着二者在存在当中的等级排序。而从二者的依傍关系来看，"梵"无法脱离摩耶单独存在，"梵"的力量必须以摩耶为渠道方能作用于万物之上，而抽象的真理也须以现象为媒介才能在人那里变得可以理解。因此，从创世的角度来说，一个完整的宇宙，不

---

① AV. 8. 8. 6 – 8.

② RV. 7. 104. 24.

③ AV. 8. 10. 22.

④ George M. Williams，*Handbook of Hindu Mythology*，Califonia：ABC – CLIO，2003，p. 32.

但有"梵"的存在，摩耶也同样不可或缺。摩耶系由摩耶之主因陀罗遵从最高神的意志构建起来，而终极的宇宙真理仍以最高神的面貌高居于其上，因此"梵"与摩耶在本质上并不矛盾，其鲜明的等级性，实际也从另一个角度体现了存在的秩序。

在大乘佛教经典的记述中，因陀罗网极为精美，由无数丝线编结而成，每个结头处均缀有一颗明珠。这张网被因陀罗罩在他所居住的天宫，即须弥山顶上。虽然佛教与印度教在诸多理念上存在差异，但它所声称的关于因陀罗网营造和展现物质世界中的种种现象一说，与印度教的说法是一致的。考虑到须弥山本是世间秩序的集大成者，宇宙时间秩序、空间秩序乃至宇宙论国家的社会秩序，都浓缩于须弥山符号当中，而秩序本身又涵盖了世间各色现象，因此，当因陀罗将具有创造力量的因陀罗网覆盖于须弥山之上，实际就等同于覆盖了整个宇宙。并且因陀罗网对于摩耶世界的创造，也须以宇宙极点作为起始和中心。这样一来，《摩》版《翻搅乳海》故事中的情节之谜便迎刃而解：之所以在神魔创世活动正式开始之前，因陀罗要先在须弥山上放下一件"器具"，就是因为物质世界的营造必须依靠摩耶或说因陀罗网的力量，而因陀罗放下的这件器具，正是因陀罗网。在这一象征性的创世行为完成之后，以种种造物的诞生为标志的创世情节便可顺理成章地展开。

在吴哥寺"翻搅乳海"浮雕壁中，这件被因陀罗放上山顶的因陀罗网可分为两个部分。它的上半部分近似于一个长矩形，两端被抓握在因陀罗手中，内部刻有十分浅淡的横线纹路（图6.18），被端正地摆放于须弥山顶上。它的下半部分则雕凿着由交错线段或并列线条构成的网纱状纹路，从其覆盖范围来看，它从须弥山顶披垂而下，但规模明显超过山体，向着山的两侧延伸飘荡，状如一顶巨大的纱罩，与旁边的空白光滑区域形成鲜明的对比（图6.19）。正是凭借这种对比，我们才得以注意到这件笼罩须弥山的"特殊物体"的存在，从而进一步证明它正是因陀罗网。它那分为两段、上下形貌各不相同的形制特色，也导致观者多将注意力集中在形状明确且被因陀罗直接握于手中的上半部分，而忽略了覆盖着须弥山、形态缥缈的下半部分，关于它的实质及用途的判定与分析也就一直难以获得进展。不过，此处的因陀罗网被刻画为如此特殊的两段式外观，在其形制的背后应当也存在着特殊的文化寓意。此处篇幅有限，就留待以后另行撰文讨论。

图 6.18　由因陀罗双手握住的因陀罗网上半部分。如图所示，
它近似于四方形，一头稍显尖锐，被因陀罗放置在须弥山顶上

图 6.19　覆盖在须弥山上的因陀罗网，通过在山体及山侧刻画的
纱网式或垂线式线段得到表现

　　论述至此，我们不禁要问，这张因陀罗网，对于吴哥寺的神王偶像究竟有何实质性的增益？虽然因陀罗网在吠陀中曾被用作武器，但比起更为传统、功能性更明确、属性也更单纯的金刚杵，设计者在吴哥寺浮雕壁中

选择起用因陀罗网，显然表明他无意在武力方面再为神王偶像锦上添花，而是侧重于从"摩耶之主"的角度，彰显神王作为物质世界营造者的特质。正如前文所述，吴哥君主在加冕后自称为"Kamrateng jagat ta rāja"，即"神王"或"宇宙之王"，这一称号要求君主必须为自己营造出一个具备相应能力、履行相应职责的形象，即需要守护、捍卫有序的宇宙，同时消灭失序混沌。但存在本身的规则注定了混沌不可能被单方面永久消灭，而是只能被秩序周而复始地战胜并取而代之；同样地，一个混乱失序的旧世界，也只能被有序、光明的新世界所替代，从而撤出历史舞台。这意味着，混沌失序的惩罚者本身也必须是新世界的创造者。正因为如此，神话中的因陀罗在以强悍斗士的形象加冕为神王的同时，也须拥有一件能够制造出物质世界里的种种人物现象的法宝——因陀罗网。当他将因陀罗网放上须弥山，就象征着一个崭新的物质世界在其魔力下逐渐形成，并将一举取代被黑暗混沌占据的旧世界。这种周期性的、永不停歇的循环更迭，正是因陀罗网笼罩下的世界本相，也是神王作为新世界开创者的立足之本。

对于一位结束长期分裂、实现王国统一的吴哥君主而言，他的功绩不仅在于成功地推翻了昏庸不作为的前任统治者、瓦解了残破不堪的旧秩序，而且还在于在其废墟上重建起一个强大、有效的新秩序，使王国得以从战火、动荡不安和死亡的阴霾下解脱出来，在一个安宁、有序的新环境中实现全面的复苏。这种开创新局面、引领新时代的壮举，与神王使用因陀罗网创造一个有序新世界的举动，在本质上并无区别。因此，在塑造神王偶像时，这一方面的角色特质及相关功绩必须得到着力的强调。另一方面，王者在推翻敌人时所彰显的高超武力，固然能给人以深刻印象，但真正能令王者等同于神的根本因素，仍是他对于新秩序、新世界的成功创建。在创造的过程中，人与神最为贴近，而王也正是凭借对新世界的创造，才能被广泛地认可为一位神王，并在群体中获得长久的尊敬与纪念。基于上述原因，吴哥寺浮雕壁的设计者在塑造神王的类比者因陀罗时，选择摒弃传统的金刚杵，并从另一版本神话中摘选出相关段落，通过描绘具有象征性的创世场景，彰显神王在创建新世界方面的伟大功绩。在这件独特、精妙而富于意趣的因陀罗网的辉映之下，吴哥寺的神王偶像至此方可宣告圆满。

仍需指出，在浮雕画面中手持因陀罗网而非金刚杵的因陀罗形象，在整个吴哥造型艺术品群体中都极为少见。在随后的巴戎寺"翻搅乳海"浮雕板中，因陀罗虽然仍呈现为飞翔姿态，并也作势将某物摆放在须弥山顶，但他的手中并没有一张类似形貌的因陀罗网。这种差异性无疑提示了吴哥寺神王文化在特定历史情境下的变异，抑或仅表明它在因陀罗网的层面上发生了某种断裂，乃至最终失落。无论如何，因陀罗网作为神王符号，在吴哥神王文化中的传承过程仍令人好奇。它在吴哥造型艺术中的更多样本和具体内涵，仍有待进一步的发掘和探讨，而那就是要在另一个历史情境下才能展开的问题了。

第四节　《翻搅乳海》故事的价值

一个神话的现实价值可被概括为四大方面，即神秘功能、科学功能、社会学功能及教化功能。[1] 神秘功能使人对神性存在心生敬畏。科学功能使人更好地理解存在结构以及现象与真理之辨等问题。社会学功能主要作用于统治层面。而最后的教化功能则表现为，通过完整叙事，使人们深刻意识到神王的加冕与统治是存在真理的一部分，神圣不可侵犯；神王具有一切美德，其功绩应当被长久地铭记于群体心中。这四种功能相辅相成，共同构成《翻搅乳海》神话存在于吴哥寺内的实际价值。

就《翻搅乳海》神话而言，它的神秘性主要集中于最高神及神王因陀罗的相关情节之上。通过毗湿奴变化巨龟化身、调控时间周期、变化摩西妮协助天神等不可思议的叙述，人们意识到毗湿奴那至高无上的神力，从而对他心生敬畏。更重要的是，这些力量都指向"扶持神王"这一目的，使得神王的神圣性和神秘感被进一步抬高。同时，故事中的因陀罗使用摩耶秘法创世、使用乳海泡沫杀死阿修罗那牟吉等超越世俗常识的情节，也会给观者造成神秘莫测的印象。凭借着这些神秘情节，王者的神性得以鲜明地凸显出来，而他与凡俗群体间的距离也由此被进一步拉大，最终使他成为一个万众仰视、神秘莫测的神性偶像，在群体中间引发虔敬心理。这种神秘功能正是神王文化最重要的养分，能够满足当下的统治者苏利耶跋摩二世的统治需求。

《翻搅乳海》神话的科学功能，与它的神秘功能并不矛盾。一方面，

---

① Joseph Campbell, *The Power of Myth*, New York: Doubleday, 1988, pp. 22 – 23.

神话令我们意识到创建政治秩序的过程与创世活动之间存在类比关系，也为我们展示出一个明确的、可被概括为"最高神—领袖—群体"的存在结构，同时揭示出宇宙周期中的秩序与混沌的对立并存关系。另一方面，故事所表现的、关于秩序与失序在宇宙间的周期性更替与恒常不变的绝对真理之间的关系，也令人更为接近世界的本源，从而去除对于世间表相的执着，实现个人解脱。对于当下的统治者来说，将宇宙秩序融入王权争斗，能使争斗脱离世俗意味，成为颠扑不破的神圣真理的一部分。并且，神话将物质世界的现象归结为神王的创造，也令神王的形象更为圆满周全。由此可见，神话的科学功能，在特定的历史情境下，也是为增进神王偶像的光辉而服务的。

《翻搅乳海》的社会学意义十分丰富，故事中关于神王惩罚混沌失序，救赎并保护世间生灵等事迹的描述，展现出强者在社会中的道义感与责任性；同时，故事中的阿修罗王钵利虽是贤王，但秉承着履行正法的原则，他仍要被守序的新生力量驱逐出政治舞台，这样的情节又体现出"法理至上"的社会伦理观念，使当下的统治者苏利耶跋摩二世能够将其作为范例，把武装政变解释为追求更高利益的高尚之举，并将其弑亲的道德争议点转换为超越凡俗人性的"圣人性"。除此之外，综观大神授意下神胜魔败的过程，我们也会领悟到新生世界取代旧秩序、旧社会的必然性，意识到由最高神、领袖和群体共同体现的社会等级秩序。这些意义并非漫无目的，当这一神话成为艺术主题并进入神王文化的载体——吴哥寺内，就意味着上述社会学功能的受益者正是国王苏利耶跋摩二世，其根本存在价值就在于完善神王偶像以巩固统治，并令他实现不朽。

由于《翻搅乳海》神话主要刻画的是神王的崛起过程，这决定了它的教化功能的作用对象必然是广大群体，具体表现为，当下的统治者可以借助这个神话在上述三个层面上的意义，通过将自身经历与故事建立类比关系，并将自己类比为故事中的神王，以巩固当下统治，并使自身的功绩在将来依然为人所铭记。为确保教化意义能够广泛、持久地存在，吴哥君主苏利耶跋摩二世选择了一种比语言更加直观、更加稳固、更富有表现力的形式，将《翻搅乳海》故事搬到了世人眼前，不但以此为题创作了大型浮雕作品，而且还营造出同主题的纪念性建筑吴哥寺。① 二者与太阳周期相互配合、交相辉映，共同营造出一个以神话为纲领、以苏利耶跋摩二世为中心的神王偶像。在神话情节及相关符号所营造的情境之下，观者很容易便能领会到国王与神话中的神王的相似之处，从而意识到最高神对于神王多有庇护，神王本身也极富神性和英雄性，值得永世歌颂。而对于今人来说，《翻搅乳海》神话为我们提供了开启吴哥寺神王文化宝库之门的钥匙。在充分了解神话的文化寓意和实际功能之后，我们对于吴哥寺的神王文化，便能有更加具体、更加深刻的领悟。

在吴哥寺的浮雕走廊中，体现神王文化的浮雕作品还有位于西面北侧的"楞伽岛之战"主题浮雕和位于西面南侧的"俱卢之野"主题浮雕等。"楞伽岛之战"主题取自史诗《罗摩衍那》，而"俱卢之野"主题则来自史诗《摩诃婆罗多》。在这些主题艺术的装点之下，有最高主宰毗湿奴神力护持的吴哥寺，就如同它的本名"毗湿奴世界"那样，为世人展现出一个辉煌绚烂的神话世界。

第五节　"毗湿奴世界"与"鲁班墓"略考

元朝元贞年间，中国朝廷曾派遣一个使团出访真腊进行招抚，随行人员中有一位名叫周达观的官员。在使团逗留真腊的一年间，周达观游历都城各处，将见闻撰写成一部《真腊风土记》。书中详细记载了当时真腊都中的诸般风土人情，为当时的人们提供了了解真腊地方风俗的渠道。正如清代《四库全书总录》所述："真腊本南海中小国，为扶南之属。其后渐以强盛。自《隋书》始见于外国传。唐、宋二史并皆记录，而朝贡不常至。故所载风土方物，往往疏略不备。元成宗元贞元年乙未，遣使招谕其国，达观随行，至大德元年丁酉乃归。首尾三年，谙悉其俗；因记所闻见为此书，凡四十则。文义颇为赅赡，然《元史》不立《真腊传》，得此而本末详具，犹可以补其佚阙。是固宜存备参订，作职方之外纪者矣。"②

---

① 准确地说，国王苏利耶跋摩二世只是出资人和受益者，真正的设计者仍是婆罗门提婆伽罗。详见 Lawrence Palmer Brigg，"The Syncretism of Religions in Southeast Asia, especially in the Khmer Empire"，*Journal of the American Oriental Society*，Vol. 71，No. 4，Oct – Dec，1951，p. 237。

② （清）永瑢、纪昀编：《四库全书总目提要》卷71史部第二十七，"真腊风土记"条，中华书局1965年影印本，第1543页。

此书的重要性由此可见一斑。

　　周达观随访真腊一事，发生在公元 1296 年，当时在位的吴哥君主是因陀罗跋摩三世（Indravarman Ⅲ，公元 1295—1308 年在位），而吴哥寺的主人苏利耶跋摩二世已去世近一百五十年。彼时真腊国力已呈现出下滑态势，但在极盛时期建造的诸多宏伟建筑的烘托之下，仍给人以"富贵真腊"的印象。通过周达观这位异国旅者的记述，今人得以一窥当年的宫室塔庙的雍容之美。不过，由于停留时间短暂，周达观所关注和记录的事物又比较庞杂，因此《真腊风土记》中对于吴哥寺的记载，仅有寥寥数字而已，但这简短的记述，在学者们探讨吴哥寺的寺庙性质和功能时，也发挥了很大的指导作用。

　　在《真腊风土记》中，周达观将吴哥寺称为"鲁班墓"。他描述道："鲁班墓在（吴哥王城）南门外一里许，周围可十里，石屋数百间。"①根据夏鼐引用的伯希和注释，此处的"鲁班"指的是印度教神话中的工巧营造之神毗首羯摩，而非中国的公输班。② 之所以用中国古人的名字来称呼印度神祇，应是为便于国人理解而作的"意译"。至于将寺庙称为"墓"，显然是因为在周达观出访时，吴哥寺已被用于存放苏利耶跋摩二世的遗骨，成为国王的长眠之所。虽然"鲁班墓"这一称号，在字面上与吴哥寺的正式名称"Vrah VisnuLouk"（梵语原形为"Viṣṇuloka"），即"毗湿奴世界"并不一致，然而从现有资料来看，"毗湿奴世界"一名直到公元 16 世纪才变为"吴哥寺"③，也就是说，在周达观出访真腊都城时，寺庙尚未更名。这意味着，在"鲁班墓"与"毗湿奴世界"两个名称之间，应该存在一定的关联性，"鲁班墓"一名很可能就是从"毗湿奴世界"转化而来的。

　　在古印度大史诗及印度教毗湿奴派经典中，"毗湿奴世界"也被称为"毗恭吒"（Vaikuṇṭha）或"至高处"（Paramapadam），它凌驾于一切物质世界之上，不受贪欲愚痴所侵，就连时间之力也无法将其摧毁。④ 虽然它不在尘世，但大神也并未因此而远离我们，因为这个"毗湿奴世界"

　　① （元）周达观原著，夏鼐校注：《真腊风土记校注》，中华书局 1981 年版，第 44 页。

　　② 同上书，第 59 页。

　　③ Charles Higman, *Civilization of Angkor*, Berkeley：University of California Press, 2001, p. 2.

　　④ SBh2. 9. 9 – 10.

在我们所居住的世界上还有一个复本，那就是漂浮在大海上的"白洲"（Śvetadvīpa）。[①] 这座白洲与毗湿奴世界同样神圣清净，甚至连梵天带领众天神来向毗湿奴寻求庇护时，也只能立于海滨而无法登岛。[②] 居住在白洲上的毗湿奴，也同他在毗湿奴世界时一样以巨蛇舍沙为床榻，呈现出最高主宰"那罗延"的姿态。[③] 鉴于白洲是毗湿奴世界在人间的唯一复本，也是人间唯一有毗湿奴居住的"神圣空间"，而吴哥寺以"毗湿奴世界"为名、以"翻搅乳海"及"那罗延"为建筑主题，寺内又有真实神力的显现，我们完全有理由推测，吴哥寺的营造初衷就是成为人间独一无二的"白洲"（图 6.20）。唯有如此，神王关系才能成立，吴哥寺作为神王文化承载体的意义也才能实现。

图 6.20　吴哥寺航拍图。[④] 在宽阔的护城河包围下，寺庙如同漂浮在海上的岛屿

从方位来看，吴哥寺坐落于耶输陀罗补罗的南部，距离罗蕾池（Indratataka Baray）、东西巴莱水库、北池（Jayatataka）、皇家浴池（Srah

---

① 见ŚBh1.8.34, 1.11.8。一说乳海在白洲之上，见ŚBh5.17.14。

② ŚBh8.5.25, 10.1.19.

③ ŚBh5.17.14.

④ 图片作者为 Charles J. Sharp，于 2005 年 8 月分享于维基共享资源网（Wikimedia commons），依据 CC – BY – SA – 3.0 协议授权。资源地址为：https://commons.wikimedia.org/wiki/File：Angkor – Wat – from – the – air. JPG。

Srang）等主要储水区都甚遥远。这一与众不同的选址很可能是基于经典中毗湿奴居住在南天的说法，按照俱利摩分区在大地上的相应方位而做。① 而从实用角度来看，吴哥寺护城河河面宽达 190 米，周长达到 5600 米，平均深度为 4 米，规模空前绝后，储水量十分可观，应能满足日常用水需求。并且那空前宽阔浩淼的河面，一方面使得被环抱于其中的吴哥寺绿洲恍如一座浮在海上的岛屿，整体景观更贴近于传说中的海上白洲；另一方面也作为一道巨大的屏障，令人产生寺庙遥不可及与世隔绝的视觉感受，从而产生敬畏心理（图 6.20）。在当地人的传说中，吴哥寺这座位于象征性的大海中央的"白洲"确实非同凡响，它的空间秩序由神制定，每一块砂岩的雕凿堆叠也同样出自神的巧手。关于这一点，有如下高棉民间神话为证：

从前，贤明的高棉国王与王后共同统治着一片国土。国王始终无法诞下子嗣，因陀罗怜悯他，便化光下凡与王后生下一个儿子，名唤凯摩拉（Ketu Mala）。这儿子不能留在天庭，因陀罗便亲自为其在人间选定一片土地，命名为甘步遮（Kambuja）②，又令天工毗首羯摩在该处为凯摩拉建造一座与因陀罗的天宫完全相同的建筑，以便他时时怀想，同时还赐予凯摩拉一柄圣剑，以昭示他对这片土地的神圣统治权。凯摩拉就此成为甘步遮之王。③

这个神话解释了吴哥神圣王权的由来，在神王文化中具有奠基性的意义。国王通过追溯出身而获得"生而为神王"的身份，王权也因此变得神圣不容置疑，而与因陀罗天宫相仿的寺庙就是这一"神赐王权"的载体和证明。④ 神话中亲手打造它的天工毗首羯摩，正是周达观所谓"鲁班墓"中的印度"鲁班"。其名号"Viśvakarman"意为"制造一切"。在

---

① 毗湿奴被认为居住在摩羯座附近，他的眼睛则是南极星。鉴于摩羯座是南天星座，推测毗湿奴的居所位于南方是能说通的。参见 W. Randolph Kloetzli，"Maps of Time – Mythologies of Descent：Scientific Instruments and the Purāṇic Cosmograph"，*History of Religions*，Vol. 25，No. 2，1985，pp. 116 – 147。

② "Kambuja"即现代高棉语中的"Kambujea"、今日之"柬埔寨"。此处将"Kambuja"音译为"甘步遮"，是为将神话语境中的国度与现代国家概念中的"柬埔寨"做一个区分。

③ Yves Bonnefoy，*Asian Mythologies*，trans. by Wendy Doniger，Chicago：University of Chicago Press，1993，p. 143.

④ G. Cœdès 认为，吴哥古迹中的许多寺庙之所以要建成须弥山式，就是因为须弥山顶部是因陀罗的居所。详见 G. Cœdès，*The Indianized States of Southeast Asia*，trans. by Susan Brown Cowing，Honolulu：University of Hawaii Press，1968，p. 122。

《梨俱吠陀本集》中，这位大神被认定为宇宙万物的创造者①，周身遍布眼睛和手足，有朝向四面八方的嘴巴②，与《原人歌》中的创世原人形象完全一致。同时，在他的脐部还有一股含藏着众神的原始胚胎的水流涌出。③ 这一描写令人联想到自脐部生出神王的那罗延神。《百道梵书》更是明确指出，毗首羯摩就是生主，即一切存在之主。④ 这一属性与毗湿奴重叠，虽然两位大神名号不同，但本质上并无区别，都是拥有创生性的最高主宰。

在《梨俱吠陀》之后，毗首羯摩孕育王者、建立秩序的职能被进一步明确化和细节化。在《百道梵书》中，他的名字"毗首羯摩"又被解读为"完成神圣的事业"之意，因为正是由于他做了一个被称为"药草祭"（Sākamedha）的苏摩祭，才令因陀罗成功地战胜了怪兽弗栗多，从而加冕为神王。⑤ 这个说法体现了毗首羯摩如何以扶持统治者的方式，主导社会秩序的构建，表明他与毗湿奴同样是"君权神授"关系中的"神"之一角。尽管在后来的神话中，毗首羯摩的职能属性转化为专门的工巧制造，他本人也成为创造《工事吠陀》（Sthāpatya Veda）的工巧始祖，主管神界土木建筑与武器铸造等事务⑥，但鉴于古印度工巧理论认为，营造一座建筑，实际上就是重复唯一真神创造宇宙的过程，因此担任工巧建筑之神的毗首羯摩，本质上依然是一位创世神。这意味着，在"最高主宰"这一层面上，毗首羯摩与毗湿奴拥有互通、互换的可能性；而在工巧制造层面上，则与同样精于土木制造的中国鲁班有可类比性。这些身份与职能上的重叠，正是这三个形象能够在吴哥寺内发生混淆的前提。

需要注意的是，从"毗首羯摩"到"鲁班"，体现的是异邦人士对相似文化的类比性诠释，它与"毗湿奴"到"毗首羯摩"的转变性质并不相同。后者的实现条件，除了角色同质性之外，二者名称在发音上的相似性无疑也是一个不可忽视的因素。虽然在梵语中，"毗湿奴——Viṣṇu"

---

① RV. 10. 81. 1 - 2.

② RV. 10. 81. 3.

③ RV. 10. 81. 3.

④ ŚB 9. 2. 3. 42.

⑤ ŚB 2. 5. 4. 10.

⑥ Sunil Sehgal, *Encyclopaedia of Hinduism*, Vol. 5, New Delhi: Sarup & Sons, 1999, p. 1378.

和"毗首羯摩——Viśvakarman"读音差别颇大，但在进入高棉语体系之后，"毗首羯摩"一名不再保持它的梵文原貌，而是变成了"Bisnukar"①，音译为"毗湿奴伽"，与当地人对毗湿奴的称呼"Bisnu"十分相似。② 这位"Bisnukar"被视为吴哥寺庙的建造者，其工巧神的身份在当地人中间具有长久的认同感，古代高棉工匠在工作之前，都要先拜祭这位"Bisnukar"，可见其家喻户晓的程度。③ 相较之下，推崇毗湿奴的宫廷文化土壤，本身并不丰厚。吴哥宫廷信仰绝大多数时候都以湿婆教为主，直至苏利耶跋摩二世统治时，宫中才改信毗湿奴教。在他死后，下一任国王陀罗尼因陀罗跋摩二世（Dharanindravarman Ⅱ，公元 1150—1160 年在位）和他的儿子阇耶跋摩七世一度改宗大乘佛教，但随着这两位国王的去世，湿婆教再度卷土重来。④ 及至周达观出访时期，印度教在吴哥宫廷中的整体影响力已经大为减弱，上座部佛教也开始由底层渗入。⑤ 总而言之，毗湿奴教在吴哥宫廷文化中没有深厚的积淀基础，在广大群众中间也没有强大的生命力，而且随着苏利耶跋摩二世的去世，毗湿奴与吴哥寺之间的渊源不再为人所关注，在这样的情况下，"毗湿奴世界"即"V（B）isnu Louk"中的"毗湿奴""V（B）isnu"，极有可能被后世的人们混淆为更熟悉的神祇毗首羯摩"Bisnukar"。这样一来，吴哥寺的本名"毗湿奴世界"与"鲁班墓"之间的对应转化关系，在"毗湿奴"和"鲁班"这一部分便能成立。

有必要补充说明的是，在周达观的记述中，除了吴哥寺以外，还有一座寺庙也与"鲁班"有关，那就是"俗传鲁班一夜造成"的巴肯寺⑥（图6.21）。巴肯寺是耶输跋摩一世迁都耶输陀罗补罗之后建造的国庙，

---

① Yves Bonnefoy, *Asian Mythologies*, trans. by Wendy Doniger, Chicago：University of Chicago Press, 1993, p. 143.

② 柬埔寨语中 v 与 b 有时会相互混用，"Visnu"也可写作"Bisnu"。同时，柬埔寨语中的"kar"词缀多用于指代"……者"、"……人"，因此"Bisnukar"在意义上也完全有可能被土人等同于毗湿奴。

③ Yves Bonnefoy, *Asian Mythologies*, trans. by Wendy Doniger, Chicago：University of Chicago Press, 1993, p. 143.

④ Lawrence Palmer Brigg, "The Syncretism of Religions in Southeast Asia, especially in the Khmer Empire", *Journal of the American Oriental Society*, Vol. 71, No. 4, Oct－Dec1951, p. 247.

⑤ David Chandler, *A History of Cambodia*, Boulder of USA：Westview Press, 2008, p. 72.

⑥ （元）周达观原著，夏鼐校注《真腊风土记校注》，中华书局1981年版，第58页。

呈现为须弥山样式,其中央圣殿内供奉着一座湿婆林伽(linga)。① 它比吴哥寺早建成约两三百年,敬奉的最高神也与吴哥寺不同,但是两座寺庙却都由同一位"鲁班"建成,再次证明了这位不受时间及宗教派别所限的"鲁班",实际正是吴哥神王文化中不可或缺的最高神。在国王加冕时,这座传说中由最高神亲自为其建造的须弥山式建筑,就是"君权神授"的绝佳证明。在这之后,国王以完美无缺的神王形象,在人间履行保护、监督和惩戒的职责。在他去世后,遗骨埋藏于这座建筑当中,象征着神性的永恒存驻与神王功绩的不朽。这种以"君权神授"和"神王一体"为核心的神王文化,在吴哥时代一直受到众多国王的青睐。周达观在《真腊风土记》中频频提及的"鲁班",也从另一个角度证实了这一点。

图6.21 "俗传鲁班一夜造成"的巴肯寺一角。这是耶输跋摩一世迁都耶输陀罗补罗之后建造的国庙,以五层台基构成,四周共有108座小塔环绕中央圣殿,呈现为突出"绝对中心"的须弥山样式②

---

① Jeanne Auboyer, "L' Art Khmer du IX au XIII siècle", *Cahiers de civilisation medieval*, 14e Année, No. 54, 1971, p. 121.

② 巴肯寺由耶输跋摩一世修建。详见 Henri Parmentier, *Angkor Guide*, Saigon:Albert Portail, 1950, pp. 105 – 109。

　　此外，虽然吴哥寺被周达观称为"墓"，但它绝不是当时吴哥城内唯一安放了国王遗骨的建筑。《真腊风土记·城郭篇》中记载了吴哥城内众多的"塔"，例如"铜塔"巴方寺、"金塔"巴戎寺及空中宫殿（图6.22）、"石塔"巴肯寺等①，同时又在第十六篇《死亡》一节中写道"国主亦有塔埋葬"②，可见这些被称为"塔"的建筑，很可能也是历任国王的埋骨之地。③ 根据注疏引用的陈正祥观点："安哥（吴哥）废墟大部分神庙中，皆曾发现许多石棺"④，以及中国史书《隋书·赤土传》的记载："国王烧讫收灰，储以金瓶，藏于庙屋"⑤，可见将国王的骨灰放入寺庙，乃是一项源远流长的殡葬传统，而吴哥古迹中的众多寺庙，实际也都有储藏国王骨灰的功能。既然"鲁班墓"一名中的"鲁班"和"墓"，是吴哥多座寺庙都具有的特质，并不能体现吴哥寺的特殊性，那么"鲁班墓"就不可能是周达观自己给吴哥寺取的名字。而从周达观对各个寺庙的描述来看，他对大部分寺庙的原名并不熟悉，多以金塔、铜塔、石塔等笼统的描述来代称，唯有提及吴哥寺时使用了同时包含"人名"和"建筑功能"的"鲁班墓"，说明这一名称极有可能是一个有源可溯的译名。更进一步说，在当时周达观听闻的吴哥寺本名中，应当有一个可类比中国鲁班的人物名称。并且周达观在已记录"国王有塔埋葬"等信息的情况下，仍将吴哥寺称为"墓"，表明原名中应当还有一个描述建筑性质与功能的词，只不过在周达观出访真腊时，该词的本意很可能已经乏人关注。根据此前的推测，"鲁班墓"一名，应是脱胎自吴哥寺的本名"Vrah VisnuLouk"即"毗湿奴世界"⑥，鉴于"鲁班"和"毗湿奴"之间的对应可能性已在上文得到证明，则"墓"就应当是由"Louk"即"世界"转化而来。

---

　　① （元）周达观原著、夏鼐校注：《真腊风土记校注》，中华书局1981年版，第44、54页。
　　② 同上书，第134页。
　　③ 值得注意的是，周达观在书中未将吴哥都城建筑称为"庙"，而是称为"塔"，无疑对应的是其原名中的"prasat"即"高楼、宫殿"，也再度证实了这些建筑并非宗教寺庙。
　　④ （元）周达观原著、夏鼐校注：《真腊风土记校注》，中华书局1981年版，第135页。
　　⑤ （唐）魏徵等：《隋书》卷82《列传第四十七·赤土》，中华书局1973年点校本，第1833页。赤土国乃是扶南之别种，族群文化源自扶南，可以作为此处论述的例证与参考。
　　⑥ 此前学者倾向于将"鲁班墓"理解为"鲁班的墓"（tombeau de Lou‑pan）。见 Louis Finot，"Général de Beylié：Le Palais d'Angkor Vat, ancienne residence des rois Khmers"，*BEFEO* IV，1904，p. 403。

图 6.22 被周达观称为"金塔"的空中宫殿（Phimeanakas）。
它由三层台基构成，圣殿布局呈须弥山式结构，位于中心的金塔
现已荡然无存。周达观称，塔内有九头蛇精居住，国王每夜需与蛇精共寝①

总体而言，"世界"向"墓"的转化，是由国王苏利耶跋摩二世的去世引发的。这一转变仅发生在群体的观念中，而非体现在实际建筑上：吴哥寺自建成直到周达观出访期间，建筑结构设置均未改动分毫，但人们对它的认知已随着苏利耶跋摩二世的逝去而发生了改变。曾经用以彰显神王特质、容纳神王文化、巩固神王统治的纪念建筑，在政权转移、新王继位的情况下，原先的文化寓意便自然地被搁置了。"神王"这一头衔的排他性，决定了故去的苏利耶跋摩二世无法在另一个新政权下继续以此身份获得纪念，而随着生者与死者之间情感联系的断裂，以及重复性仪式的停止，群体心中关于苏利耶跋摩二世的神王回忆开始走向淡漠，神王骨灰葬于庙内这一仪式的象征意义也被逐渐忘却，仅剩下最基本的殡葬事实。因此，在这时来到吴哥都城进行访问的周达观，他所见所闻的"鲁班墓"，正是当时社会群体对于吴哥寺的印象。

① 关于空中宫殿，详见 Etienne Aymonier, *Le Cambodge III*：*Le Groupe d'Angkor et son Histoire*，Paris：Ernest Leroux，1904，pp. 136 – 139；周达观所述详见（元）周达观原著、夏鼐校注：《真腊风土记校注》，中华书局 1981 年版，第 64 页。

在周达观出访时，当时的统治者因陀罗跋摩三世并未修建须弥山式寺庙。也正是从他开始，吴哥王朝统治者不再修建标志着"神王加冕"与"神王一体"的王权纪念碑①，这表明在国势衰微、世俗宗教入侵等因素的影响下，以大型的须弥山式建筑为象征和物质承载体的神王文化开始走向淡漠。虽然从《真腊风土记》中谈到的"传言国王与九头蛇精共寝"②等民间轶闻来看，因陀罗跋摩三世在群体心中仍是一个被神化的、超凡脱俗的形象，但"传由鲁班一夜造成"的传统神王象征在此时已成为过去，在这样的世俗化趋势之下，承载着过去某个时期神王文化的吴哥寺，其内涵细节在群体认知中发生一定的扭曲和改变，也是必然之事。

还需补充的是，周达观在《真腊风土记》中提到的相关神话和神祇，无论是九头蛇精③，还是天工鲁班，都是已被本土化多年、在群众中拥有极高认知度的神灵，至于湿婆、毗湿奴等神祇及相关事迹，在《真腊风土记》中全无描述。而且，在提到东梅奔寺中的湿婆和巴戎寺中的四面神像时，周达观一概以"佛"代称，表明他对此并不了解。④ 这很可能是由周达观的信息来源造成的。作为大国使团成员，周达观一行人应是由宫廷派出专员接待，同时，鉴于《真腊风土记》中多次提及土人言谈，在此也不排除周达观的信息主要来自土人的可能性。不过，接待的官员和当地土人，显然都不同于与宫中专门负责保存神圣文化的婆罗门祭司，周达观从他们那里听不到较为准确全面的文化讲解。并且从周达观的记录来看，他对于"班诘"（即班智达，婆罗门智者）仅止于远观，对于其所学经典、教派、仪轨则全然不了解。这种发生在婆罗门与普通群体成员、当地人与异邦人士之间的文化隔阂，也是导致具有神圣意味的"毗湿奴世界"转意为较为世俗的"鲁班墓"的原因之一。

综上所述，周达观《真腊风土记》中的"鲁班墓"一名，正是吴哥

---

① 在周达观出访期间，吴哥王朝的统治者是因陀罗跋摩三世。他是上任国王的女婿，以抢夺国王金剑、囚禁合法继位者的"非正常方式"实现登基，但登基之后并未修建须弥山式建筑以证明统治权的合法性，表明神王理念的影响力已经减弱。详见 David Chandler, *A History of Cambodia*, Boulder of USA：Westview Press, 2008, p. 75。

② 同上书，第64页。

③ 柬埔寨人声称高棉民族是由一位印度婆罗门憍陈如与那伽公主苏摩诞下的后代。详见 D. E. G. 霍尔：《东南亚史》，商务印书馆1982年版，第48页；Victor Goloubew, "Mélanges sur le Cambodge ancien", *BEFEO XXIV*, 1924, pp. 501 –519。

④ （元）周达观原著，夏鼐校注：《真腊风土记校注》，中华书局1981年版，第43—44页。

寺的本名"毗湿奴世界"在特定历史情境下的演化产物。这一名称证实了苏利耶跋摩二世去世以后安葬在吴哥寺内的事实，同时也鲜明地映射出13世纪末期，吴哥传统的特权文化逐渐走向没落的过程。就吴哥寺而言，它的建造目的本是承载、表现和传播苏利耶跋摩二世专属的神王文化，即使在国王去世后被用来埋藏其遗骨，也是以象征性的"永生"为目标，通过内部镌刻的种种记载其功勋的浮雕图像，延续他往日作为神王的辉煌。也就是说，吴哥寺的殡葬功能与上文提到的"神圣空间"功能，在本质上并无区别，都是树立一个永恒不朽的神王偶像的方式。从这个角度来看，我们很难将吴哥寺定义为一座纯粹的"墓"或"庙"，而是应当基于它作为神王文化纪念碑的本质，以"墓庙合一"的目光，去看待吴哥寺在不同情境、不同人群中间体现的具体功能。如此方能不偏不倚，对吴哥寺建立一个比较客观的认识。①

---

① 事实上，高棉语对包括吴哥寺在内的一系列吴哥建筑古迹的称呼都是"prasat"，对应梵语词汇"prāsāda"，意为"宫殿，高楼"，因此将这些古迹称为"寺"是不准确的，它们本就不是赐人解脱的宗教场所。

第七章

吴哥寺：记忆碎片与重构

　　笔者曾于2010年10月随导师造访柬埔寨暹粒市，并在柬埔寨文物局工作人员的引导下，前往吴哥古迹进行大致的考察。为避开游客高峰，争取最佳拍摄及观览效果，笔者一行在当地时间下午四点钟进入吴哥寺。彼时天光已渐收敛，但由于寺庙朝向西方，西斜的日光正好将建筑立面中的种种细节都映照出来，清晰而不刺目，美不胜收。笔者当时向同行的文物局先生请教了关于吴哥寺特殊朝向的文化依据，他援引法国学者乔治·赛代斯的观点，表示这一朝向的成因与毗湿奴崇拜有关。后来，在2012年年初，笔者再度造访吴哥寺，参观途中也曾向陪同的当地向导请教寺庙朝向及逆时针回廊的形制成因，向导先生告知我，这是因为吴哥寺是国王的陵墓，这两处设计都寓意死亡。但笔者所不解的是，两次询问的对象均为当地高棉人，问题也都相同，得到的解释却大相径庭，这种分歧究竟为何会产生？假如这两种解答都能代表高棉民族对于吴哥寺的文化记忆，那么为何柬埔寨政府会选择将一座印度教寺庙或是象征死亡的陵墓放上国旗？

　　这件事令笔者想起一则有关古埃及文字释读的逸闻。据史学家推测，古埃及圣书体于公元4世纪末正式从文本中退场，到公元5世纪左右，一位名叫荷拉伯隆（Horapollo）的埃及祭司用希腊文撰写了一部关于圣书体文字的书，将每个圣书体文字都按象征符号或寓言故事的形式加以释读，例如将"兔子"形的文字解读为"张开"，因为兔子即使在睡眠时也不闭眼，古埃及人便借兔子的这一特征代指张开的动作；此外，又将

"秃鹫"形文字释读为"母亲"，因为秃鹫只有雌性，没有雄性。[①] 这些解读结论在今天看来十分荒谬，解读思路和方法也已被证明是错误的，然而其中透露出的文化断层现象仍在笔者心中引发深思。在埃及书写文化被切断后，仅过去数十年，一个埃及祭司试图重塑这一文化记忆，然而他所捏制、复原出的形象却已与其原初模样相去甚远。考虑到荷拉伯隆的埃及祭司身份，他的这套理论看起来十分可信，他提出的象形解字法也一直无人敢于提出质疑，直到19世纪法国学者商博良（Jean François Champollion）抛开象形文字的误区、转而采用拼音法解字，被荷拉伯隆错误复原了的圣书体文化才再度被拆散和重构。

这个事例非常典型地展现了文化在传承过程中发生断裂的一种可能性与重构时面临的危险。与吴哥宫廷文化相仿，古埃及也以图像为神圣文化的重要传播媒介，以少数专职祭司为文化的传播者，而绘有图像的场所往往也是文化的核心机构。所不同的是，古埃及文化的传播媒介除图像之外还有大量书写资料，其文字释读方法只有祭司才能掌握，所以虽然保存文化的资料十分充足，但文字的神秘性使得能够开启宝库大门的钥匙被隐匿了起来，一旦能够识别此种文字的人逝去，文化便很容易发生断裂。反观吴哥宫廷文化，它以一种基于印度法理观念和实际统治需求的神王理念为核心，文化的营造和传播都由专职的婆罗门祭司负责，采用脍炙人口的神话故事为主题打造图像，以迅速有效地传播理念、树立集体认同感。虽然注释记录类的书写资料相对稀少，但留存至今的少量碑铭，语言均为梵语或古高棉语，并不会对文化重构工作构成实质性的障碍。然而就我们所见，有关吴哥宫廷文化的解读同样充满了不确定性，并且它在数百年间被不同人群贴上的各色标签，也令今人在探寻其本来面貌时极易陷入重重迷雾之中。

为充分了解吴哥寺神王文化的破碎缘由及大致经过，以及后人的反复重构对于文化研究造成的影响，首先我们不妨从文化载体的角度对吴哥寺做一个拆解。作为苏利耶跋摩二世的个人神王文化附着体，吴哥寺首先满

---

① 此信息由北京大学历史系颜海英教授向笔者提供，在此谨向颜老师表示感谢。关于荷拉伯隆解读圣书体的详细内容，请参见 Horapollo, *The Hieroglyphics of Horapollo*, trans. by George Boas, Princeton：Princeton University Press, 1993。

足的是统治需求，并在如下五个方面体现特殊性①：

（1）内容：主要依托于印度教《翻搅乳海》神话，用发生在"绝对过去"的神圣事件对当下事件进行论证和类比，从而将当下神圣化。

（2）形式：使用突出的建筑体块标记新年（即春分）、至日等节日的日出，引发与会者对于神王崛起的联想。

（3）媒介：被固定下来的、可作为集会场所的客观外化物，即内嵌主题图像的须弥山式建筑。

（4）时间结构：呈现为连续性的时间流，同时将国王的登基历程等同于宇宙周期，凭借循环往复的自然周期体现仪式性。

（5）专职的文化承载者：以提婆伽罗为代表的少数婆罗门。

在吴哥时期，"翻搅乳海"神话主题的造型艺术持续出现，主题表现技巧在吴哥寺时期臻于顶峰。从统治角度来看，选取这一神话作为神王文化的依托内容十分适宜，因为它的主题意义是政治性的，创作和传播不受印度教内部宗教派别更迭的影响，主题在神王方面的象征性也已比较成熟，在民众中拥有一定的认知度，不易陷入被群体遗忘的危险。但是，正如前文所述，吴哥寺参照和表现的《翻搅乳海》故事，明显与在其前后出现的同主题作品所参照的故事版本不同，双方在细节上的诸多差异虽不至于干扰主题判断，但在需要复原图像内容时，如不严格对照文本，重构者极易凭借经验得出不够准确的结论。例如早期法国远东学院学者在分析吴哥寺"翻搅乳海"浮雕壁的文化内涵时，曾将它与其他传统样式作品画上等号，并推测浮雕壁表现的是凡人对于"永生不死"的追求，而作为搅索的蛇王婆苏吉则象征着通向彼岸的彩虹等。结合当时学者提出的"吴哥寺陵墓说"，这一猜测似有道理，即使它本身还存在着许多无法自圆其说的矛盾之处，也依然在相当长的一段时间被不少人接受。

此外，从文化传播形式来说，吴哥寺神王文化的传承者和维系者是数量有限、种姓地位较高的婆罗门，不懂梵语的集体成员想要获得有关神王文化的认知，唯有通过大规模的集会，而集会的主要理由是节日庆典。不难想见，在新年的清晨时分，人们在吴哥寺正门前方聚集，注视着旭日从

---

① 此处总结列表系参照扬·阿斯曼在《文化记忆：早期高级文化中的文字、回忆和政治身份》中列出的"交往记忆与文化记忆的比较"作出。详见［德］扬·阿斯曼《文化记忆：早期高级文化中的文字、回忆和政治身份》，金寿福、黄晓晨译，北京大学出版社 2015 年版，第 51 页。

中央圣殿上方冉冉升起，在"翻搅乳海"的主题框架下，这充满象征性的场景无疑是传达神王王权思想的绝佳渠道。较为理想的状况是，通过年复一年不断重复的节日庆典，专属苏利耶跋摩二世个人的神王崇拜便能一次次在人们心中加固并传承延续下去。然而现实中可能造成这一文化锁链分崩离析的裂缝仍然存在，因为以巩固个人统治为目的的崇拜潮流，在其统治结束后必然难以持续，何况统治者用以自我类比的神王本就是一个极端理想化的、面目模糊的形象，这个面具随时可被摘下来，套在任何一位国王的脸上，由他重新建立起以自己为中心的神王崇拜。随着下一任国王的继位，即使到了节日，人们也不会再度聚集于吴哥寺中，而是会去往其他纪念场所参加另外的仪式，以培植对新王的认同感。随着新一轮神王崇拜的覆盖，旧的记忆在群体意识中走向褪减，便是十分自然的了。

在随后的阇耶跋摩七世统治时期，承载着神王文化的"翻搅乳海"主题作品再度出现，主题艺术的象征性至此到达顶点，而主题背后为神王文化提供依托的故事内容则开始塌缩。我们在此时期的主题造型艺术中难以重塑出一个过程清晰完整的、与任一版本故事基本吻合的事件内容，原因正是如此。除此之外，主题表现形式在这一时期的变化，也对吴哥寺神王文化的传承造成了不利影响。在阇耶跋摩七世去世后，随着真腊国力的持续下滑，神王文化的物质外化形式——须弥山式建筑不再被修建起来，神话和图像无所依托，大型集会无处举办，相关的纪念仪式也被终止，不仅"翻搅乳海"主题背后的神王内涵不再为人所知，延续数百年之久的吴哥神王文化整体都陷入了危机、摇摇欲坠。加之此时以"俗语"巴利语为中心的上座部佛教逐渐渗入吴哥社会，以神化君王为手段的神王崇拜受其无神论的冲击，难以在广大群体心中激发普遍认同。① 因此，对于彼时的普通民众来说，百年以前修建的吴哥寺只剩下最简单的陵墓功能，深层的象征意义已无人关心。元人周达观在公元13世纪末随团出访吴哥都城时，吴哥寺已被当地人以"墓"称呼，显然正是苏利耶跋摩二世神王文化的相关记忆已逐渐消散的结果。

从14世纪末到15世纪上半叶，在暹罗阿逾陀耶王朝的连番打击之下，真腊国力持续衰微。不堪战火的王室，最终于公元1431年撤出吴哥，

① G. Coedès, *Pour Mieux Comprendre Angkor*, Hanoi: Imprimerie d'Extrême - Orient, 1943, pp. 64 - 65.

将国都迁往别处。不过，与其他陷入荒芜的寺庙不同，吴哥寺从未真正地被人废弃，而是转变成了一个佛寺：上座部佛教的比丘们将吴哥寺中央圣殿内敬奉的毗湿奴神像搬出，换上一尊佛像，自己则搭建僧舍居于寺旁，以便时时入寺膜拜。① 到了公元 16 世纪，吴哥寺的大名也由原本的"毗湿奴世界"变成了我们现在所熟知的"吴哥寺"，意即"大城庙"。这个名称将建筑与毗湿奴之间的关联性完全抹去了，从中我们也看不到任何与它原先承载的神圣文化有关的线索。虽然寺内的浮雕艺术并未受到战火的严重摧残，圣殿塔尖对旭日的标记现象也仍会在每年春分节点出现，然而在缺乏相关的神圣文化情境的情况下，这些古老的艺术形式与当下流行的世俗常识彼此背离，而这种错位正是一系列疑问的源头。

正如本书在导论部分所述，在吴哥寺于 19 世纪末被西方考古学家发现以来，以法国远东学院为代表的一批学者对其进行了细致的考察，并在重构其文化内涵方面做了大量的尝试。在今天看来，学者们当时并未完整复原神圣文化情境，故此其推论在若干细节上是值得商榷的，典型例子即"毗湿奴朝向说"、"陵墓说"和"永生不死说"。学者们作为吴哥研究的开拓者与奠基人，他们的工作为吴哥学科的产生和发展做出了巨大的贡献，在这一领域享有崇高的权威性，因此他们的重构结果不仅在学界获得普遍认可，而且如笔者所见，许多高棉人也接受了此类观点。从另一个侧面来看，这似乎意味着在普通高棉民众中间，有关吴哥寺原初内涵的认知是比较模糊的，与此同时，在现代国家层面上，吴哥寺作为国家象征登上柬埔寨国旗，从原先的神王标志，转变为代表一个政治实体的力量，反映国家的文化传统和价值观，激发民族认同感（图 7.1）。这两重意义与功能，在深度和广度上，都远超过前人提出的"陵墓说"、"毗湿奴说"的范畴。无论如何，吴哥寺的确是高棉民族记忆与民族意识的强大附着体，它已被高度符号化，以至于在族群中间，作为文化符号的吴哥寺与实际的寺庙建筑之间，存在着大面积的意义断层。正是这些断裂令寺庙的具体形制成因难以为今人所见，而这些断裂本身唯有通过系统、深入、全面的文化重构方能填补。

---

① Noel Hidalgo Tan, et al., "The Hidden Paintings of Angkor Wat." *Antiquity*, Vol. 88, Issue 340, 2014, pp. 549–565.

图 7.1　柬埔寨近现代国旗一览。自上而下依次是法属柬埔寨保护国时期

（1859—1887 年）、高棉共和国时期（1970—1975 年）、民主柬埔寨时期

（1975—1979 年）、柬埔寨国时期（1979—1991 年）和柬埔寨联合

王国时期（1993 年至今）。这些国旗均以吴哥寺作为主要图案

　　毋庸讳言，本书对于吴哥寺的分析正是一次尝试性的文化重构。在众
多曾做过类似工作的吴哥学科奠基者面前，这一尝试显得十分莽撞，因为

重构意味着我们必须首先放下前人已修复完毕，并已屹立多年的公认之作，尝试另辟蹊径，塑造一副能够自圆其说的骨架，然后将所收集到的文化碎片一一嵌入其中，力求复原的结果能够贴近吴哥寺的本来面貌。在重构的道路上，诸多可能导致方向偏差的障碍一一浮现出来，促使笔者在使用资料时更加谨慎小心，一方面对史料本身的可参考度重新加以评估；另一方面也在复原图像内容时严格筛选和比照文献。与此同时，鉴于本书关注的是吴哥寺的神王文化内涵，在研究中也须避免过分拘泥于所谓"真实的历史"，而将"神话"与"历史"对立起来的做法。考虑到文化研究的本来目的，比起一味追求历史资料的绝对真实性、绝对客观性和无目的性，通过资料找寻时人如此记录、如此描绘的潜在动机，对于我们的研究来说无疑更为重要，也更有价值。

　　由于篇幅所限，本书未能一并对吴哥寺其他的主题浮雕展开详细、深入的分析，以佐证本书的重构结论。但从整体来看，这些造型艺术所指向的无疑也都是同一个理想化的、在最高神的庇佑下凭借武力夺得王权的神王偶像，例如位于寺庙浮雕回廊西面南侧的"俱卢之野"主题浮雕壁，取材自印度大史诗《摩诃婆罗多》，表现的是最高神化身为黑天，在"俱卢之野"大战中协助般度族战胜俱卢族，赢得王权；位于北侧的"楞伽岛之战"主题浮雕，取材自印度史诗《罗摩衍那》，表现的是最高神化身为人间的君主，在楞伽岛大战中一举杀死罗刹王罗波那，夺回大地；就连回廊南面的"阎摩的审判"主题浮雕，以及紧随其后、刻画国王苏利耶跋摩二世手持权杖和套索坐于榻上，四面围绕膜拜者的场景，也都意在从君王的施罚特权这一角度，塑造一个拥有绝对权威、高高在上的人间之神的形象。同时，在神话主题作品中穿插刻画实际发生过的他国朝贺、国王游猎等场景，也正是"神话"与"当下"共同服务于神王偶像的绝佳体现。其中涉及的众多文化渊源，笔者将在日后另行撰文详细探讨。

　　除此之外，从现存遗迹来看，与吴哥寺"翻搅乳海"主题艺术形式十分相似的"那罗延"主题作品，在苏利耶跋摩一世统治期间颇受青睐。在高布斯滨的河床上，至今仍可见多组塑造于该时期的"那罗延"主题浮雕。① 鉴于苏利耶跋摩二世与一世同样身为篡位者②、同样以武力清除残余势力、最终登上王位，并且二世在与一世并无亲缘关系的情况下选择继承"苏利耶跋摩"的名号，不难猜测二世很可能意在将一世立为效仿的榜样，通过暗示传承关系的名号，在自己与一世之间建立起类比性的联想，目的是以其经历为自己正名，树立群体认同。在这样的动机之下，以二者为中心的神王文化间存在着一定的相似性，似乎不足为奇。不过，这一推测涉及历史文化、神话、政治等多方面问题，本书在此仅将它作为一种可能性尝试提出，至于能否切实成立，还有待进一步的审慎论证。

如前所述，吴哥神王文化以寺庙和图像作为载体延续了数百年时光，除了经典的"那罗延"主题和"翻搅乳海"主题之外，例如"须羯哩婆与波林"、"金翅鸟与那伽"等题材的图像作品，在各个时期的建筑中也十分常见。与这些主题相关的神话故事，同样具备成为神王文化之依托的资格。若是将这些主题艺术及相关神话收集起来，并结合各时期君王的个人背景及登基历程加以分析，探讨吴哥神王文化的发展与变迁过程，对于吴哥神王文化研究无疑是极有意义并且有必要的。不过，鉴于这些主题艺术数量众多，涉及的神话及史料也极为丰富，推演过程在此难以尽书，仍有待日后逐一完成。

若从更广阔的角度来看，将统治者类比为神，从而赋予其永恒的纪念性，并利用建筑物将这种纪念性仪式化和固定化的传统，绝非吴哥所独有。而其他文化中的神王，究竟是如吴哥神王一般，是由神授权的理想化君王形象，抑或是被等同于赋予解脱的宗教最高神，是值得进一步探究的问题。笔者今后也将致力于在更广阔的视角下开展神王文化研究，关注神化君主的文化根源、分化过程、特质及对当下的影响与意义。

---

① Claude Jacque，"Les inscriptions du Phnom Kbal Span（K1011，1012，1015 et 1016）"，*BEFEO LXXXVI*，1999，pp. 358 – 359。另，苏利耶跋摩一世的国师伽温陀罗班智达（Kavindrapandida）还为国王主持修建了供奉那罗延的特拉旁伦寺（Prasat Trapan Run）（在今天的柬埔寨磅清扬省），庙中镌刻了献给那罗延的赞歌。详阅 Louis Finot，"Nouvelles inscriptions du Cambodge"，*BEFEO XXVIII* no. 1，1928，pp. 58 – 80。

② 苏利耶跋摩一世是马来亚的王子，并非高棉王室嫡系子孙，从世系来说不具有继承王位的资格。他先是发动武装政变，推翻乌达蒂耶跋摩一世的统治，后又与乌氏的法定继承人阇耶毗罗跋摩战斗 9 年，最终获得胜利，登上王位。详见 H. I. Jessup，*Arts and Architecture of Cambodia*，London：Thames and Hudson，2004，p. 116。

附录 1

《薄伽梵往世书》版本《翻搅乳海》
故事摘译①

输伽②说道:"那时,在战争中,天神们被阿修罗们绑住,并被锋利的武器所杀害,纷纷陨落、一蹶不振。彼时天神们又遭到敝衣仙人的诅咒③,三界萎靡失色,祭祀也无法进行。察觉如此状况后,以因陀罗、伐楼拿为首的众位天神便自行商议讨论,却未能达成决议。于是,他们前去须弥山顶拜访梵众,向至高神梵天鞠躬问候,将一切告知给他。

"梵天注视着以因陀罗、伐由为首的众天神,看到他们衰弱萎靡、光辉不再,三界也丧失祥瑞,又见阿修罗们异常强悍,便集中心神,专意冥想最高存在,随即开口对天神们说道:'我、湿婆、你们以及阿修罗众,还有人类、动物、草木、因热而生的生物,都由他的化身④的一小部分生出。我们所有人都应当去寻求那不朽的庇佑。对于他来说,无人应当被杀、无人应被保护、无人应被忽视、也无人应受尊敬⑤,不过,为了世界的成、住、坏,他会依照时机表现出动性、悦性和惰性。眼下正是他为了

---

① (1)由于两大史诗中的《翻搅乳海》故事在相应的中译本中已有,而各部往世书中的故事情节大同小异,因此其余版本的《翻搅乳海》译文就不再单独列出。(2)本译文不包括原文中对于神明的容貌、衣着、威势等细节描写,也不包括对于大神的详细赞颂。(3)对于与吴哥寺"翻搅乳海"浮雕壁没有直接关联的情节,本译本采取简述的方式,不作详细对译。

② 输伽即"Śukadeva Gosvāmī",他是毗耶娑之子,是《薄伽梵往世书》的叙述者。

③ 敝衣仙人路遇因陀罗乘象经过,便将自己颈上的花环敬献给了因陀罗。因陀罗随手将花环放置在自己所乘的大象的额头上,结果花环被大象扔到地上,伸脚践踏。敝衣仙人见状大为愤怒,于是诅咒因陀罗。因陀罗因此而失去了一切祥瑞光辉,变得萎靡不振。

④ 注释中说道,此处的"avatāra"指的是"guṇa avatāra",即"功德化身"。世间一切生物都是薄伽梵的"guṇa avatāra"所生。

⑤ 这段描述意在表明最高主宰是不偏不倚、十分公正的。

有身生灵的存在而显现悦性、维护'住'的时机，因此让我们去寻求世界之师的庇护，他将会给我们赐福，他十分喜爱天神。'

"梵天对天神们说完这番话后，便立刻与天神们一道去往不可战胜者的居所，那超越暗界的所在①。在那里，梵天专注心念，向闻名已久却不可见的最高存在叙说由圣人所造的颂歌。

"在被天神们如是赞颂之后，薄伽梵诃利自在神便在他们面前现身了，他如同千轮旭日般灿烂夺目。在被以梵天为首的天神们如是恳求之后，他知晓了他们的心意，于是就用如云团般沉厚的嗓音对双手交握、一动不动的天神们说话。虽然仅凭最高主宰一人便可以在为天神而做的事业②中胜过其余天神，但由于他喜好以翻搅乳海等形式取乐，便对他们说道：'梵天啊，湿婆啊，天神们啊，请仔细听我说！你们天神会有好运的。鉴于你们的状况，眼下你们就应当与那些被时间所偏爱的檀奴后裔、底提之子结成联盟。你们应当即刻就去努力生产不死灵药，任何被死亡所擒之人只要喝了它都会变为不死'。

"'往乳海里投进一切植物草叶、藤蔓药草，以曼陀罗山作为搅棒，再将婆苏吉作为搅索。天神们，你们应当在我的协助之下精神百倍地进行翻搅活动。底提之子们将成为劳苦的分担者，而你们则将成为胜利果实的攫取者'。

"'天神们，凡是阿修罗想要的，你们都应当赞成。以温和平静的方式，一切目的都能达成，采取急躁冲动的方式则会失败。无须惧怕从海中生出的毒药伽罗俱多，对于财富千万不要有贪婪的行为，也不要愤怒或起欲念。'

"在如是告诫天神之后，薄伽梵、人中最殊胜者，便在他们面前消失了。于是，在礼敬薄伽梵之后，梵天与湿婆各自归去，天神们则来到了钵利的居所。

"底提之子的首领钵利十分贤明，他知道何时应战、何时应和。他目睹敌人前来，察觉到敌人并无战意，便制止了自己那些被激怒的部下。

---

① "暗界"一词原文为"tamas"，注释称暗界即是指可见的物质世界。书中认为最高主宰的居所叫作"白洲"（Śvetadvīpa），虽然它本身也处在物质世界之中，但因为有最高主宰在其中居住，它便能成为一个超验的、最高的所在。

② 原文为"sura－kārya"，根据 Monier Williams Sanskrit－English Dictionary："work to be done for the gods"，结合故事内容，此处译为"为天神而做的事"。

　　"天神们便走近了钵利。他是毗罗遮那之子，由众多将领护卫，身披无上祥瑞，攻克了整个宇宙。[①]

　　"大智慧者大因陀罗用温和的言辞取悦钵利，随即便陈述了从最高主宰那里得来的所有教海。钵利、其他以扇钵罗和阿里湿陀内弥为首的阿修罗将领，以及那些特里普拉城的居民们都对此感到高兴，于是天神和阿修罗达成协议，化敌为友，为了不死灵药而同心协力。

　　"这些拥有铁一般的臂膀、能力高强的神魔，便运用强力将曼陀罗山拔起，齐声呼啸，将它带往大海。由于远途负重，以释迦因陀罗和毗罗遮那之子为首的神魔感到疲惫，没有干劲，无力负载山峰，于是在途中就放弃了。这座黄金山掉落下来，许多神魔被那巨大的重量压得粉身碎骨。薄伽梵在得知神魔心神俱碎，手臂、腿部、肩膀都受了伤之后，便乘金翅鸟出现在该处。

　　"因山峰坠落而被压坏的天神和檀奴之子，仅靠他的注视便活了过来，变得不朽、无伤。而山峰也被他仅用一只手戏耍般轻松地放上了金翅鸟的背部，随即他也登上鸟背，由天神和阿修罗们簇拥着去往乳海。

　　"在从肩上卸下山峰之后，众鸟之最胜者、金翅鸟将山峰放在海边，然后就被诃利遣走了。

　　"他们以胜利果实的一份为报酬邀来蛇王婆苏吉，将他缠绕在山上充当搅绳，然后愉快地准备开始为了不死灵药而翻搅乳海。诃利抓住蛇身前部，天神们跟随其后。阿修罗的首领们却对最高主宰的行为很不满意，想着：'我们不抓蛇尾，这个部分不吉利。'

　　"最高主宰见到底提之子们都沉默地站着，便微笑着放下了蛇头，与天神们抓起蛇尾。于是，阵营站位划分好了，迦叶波之子[②]们便为不死灵药而使尽全力翻搅乳海。在翻搅过程中，海中的山峰由于沉重，又因为没有支撑物，即使由强力扶持着，也还是沉入了水里。

　　"因这更为强大的天意，当自身的男子汉气概消失时，他们心中失望，美貌都枯萎了。

　　"眼见由主宰法则造成的障碍，英勇无尽、目标绝不落空的最高主宰

---

　　① 原文是"jitā Śeṣa"，即"无余攻克"。

　　② 天神与阿修罗都是仙人迦叶波的子嗣。天神是迦叶波与阿底提所生之子，阿修罗则是迦叶波与底提之子。

便化身为一只巨龟，进入水中，抬起了山峰。

"看到曼陀罗山升起，天神与阿修罗重新振奋起来，准备翻搅。那承载山峰的龟甲延伸十万由旬，如同一个大洲。

"在神魔双方领袖的臂力之下，山峰震颤旋转。托举它的龟王认为这旋转如同抓痒。

"于是，毗湿奴以隶属于阿修罗的特质为形式进入阿修罗中间，以隶属于天神的特质进入天神群体，并激活蛇王的无知特质，激发起他们的勇力。①

"在蛇王那一千张锋锐的口中呼出的火焰和烟的侵袭之下，以跋楼摩、伽雷亚、钵利和伊维罗为首的阿修罗变得如同被野火烧灼的沙楼罗树一样。而天神一方，光辉受到呼出的火焰的影响，衣服、花环、外袍都被烟气所熏。在薄伽梵的调控之下，云朵降下雨水，阵阵清风掬起乳海水波，吹拂而来。

"宝物无法从被神魔领袖们翻搅着的水流中生成，于是阿笈多便自行翻搅起来。

"因为翻搅活动的持续进行，从充满被搅动的鱼类、摩羯、蛇类、龟类、鲸鱼、海象、鳄鱼、大海鱼的海水中，首先出现了一种名叫哈勒诃勒②的毒药。它速度极快地向着四面八方扩散升腾，无法控制、无法抵挡。出于恐惧，未受保护的人们及最高主宰便逃往湿婆处寻求庇护。在毒药被湿婆喝下之后，愉悦的天神与阿修罗努力搅动海水，于是，'祭品的承载者'神牛便从中诞生了。

"随即，一匹白如明月、名叫乌刹室罗婆的骏马诞生出来。钵利想要得到它，而因陀罗则因最高主宰的告诫而没有动心。

"随后，象王埃拉伐多诞生出来。以他为首的八头方位之象也随即产生。接着，以阿普罗慕为首的八头母象也出现了。随后产生的乔湿图跋宝石归毗湿奴所有，而身着美衣、戴有金饰的天女阿萨拉也从水中生出。

"接着，吉祥天女罗玛③在眼前现身了。她选择薄伽梵为夫，光彩四

———————————

① 根据注释，"asurān āviśad āsureṇa rūpeṇa"指的是以阿修罗的特质——力量的形式进入阿修罗之中。同理，"deva‐gaṇāṃṣ ca daivena"即是指毗湿奴以天神的特质——德行的形式进入天神之中。

② 即是上文提到的"伽罗俱多"毒药。

③ 原文为"Ramā"。

射，如同闪电。在吉祥天女那饱含慈悯的顾视之下，三界及其主宰都焕发了神采。被吉祥天女凝视过的天神、生主和生灵被赋予了戒德①等品德，得到了极乐。而底提之子、檀奴后裔则因为被吉祥天女无视，而变得灰心沮丧、无精打采、贪婪无耻。

"随后，有着莲花眼的酒之女神伐楼尼出现了。在诃利的许可之下，她被阿修罗们带走了。当大海被想要得到不死灵药的迦叶波之子们持续翻搅时，一个无比奇妙的人出现了。他就是医神檀文陀利，手中拿着盛满不死灵药的罐子。

"阿修罗们在看到那盛有不死灵药的罐子之后，想要拿走所有东西②，便飞快地夺走了罐子。由于盛在罐子里的不死灵药被阿修罗拿走了，天神们十分伤心，便向诃利寻求庇护。总是满足侍奉者的欲求③的薄伽梵目睹他们的低落状态，便说道：'不要沮丧。我将用自己的幻象造成纷争，为你们达成目标。'

"他们（阿修罗）相互争吵，对那灵药如饥似渴，纷纷吵嚷道：'我先！''我先！''不让你！''不让你！'

"随后，通晓如何呈现各种外形的毗湿奴自在天，便化身为美貌无双的女子摩西妮，迷惑了阿修罗。在巧言获得阿修罗的信任、拿到那份不死灵药以后，她便优美地微笑着说道：'如果我做的事，无论好或不好，你们都接受，那我便给你们分配这灵药。'

"听了她说的这番话，由于阿修罗的首领们不懂得权衡，便说'就这样吧！'同意了她的提议。

"于是，摩西妮将天神与阿修罗分派到两边坐下，特意将天神安排在远处。她拿着罐子走近阿修罗，以此欺骗了他们，而给远处的天神们喝下了能摧毁衰老与死亡的灵药。

"这时，罗睺乔装为天神的形貌，混入天神队伍中，喝下了苏摩，随即他便被月亮和太阳揭发了。他那正在喝灵药的头颅被剃刀般锋利的轮盘斩下，头下的躯干未能得到灵药的渗透，于是陨落了。不过，他的头部却得以不死。梵天将他化为一曜。他想要复仇，便在月亮周期中持续追逐着

---

① 原文为"sīla"。
② 意即阿修罗们想要把本应属于天神和婆苏吉的那一份灵药也夺走。
③ 原文为"bhṛtyakāmakṛt"，意为"随侍奉者的欲求而行动"，即以行动满足侍奉者的需求。

日月。"

"在不死灵药即将被天神们喝完时，薄伽梵便对眼睁睁看着的阿修罗首领们展现了自己的原形。

"目睹敌人们的至上增益，底提之子忍无可忍，便一跃而起，对天神们举起了兵刃。一场无比激烈喧嚣、令人毛骨悚然的神魔大战便在海岸上爆发了。

"站立在那最上乘的战车上的大王钵利，四周由众多将领们及最好的旗帜伞盖所环绕，如同明月升起时那样放出光明。而乘上了埃拉伐多方位象①的因陀罗，也像那水流奔腾的东山上的太阳一般光彩照人。

"在激战中，因陀罗依次击败了众多阿修罗领袖，包括钵利、占帕修罗、马多利、巴罗、帕伽等。在目睹因陀罗的杀戮之后，纳牟吉悲愤交加、充满怒气，竭尽全力想要杀死因陀罗。而三界之主也是怒火冲天，用金刚杵打在纳牟吉的肩上，要砍下他的头颅。谁知那由神王以勇力掷出、充满强力的金刚杵，却连纳牟吉的皮肤都没有割破。

"由于金刚杵被弹了开来，因陀罗对敌人产生了畏惧。这时，冥冥之中有个声音对消沉的释迦因陀罗说道：'这个檀奴之子不能被干燥之物所杀，也不能被潮湿之物所杀。这个无法因干燥及湿润之物而死的福利，是我赐予他的。因此，因陀罗啊，你要考虑其他的制胜之法。'

"在听到这天音之后，因陀罗冥思苦想，随后他看到了具有双重属性的泡沫，可用作制胜法宝。于是，因陀罗便用这非干非湿的工具斩下了纳牟吉的头颅。众位圣人对此感到欢喜，便将花鬘撒向他。乾达婆的两位领袖、毗纱婆薮和薄拉婆薮放声欢唱，天神的铜鼓隆隆作响，舞伎狂喜舞动。

"伐由、阿耆尼、伐楼拿等天神也开始消灭敌人，如同雄狮屠杀鹿群。

"后来，圣人那罗陀应梵天之请，出面制止杀戮。天神们便抑制住怒气，接受了圣人的劝说。被拥护者赞颂着，所有天神都返回了②因陀罗的天宫。"

---

① "方位象"即"dikkariṇa"，根据 Monier Williams Sanskrit - English Dictionary："elephant of the quarter, one of the mythical elephants which stand in the four or eight quarters of the sky and support the earth"，可知这个词指的是象王埃拉伐多乃是方位基点的化身，起到支撑大地的作用，所以译为"方位象"。

② 原文"yayur"，表达"去、移动"的意思。此处翻译成"返回"，是为了与故事开头处，天神们离开天宫的情节相呼应。

附录 2

词汇表

A

Agni Purāṇa　　［书］《火神往世书》，"暗往世书"之一

Airāvata　　［神］象王埃拉伐多，乳海造物之一，归属于因陀罗

amṛta　　［物］不死灵药，又译"甘露"

Amerendrapura　　［地］阿美连陀补罗，阇耶跋摩二世的都城之一

Aṃśa　　［神］鸯舍，吠陀中的七位阿底提耶之一

Ananta　　［神］"阿难答"，又译"无尽"，舍沙的别名

Angkor　　［地］吴哥，狭义指柬埔寨暹粒省的一片古迹遗址区

Angkor Wat　　［寺］吴哥寺

Angkor Thom　　［城］吴哥王城，又译"吴哥通"

Arjuna　　［人］阿周那，《摩诃婆罗多》中的般度五子之一

Arkasodara　　［神］字义为"太阳同胞"，象王埃拉伐多的别名

Aryaman　　［神］雅利耶曼，吠陀中的七位阿底提耶之一

Asura　　［神］阿修罗，字义为"非天"

Ājita　　［神］毗湿奴所变现的天神阿笈多

Aditi　　［神］阿底提，无限女神

Āditya　　［神］阿底提耶，即阿底提之子。在吠陀中共有七位，梵书中增至八位，往世书中固定为十二位

Āhavanīya　　［物］烧供火祭坛，又译"阿诃婆尼耶"火祭坛，象征天界

Āpsaras　　［神］天女"阿普萨拉"，乳海造物之一，居住在因陀罗的天宫里

Ayutthaya　　［国］暹罗阿瑜陀耶王朝

B

Banteay Srei　　［寺］女王宫

Bāṇa　　［神］班纳，阿修罗首领之一

Balī　　［神］钵利，阿修罗王的名称

Bālin　　［神］《罗摩衍那》中的猴王波林

Beng Mealea　　［寺］崩密列

Bhaga　　［神］跋伽，吠陀中的七位阿底提耶之一

Bhāgavat Purāṇa　　［书］《薄伽梵往世书》

Bhū Maṇḍala　　［图］存在曼荼罗

Bisnu　　［神］柬埔寨语中的"毗湿奴"

Bisnukar　　［神］柬埔寨语中的"毗首羯摩"

bnam　［名］（古高棉文）字面意义为
　　"山"，是扶南国名的由来，也是扶
　　南国王的自称

Borobudur　［寺］婆罗浮屠

Bṛhat Āraṇyaka Upaniṣad　［书］《广林奥
　　义书》

Bṛhat Saṃhitā　［书］《广集》

Brahmā　［神］梵天

Brahmasthāna　［地］建筑曼荼罗及实际
　　建筑中的"梵天神位"

C

Cakravartin　［王］转轮王

Champa　［国］占婆国

Candra　［神］月亮，月神旃陀罗

D

Daitya　［神］底提之子，阿修罗的别称

Dakṣiṇāgni　［祭］南火祭坛

Dānava　［神］檀奴之子，阿修罗的别称

Deva　［神］天神

Devatā　［神］天神

Devarāja　［名］神王，在文献中泛指梵
　　天、因陀罗等天神领袖，同时也是吴
　　哥君主自称的"宇宙之王"的梵文
　　对译

Dhātri　［神］达多，吠陀中的七位阿底
　　提耶之一

Dhanvantari　［神］神医檀文陀利，乳海
　　造物之一

Diti　［神］底提，大地女神

Divākarapaṇḍida　［人］提婆伽罗班智达，
　　先后担任阇耶拔摩六世、陀罗尼因陀
　　罗跋摩一世及苏利耶跋摩二世的国
　　师，也是吴哥寺的设计者

Dharanindravarman I　［王］陀罗尼因陀
　　罗跋摩一世，公元 1113—1150 年在位

Dharanindravarman II　［王］陀罗尼因陀
　　罗跋摩二世，公元 1150—1160 年在位

Dravida　［式］达罗毗荼式，印度建筑的
　　一种样式，流行于南印度

Durvāsa　［人］敝衣仙人

Dvāpara Yuga　［时］"二分期"，宇宙周
　　期中的第三段时期

E

East Baray　［池］东巴莱水库

Eastern Mebon　［寺］东湄本寺，又译
　　"东梅奔寺"

G

Gārhapatya　［祭］家主祭坛

Garuda　［神］金翅鸟，毗湿奴的坐骑

giri　［名］山

H

Hariharalaya　［地］诃利诃罗洛耶，阇耶
　　跋摩二世的都城之一

hasta　［尺］古代长度单位"肘"，一般
　　指从肘关节到中指指尖的距离

Hiranyavarman　［人］希兰耶跋摩，苏利
　　耶跋摩二世的祖父

Horapollo　［人］荷拉伯隆，埃及祭司

I

Ilāvṛta　［地］伊拉弗栗多，瞻部洲的中
　　心区域、须弥山伫立之处

Indra　［神］因陀罗，众天神之王，阿底
　　提耶之一

Indrābhiṣeka　［仪］神王加冕仪式

Lingapura　［地］林伽补罗，阇耶跋摩四世都城，在柬埔寨柏威夏省贡开地区

Lolei　［寺］罗蕾寺

M

Mangalartha　［寺］曼伽拉托

Mandara　［山］曼陀罗山，位于须弥山东面。在《翻搅乳海》神话中被用作搅棒

Matsya Purāṇa　［书］《鱼往世书》，隶属于"暗往世书"

Mahābhārata　［书］印度大史诗《摩诃婆罗多》

Mahārāja Balī　［神］大王钵利，阿修罗之王

Mahendra　［神］大因陀罗

Mahendra Parvata　［地］大因陀罗山，荔枝山曾用名

Māyā　［物］摩耶，物质世界的种种现象

Mayamatam vāstu śāstra　［书］《摩耶工巧论》

Meru　［山］须弥山

Merumandara　［山］弥麓曼陀罗山，须弥山四座主峰之一，位于须弥山南面

Mitra　［神］密多罗，太阳神，吠陀中的七位阿底提耶之一

Mohinī　［神］摩西妮，毗湿奴所变幻的美女

Mỹ Sơn　［地］美山，占婆寺庙遗址区

N

nābhi　［体］脐点

Nāga　［神］那伽，巨大的多头蛇神

nagara　［地］都市，也指古印度建筑式样中的"大城"式

Namuci　［神］那牟吉，阿修罗首领之一，被因陀罗用泡沫斩杀

Nārāyaṇa　［神］那罗延

Nārāyaṇa Suktam　［歌］《那罗延歌》

Neak Pean　［池］龙蟠水池，又译"涅槃宫"

nokor　［地］"nagara"一词在高棉语中的变体，意为"城市"

P

pada　［图］建筑曼荼罗中的"格子"

pada devatā　［神］格位天神

Paramapadam　［界］"至高处"，毗湿奴界的别名

Phimeanakas　［寺］空中宫殿

Phnom Bakheng　［山］巴肯山

Phnom Bok　［山］博山

Phnom Krom　［山］科荣山

Phnom Kulen　［地］荔枝山

Prasat Phnom Da　［寺］达山寺

phyeam　［尺］"毗耶玛"，古高棉丈量单位，vyama 的另一种转写形式

Ponhea Yat　［王］波捏阿·亚特，公元1393—1431 年在位

Prajāpati　［神］生主，创世主

Prambanan　［寺］普兰班南，印度教寺庙群

Prasat Krahom　［寺］红塔

Prasat Bakheng　［寺］巴肯寺

Prasat Baphuon　［寺］巴方寺，又译巴普昂寺

Prasat Bayon　［寺］巴戎寺

Prasat Damrei Krap　［寺］跪象寺

Prasat Kravan　［寺］豆蔻寺

Prasat Neak Ta　［寺］聂达寺

二世，公元 1050—1066 年在位

V

vajra　［物］金刚杵

Varuṇa　［神］伐楼拿，吠陀中的七位阿底提耶之一

Vāsuki　［神］婆苏吉，在"翻搅乳海"活动中充当搅索的七头蛇王

Vāmana　［神］筏摩那，毗湿奴的侏儒化身

vāstu maṇḍala　［图］建筑曼荼罗

vāstu maṇḍala devatā　［神］建筑曼荼罗天神，一共有 45 位

Vaikuṇṭha　［界］毗恭吒，毗湿奴所在的世界

Vipracitti　［神］毗婆罗遮底，阿修罗王之一

Viśvakarman　［神］毗首羯摩，吠陀时代的创世主，后成为主管工事建造之神

Viṣṇu　［神］毗湿奴，毗湿奴教最高主宰

Viṣṇuloka　［界］毗湿奴世界

Viṣṇu Purāṇa　［书］《毗湿奴往世书》

Viṣṇu Suktam　［书］《毗湿奴歌》

Vṛtra　［神］弗栗多，神话中被因陀罗击杀的怪物

Vrah VisnuLouk　［寺］"毗湿奴世界"，吴哥寺原名

vyama　［尺］"毗耶玛"，古代高棉长度单位，换算方式是 4 肘 = 1 毗耶玛

Y

yantra　［物］"机关"、"器具"，刻画神秘符号的衍荼罗

Yaśovarman I　［王］耶输跋摩一世，公元 889—910 年在位

Yaśodharapura　［地］耶输陀罗补罗，吴哥都城之一

Yaśodharagiri　［山］耶输陀罗山，巴肯山曾用名

参考文献

中文著作

曹意强、麦克尔·波德罗等:《艺术史的视野——图像研究的理论、方法与意义》,中国美术学院出版社 2015 年第 3 版。

刘建、朱明忠、葛维钧:《印度文明》,中国社会科学出版社 2004 年版。

王国维:《古史新证——王国维最后的讲义》,清华大学出版社 1994 年版。

温玉清:《茶胶寺庙山建筑研究》,文物出版社 2013 年版。

(唐)玄奘、辩机原著、季羡林等译:《大唐西域记今译》,陕西人民出版社 1985 年版。

中国文化遗产研究院等编著:《柬埔寨吴哥古迹茶胶寺考古报告》,文物出版社 2015 年版。

中国文物研究所编著:《周萨神庙》,文物出版社 2007 年版。

(元)周达观原著、夏鼐校注:《真腊风土记校注》,中华书局 1981 年版。

译著

[美]本尼迪克特·安德森:《想象的共同体》,吴睿人译,上海人民出版社 2011 年版。

[美]埃尔文·帕诺夫斯基:《造型艺术的意义》,李元春译,台湾远流出版社 1996 年版。

[美]埃里克·沃格林:《秩序与历史 第一卷:以色列与启示》,霍伟岸、叶颖译,译林出版社 2010 年版。

[英]恩斯特·贡布里希:《秩序感——装饰艺术的心理学研究》,范景中、杨思梁、徐一维译,广西美术出版社 2015 年版。

［英］恩斯特·贡布里希：《艺术与错觉》，杨成铠、李本正、范景中译，广西美术出版社 2015 年第 2 版。

［英］恩斯特·贡布里希：《艺术与人文科学贡布里希文选》，范景中、杨思梁、徐一维译，浙江摄影出版社 1989 年版。

［英］恩斯特·贡布里希：《图像与眼睛——图像再现心理学的再研究》，范景中、杨思梁、徐一维、劳诚烈译，广西美术出版社 2013 年版。

［英］恩斯特·贡布里希：《贡布里希文集·木马沉思录：艺术理论文集》，范景中等主编，曾四凯等译，广西美术出版社 2015 年版。

［英］恩斯特·贡布里希：《理想与偶像：价值在历史与艺术中的地位》，范景中、杨思梁译，广西美术出版社 2014 年版。

［德］恩斯特·卡西尔：《人文科学的逻辑：五项研究》，关子尹译，上海译文出版社 2013 年版。

［奥］德沃夏克：《作为精神史的美术史》，陈平译，北京大学出版社 2010 年版。

［德］弗里德里希·尼采：《历史的用途与滥用》，陈涛、周辉荣译，上海人民出版社 2000 年版。

［法］福西永：《形式的生命》，陈平译，北京大学出版社 2011 年版。

［奥］施洛塞尔：《维也纳美术学派》，张平译，北京大学出版社 2010 年版。

［英］霍尔：《东南亚史》，中山大学东南亚历史研究所译，商务印书馆 1982 年版。

［法］克洛德·列维·斯特劳斯：《结构人类学》，张祖建译，中国人民大学出版社 2009 年版。

［英］卡尔·波普尔：《通过知识获得解放：关于哲学历史与艺术的讲演和论文集》，范景中等译，中国美术学院出版社 2014 年版。

［英］卡尔·波普尔：《科学发现的逻辑后记》，李本正等译，中国美术学院出版社 2014 年版。

［印度］摩奴：《摩奴法论》，蒋忠新译，中国社会科学出版社 2007 年版。

［罗］米尔恰·伊利亚德：《神圣与世俗》，王建光译，华夏出版社 2003 年版。

［美］米尔恰·伊利亚德：《神圣的存在：比较宗教的范型》，晏可佳、姚蓓琴译，广西师范大学出版社 2008 年版。

［印度］毗耶娑：《摩诃婆罗多 卷一》，金克木、赵国华、席必庄译，中国

社会科学出版社 2005 年版。

［印度］蚁垤：《罗摩衍那童年篇》，季羡林译，人民文学出版社 1980 年版。

［印度］蚁垤：《罗摩衍那猴国篇》，季羡林译，人民文学出版社 1982 年版。

基本典籍

（唐）房玄龄等：《晋书》，中华书局 1974 年点校本。

（梁）萧子显：《南齐书》，中华书局 1972 年点校本。

（唐）姚思廉：《梁书》，中华书局 1973 年点校本。

（唐）魏徵等：《隋书》，中华书局 1973 年点校本。

（后晋）刘昫：《旧唐书》，中华书局 1975 年点校本。

（清）永瑢、纪昀编：《四库全书总目提要》，中华书局 1965 年影印本。

西文

Auboyer, Jeanne, "L'art khmer du IX au XIII siècle", *Cahiers de civilisation medieval*, 14e Année No. 54, 1971, pp. 119 – 129.

Aymonier, étienne, *Le Cambodge：III. Le Groupe d'Angkor et son Histoire*, Vol. 3, Paris：Ernest Leroux, 1904.

Boas, George, *The Hieroglyphics of Horapollo*, Princeton：Princeton University Press, 1993.

Bassuk, D., E., *Incarnation in Hinduism and Christianity：The Myth of the God – Man*, London：Humanities Press, 1987.

Benisti, Mireille, "Représentation khmères de Visnu Couché", *Arts Asiatiques*, tome. 11, fascicule1, 1965, pp. 91 – 117.

Boisselier, Jean, "Běn Mãlã et la chronologie des monuments du style d'Ankor Vat", *BEFEO* 46, 1952, pp. 187 – 226.

Boisellier, Jean, *Trends in Khmer Art*, edited by Natasha Eilenburg, trans. by Natasha Eilenburg & Melvin Elliott, Cornell：Southeast Asia Program Publications, 1989.

Bonnefoy, Yves, *Asian Mythologies* compiled by Yves Bonnefoy, trans. by Wendy Doniger, Chicago：University of Chicago Press, 1993.

Bosch, F. D. K., "Notes Archeologiques (4)：Le temple d'Angkor Vat", *BEFEO* XXXII (1932), pp. 7 – 21.

Bosch, F. D. K., *The Golden Germ: An Introduction to Indian Symbolization*, Hague: Mouton & Co., 1960.

Bradley, Ian, *Water: A Spiritual History*, London: Bloomsbury Publishing, 2012.

Brigg, L. Palmer, *The Ancient Khmer Empire*, Philadelphia: American Philosophic Society, New Series, Vol. 41, 1951.

Brigg, L. Palmer, "The Syncretism of Religions in Southeast Asia, especially in the Khmer Empire", *Journal of the American Oriental Society*, Oct. – Dec. 1951, Vol. 71, no. 4, pp. 230 – 249.

Cassirer, Ernst, *Philosophy of Symbolic Forms*, trans. by Ralph Manheim, Vol. 3, New Haven: Yale University Press, 1985.

Caturvedi, B. K., *Agni Purāṇa: trans. by B. K. Caturvedi*, New Delhi: Diamond Pocket Books, 2004.

Campbell, Joseph, *The Power of Myth*. New York: Doubleday, 1988.

Commaille, J., *Guide Aux Ruine d' Angkor*, Paris: Librairie Hachette, 1912.

Commaille, J., "Notes sur la decoration cambodgienne", *BEFEO* XIII (1913), pp. 1 – 38.

Cœdès, George, "Les Bas – reliefs d' Angkor Vat", *Bulletin de la Commission of Archéologique d' Indochine*, 1911, pp. 170 – 220.

Cœdès, G., "Études Cambodgiennes VII: second Études sur les bas – reliefs d' Angkor Vat", *BEFEO* XIII (1913), pp. 1 – 36.

Cœdès, G., "Études Cambodgiennes VI: Des édicules appelés ' bibliothè ques'", *BEFEO* XXII (1922), pp. 405 – 406.

Cœdès, G., "Études Cambodgienne", *BEFEO* XXVIII (1928), pp. 81 – 146.

Cœdès, G., " Étude Combodgiennes, XXIV: Nouvelles données chronologiques et généalogiques sur la dynastie de Mahidharapura", *BEFEO* XXIX (1929): pp. 297 – 330.

Cœdès, G., *Pour Mieux Comprendre Angkor*, Hanoi: Imprimerie d' Extrême – Orient, 1943.

Cœdès, G., Cœdès G. & P. Dupont: "Les stèles de Sdok Kak Thom, Phnom Sandak, et Prah Virah", *BEFEO* XLIII (1943 – 1946), pp. 56 – 134.

Cœdès, G, "The Cult of Deified Royalty, Source of Great Inspiration of the Great Monuments of Angkor", *Art and Letters*, Vol. XXVI, 1952, pp. 51 – 53.

Cœdès, G. , *Inscription du Cambodge*, Vol. 5, Paris: E. de Boccard, 1954.

Cœdès, G. , *The Indianized States of Southeast Asia*, trans. by Susan Brown Cowing, Honolulu: University of Hawaii Press, 1968.

Coleman, Charles, *The Mythology of the Hindus, with notice of various mountains and island tribes, inhabiting the two peninsulas of India and the neighbouring islands; and an appendix, comprising the minor avatars and the mythological and religious terms, &c. &c. , of the Hindus. With plates, illustrative of the principal Hindu deities*, London: Parbury, Allen, 1832.

Chakrabarti, V. , *Indian Architectural Theory: Contemprary Uses of Vastu Vidya*, Surrey: Curzon Press, 1998.

Chandler, David, *A History of Cambodia*, Boulder of USA: Westview Press, 2008.

Chandra, Lokesh, "Devaraja in Cambodian History", *Cultural Horizons of India*, Vol. 7, 1998, New Delhi: International Academy of Indian Culture, pp. 199 – 217.

Chandra, Suresh, *Encyclopaedia of Hindu Gods and Goddesses*, New Delhi: Sarup & Sons, 1998.

Dagens, Bruno, "Étude Iconographique de Quelques Fondations de l'époque de Sūryavarman I", *Arts Asiatiques*, 1968, tome. 17, pp. 173 – 208.

Dagens, Bruno, *Mayamatam: Treaties on Housing, Architecture and Iconography*, edit and trans. by Bruno Dagens, New Delhi: Indira Gandhi National Centre for the Arts, 2004.

Daniélou, Alain, *The Myths and Gods of India: The Classic Work on Hindu Polytheism*, Rochester: Inner Traditions, 1991.

Dhavamony, M. , *Classical Hinduism*, Rome: Gregorian University Press, 1982.

Dikshitar, V. R. , *The Purana Index*, Vol. 2, Delhi: Motilal Banarsidass, 1995.

Dowson, John, *A Classical Dictionary of Hindu Mythology and Religion, Geography, History, and Literature*, London: Trübner & Co. , 1879.

Drekmeier, C, *Kingship and Community in Early India*, California: Stanford University Press, 1962.

Dumarçay, J. , *Construction Techniques In South and Southeast Asia: A History*, trans. by Barbara Silverstone & Raphaelle Dedourge, Leiden: Brill, 2005.

Dumarçay, J. , Jacques Dumarçay & Pascal Royère: *Cambodian Architecture: Eighth to Thirteenth Centuries*, trans. & edited by Micheal Smithies, Leiden: Brill, 2001.

Dutt, M. Nath, *A Prose English Translation of VisnuPuranam*, edited & trans. by M. N. Dutt, Calcutta: H. C. Dass, Elysium Press, 1896.

Eggeling, Julius, *The Śatapatha brāhmaṇa*, trans. by Julius Eggeling, edited by F. Max Muller, Sacred Books of the East, Vol. 12, Delhi: Motilal Banarsidass, 1882 – 1900.

Faraut, F. G. , *Astronomie Cambodgienne*, Phnom Penh: Impr. Schneider, 1910.

Fillozat, Jean, "Le Symbolisme du monument du Phnom Bakheng", *BEFEO* LIV (1954), pp. 527 – 544.

Fillozat, Jean, "Temples et tombeaux de l' Inde et du Cambodge", *Comptes – rendus des séances de l' Académie des Inscriptions et Belles – Lettres*, 123e annee, N. 1, 1979, pp. 40 – 53.

Finot, Louis, "Général de Beylié: Le Palais d' Angkor Vat, ancienne residence des rois Khmers", *BEFEO* IV (1904), pp. 403 – 405.

Finot, Louis, "Nouvelles inscriptions du Cambodge", *BEFEO* XXVIII, No. 1 (1928), pp. 43 – 80.

Flood, Gavin, *An Introduction of Hinduism*, Cambridge: Cambridge University Press, 1996.

Garrett, John, *A Classical Dictionary of India: Illustrative of the Mythology, Philosophy, Literature, Antequites Arts, Manners and Customs of the Hindus*, Madras: Higginbotham & Co. , 1871.

Garg, G. Rām, *Encyclopaedia of Hindu World*, Vol. 3, New Delhi: Concept

Publishing, 1992.

Glaize, Maurice, *Angkor: Les Monuments du Groupe d' Angkor*, Paris: Jean Maisonneuv Press, 1993.

Gluklich, Ariel, *The Strides of Vishnu: Hindu Culture in Historical Perspective*, Oxford University Press, 2008.

Goloubew, V. , "Mélanges sur le Cambodge ancien", *BEFEO* XXIV (1924), pp. 501 – 519.

Gonda, Jan, *Aspects of Early Vaisuism*, Delhi: Motilal Banarsidass, 1969.

Griffith, R. T. H. , *The Hymns of the Rig Veda*, trans. by Ralph. T. H. Griffith, Kotagiri (Nilgiri), 1896.

Griffith, R. T. H. , *The Text of White Yajur Veda*, trans. by Ralph. T. H. Griffith, Varanasi Chaukhamba, 1899.

Griswold, H. D. , *The Religion of the Rigveda*, Delhi: Motilal Banarsidass, 1999.

Groslier, B. P. , *Le Bayon*, *Inscription du Temple*, Paris: Publication de EFEO (Mémoires archéologiques, 3), 1973.

Groslier, George, *Recherches sur Les Cambodgiens*, Paris: Augustin Challamel, 1921.

Guillon, Emmanuel, *Hindu – Buddhist Art of Vietnam: Treasures from Champa*, trans. by Tom White, Connecticut: Weatherhill, 1997.

Hale, W. Edward, *Asura in Early Vedic Religion*, New Delhi: Motilal Banarsidass Publishers, 1999.

Hayek. A. F. , "Cosmos and Taxis", *Theories of Social Order: A Reader* edited by Michael Hechter & Christine Horne, California: Stanford University Press, 2003, pp. 221 – 236.

Higham, Charles, *Encyclopedia of Ancient Asian Civilizations*, New York: Facts on File Press, 2004.

Iyer, C. , *Br̥hat Saṃhitā of Varaha Mihira*, trans. by Chidambaram Iyer, South Indian Press, 1884.

Jacob, Judith M. , *Reamker (Ramakerti): The Cambodian Version of Ramayana*, trans. by J. M. Jacob & Kuoch Haksrea, Psychology Press, 1986.

Jacques, Claude, "Études d' épigraphie cambodgienne, VIII: La carrière de

Jayavarman II", *BEFEO* LVIX (1972): pp. 205 – 220.

Jacques, Claude, "Les inscriptions du Phnom Kbal Span (K1011, 1012, 1015 et 1016)", *BEFEO* LXXXVI (1999), pp. 357 – 374.

Jacques, C., Claude Jacques & René Dumont: *Angkor*, Cologne: Könemann, 1999.

Jacques, C., Claude Jacques & Michael Freeman: *Angkor: résidences des dieux*, Genève: éditions Olizane, 2002.

Jessup, H. I., *Sculpture of Angkor and ancient Cambodia: Millennium of Glory* edited by H. I. Jessup and Thierry Zephir, London: Thames and Hudson, 1997.

Jessup, H. I., *Art and Architecture of Cambodia*, London: Thames and Hudson, 2004.

Kramrisch, S., *The Hindu Temple*, Vol. 1&2, Calcutta: University of Calcutta, 1946.

Krishnamachariar, M., *History of Classical Sanskrit Literature*, Delhi: Motilal Banarsidass, 1989.

Kumar, Raj, *History of the Brahmans: A Research Report*, Delhi: Kalpaz Publication, 2006.

Ludvik, C., *Sarasvatī, Riverine Goddess of Knowledge: From the Manuscript – carrying Vīṇā – Player to the Weapon – wielding Defender of the Dharma*, Leiden: Brill, 2007.

Mabbet, I. W., "The Symbolism of Mount Meru", *History of Religions*, 1983, Vol. 23, No. 1, The University of Chicago Press, pp. 64 – 83.

Mabbet, I. W., "Devaraja", *Journal of Southeast Asian History*, Vol. 10, No. 2 (Sep. 1969), Cambridge University Press, 1969, pp. 202 – 223.

Macdonell, A. A., *Vedic Mythology*, Delhi: Motilal Banarsidass, 1995.

Madhvacharya, S., *Bṛhat Āraṇyaka Upaniṣad* annotated & trans. by Sri. Madhvacharya, Mumbai: Nagesh D. Sonde, 2012.

Marchal, Henri, "Le Temple de Prah Palilay", *BEFEO* XXII (1922), pp. 101 – 134.

Marchal, Henri, "L' animal Dans L' Architecture Cambodgienne", *Art and Decoration*, tome. XLII, Paris, 1922, pp. 65 – 74.

Marcus, M. F. , "Cambodian Sculptured Lintel", *The Bulletin of the Cleveland Museum of Art*, Vol. 10 (Dec. , 1968), pp. 321 – 330.

Mannikk, E. , *Angkor Wat: Time, Space and Kingship*, Honolulu: University of Hawaii Press, 1996.

Mitra, R. , *The Taittiriya Araṇyaka of Black Yajur Veda*, edited by Rajendralala. Mitra, Calcutta: C. B. Lewis, 1864.

Moor, Edward, *The Hindu Pantheon*, London: J. Johnson, 1810.

Muir, John, *Original Sanskrit Texts on the Origin and History of People in India, their religions and institutions*, Vol. 4, London: Trübner, 1861.

Nafilyan, G. , *Angkor Vat: description graphique du temple*, Mémoire archéologique IV, Paris: ècole française d'Extrême – Orient, A. Maisonneuve, 1969.

Oldenberg, H. , *The Religion of the Veda*, trans. by Shridhar. B. Shrotri, Delhi: Motilal Banarsidass, 1993.

O'Flaherty, D. , *Hindu Myths: A sourcebook translated from the Sanskrit*, Middlesex: Penguin Books, 1975.

Pal, Pratapaditya, *Indian Sculpture: Circa 500 B. C. – AD 700*, Vol. 1, Berkeley: University of California Press, 1986.

Pandit, Bansi, *Explore Hinduism*, Malborough: Heart of Albion Press, 2005.

Panofsky, Elwin, *Studies in Iconology: Humanistic Themes in the Arts of Renaissance*, Colorado: Westview, 1972.

Parmentier, Henri, "Vat Nokor", *BEFEO* XVI (1916), pp. 1 – 38.

Parmentier, Henri, *L'Art Khmer Primitif*, Paris: Publication d'EFEO, 1927.

Parmentier, Henri, *Angkor Guide*, Saigon: Albert Portail, 1950.

Parmeshwaranand. S. , *Encyclopaedic Dictionary of Puranas*, New Delhi: Sarup & Sons, 2001.

Prabhupada, B. S, *Śrimad Bhagavatam (Bhāgavat Purāṇa)*, edited & trans by A. C. Bhaktivedanta Swami Prabhupada, Mumbai: Bhaktivedanta Book Trust, 1987.

Rao T. A. Gopinatha, *Elements of Hindu Iconography*, Madras: The Law Printing House, 1914.

Robinson, B. J. , *Hinduism*, New York: Chelsea House Publishers, 2004.

Ruggles, Clive, *Ancient Astronomy: An Encyclopedia of Cosmologies and Myth*, California: ABC – CLIO, 2005.

Roveda, Vittorio, *Image of the Gods: Khmer Mythology in Cambodia, Thailand and Laos*, Bangkok: River Books, 2005.

Sak – Humphry, Chhany, *The Sdok Kak Thom Inscription (K. 235): With A Grammatical Analysis of the Khmer Text*, Phnom Penh: The Buddhist Institute, 2005.

Saur, Sébastien, "Études numérique des form du troisièm étage d' Angkor Vat: Recherche de l' unité de mesure", *BEFEO* LXXXII (1995), pp. 301 – 305.

Sehgal, Sunil, *Encyclopaedia of Hinduism*, Vol. 3&5, New Delhi: Sarup & Sons, 1999.

Shendge, M. J. , *The Civilized Demons: The Harappans in Rigveda*, New Delhi: Abhinav Publication, 2003.

Sircar, D. C. , *Cosmography and Geography in Early Indian Literature*, Calcutta: Indian Studies: Past & Present, 1967.

Smith, Bardwell L. , *Hinduism: New Essays in the History of Religions*, edited by Bardwell L. Smith, Leiden: E. J. Brill, 1976.

Sophorn, Ven, "Suryavarman II, the Great Khmer King in 12th Century", *Angkor National Museum Bulletin*, Vol. 4, 2013.

Srinivasan, Doris, *Many Heads, Arms and Eyes: Origin, Meaning, and Form of Multiplicity of Indian Arts*, Brill, 1997.

Stencel, R. , Robert Stencel, Fred Gifford, Eleanor Moron: "Astronomy and Cosmology at Angkor Wat", *Science*, new series, 1976, Vol. 193, No. 4250, pp. 281 – 287.

Stietencron, H. V. , *Hindu Myth, Hindu History: Religion, Art, and Politics*, Delhi: Permanent Black, 2005.

Tarling, Nicholas, *The Cambridge History of Southeast Asia*, Vol. 1, part 1, Cambridge: Cambridge University Press, 1999.

Vatsyayan, Kapila, *The Square and the Circle in the Indian Arts*, Delhi: Abhinav Publications, 1997.

Venkatesananda. S. , *The Concise Srimad Bhagavatam*, Albany: State University of New York, 1989.

Vogel, J. Philippe, *Indian Serpent – lore: Or, The Nāgas in Hindu Legend and Art*, London: Probsthain, 1926.

Wales, H. G. Q. , *The Universe around Them: Cosmology and Cosmic Renewal in Indianized South – east Asia*, London: Arthur Probthain, 1977.

Walker, Benjamin, *Hindu World: An Encyclopedic Survey of Hinduism*, London: Allen & Unwin, 1968.

Wilkins, W. J. , *Hindu Mythology, Vedic and Puranic*, Calcutta: Thacker, Spink & Co. , 1900.

Williams George M. , *Handbook of Hindu Mythology*, Califonia: ABC – CLIO, 2003.

Wilson, H. Horace, *The Visnu Purana: A system of Hindu Mythology and tradition*, trans. by H. H. Wilson, London: John Murray, 1840.

Winternitz, Moriz, *A History of Indian Literature*, Vol. 1, Delhi: Motil Banarsidass, 1996.

Zephir, Thierry, "The Angkorean Temple – Mountain: Diversity, Evolution, Permanence", *Expedition*, 1995, Vol. 37, No. 3, pp. 6 – 17.

Zimmer, Heinrich, *Myths and Symbols in Indian Art and Civilization*, New York: Harper and Row, 1946.

Zimmer, Heinrich, *Philosophies of India*, edited by Joseph Campbell, Princeton: Princeton University Press, 1969.

索　引

后 记

本书能够顺利完成，首先要感谢我的恩师段晴教授。我与段老师的缘分始于2007年9月中，当时我萌生了学习梵语的想法，便鲁莽地给段老师的新浪邮箱发去了一封邮件。说来有趣，该邮箱段老师本已不用，那天却刚好打开查看，宛如命中注定。及至作为研究生加入梵巴以后，我跟随段老师学习了梵语语法、巴利语、高级梵语等专业课程，又蒙段老师带领，得以亲眼目睹吴哥古迹的雄伟，并在段老师的建议下，选定吴哥寺的"翻搅乳海"主题艺术作为博士学位论文的研究对象。从论文拟题开始，段老师便给予了我无限温暖的支持、信任与帮助，不论是始终如一的力挺，还是在我忘形跑偏时亲昵的遏制，都令我发自内心地深深感激。在这些年中，我跟随段老师学习如何做学问，在敬仰段老师的学术造诣的同时，也时时感佩于段老师的品格与风骨。同时，段老师在生活上也给予了我多关爱和帮助。对我而言，段老师不仅是可敬的恩师，也是亲如家人、让我想要一生追随的长者。

在此也要诚挚地感谢我的启蒙老师高鸿老师。高老师要求严格，初学梵语时难免惴惴，学习的过程并不轻松，但紧张中自有乐趣。回望六年以前，我与诸位同修一道跟随高老师学习Perry、读《那罗传》和《益世嘉言》的场景依然历历在目。除了语言技能之外，高老师也是为我传授基本的做学问常识、引导我走上学术正轨的启蒙恩师。正是在高老师的引领之下，当年我这懵然无知的白丁才得以顺利入门，撰写出以梵文文献为依托的博士学位论文。而高老师的人格魅力，也令我在钦佩的同时深受吸引，希望今后自己在学习和生活中，也能变成像高老师一样睿智、严谨又有趣的人。

本书在拟题、写作和修改的过程中，得到了北京大学梵巴语专业的王邦维老师、陈明老师、萨尔吉老师、叶少勇老师，泰语专业裴晓睿老师，历史系颜海英老师、陆扬老师，中国社会科学院葛维钧老师及北京外国语大学亚非学院白滘老师的建议与指正。老师们仁厚慈爱，不仅为我纠正了论文中的许多不当之处，惠赐我一系列重要的参考资料，而且还在我陷入迷惘、不知所措时给予我耐心的鼓励和开导，能与各位老师结下师生之缘，实为万幸。感谢北京大学东南亚系吴杰伟老师、咸蔓雪老师及图书馆刘素清老师一直以来赐予我的诸多指点、帮助和关心。感谢惠赐我诸多吴哥图片资料的北京外国语大学顾佳赟老师。数年以来，我从各位老师那里学习到的，不仅包括各类专业知识，还有诸多为人处世的道理。这些收获是我非常重要的人生财富，它们使我有理由相信，相比起几年前懵懂的自己，现在的我确实变成了一个更好的人。区区几行文字，并不足以完全表达我对诸位老师的深挚谢意。只愿师缘永续，能一直追随各位老师多多学习。

在此要特别感谢中国文化遗产研究院的温玉清老师。当初幸蒙温老师慷慨邀请，我沾了段老师的光，才得以身临其境地感受吴哥古迹的壮美。温老师常年忙于在千里之外的柬埔寨指导茶胶寺的修复工作，每次回国，温老师都会询问我的学业进展，时时给予我亲切的鼓励与指点。2014 年 3 月，温老师身体抱恙，仍坚持看完了我的论文初稿，并亲自前来北大参加了我的预答辩，为论文提出了非常宝贵的修改意见与建议。彼时我见老师虽然消瘦，但精神很好，料想病魔已去，老师一定能顺利康复。谁知答辩当天，惊闻温老师竟已溘然长逝。给我的论文所做的评审，是老师最后的工作。闻此噩耗，不禁大恸。想到温老师强撑病体，为我指出论文中的问题，对我下一步的研究提出殷切希望，心中便充满无尽的痛惜与愧疚。而温老师忘我求真的精神，也使我于悲痛的同时充满了力量，决心背负着温老师的指点与期望，继续在吴哥研究的道路上勇往直前，以更多更好的成果报答这一份如山的师恩。

除了恩师以外，我还要衷心地感谢我的诸位挚友，在这段重要的人生路上给予我的无私陪伴、倾听与爱护，以及在学业上赐予我的诸多启发和指教。深深感谢在我郁闷或欢乐时与我同在、总能为我解惑的孙建楠，感谢一直以来毫无保留地支持我、鼓励我，给予我诸多帮助与爱护的朱成明，感谢这些年来几乎与我分享了每一天的重要时刻的张雪杉，感谢一直耐心聆听我、包容我的李函思，感谢帮我找到重要参考资料、总是鼓励我、帮助我，伴我度过人生艰难时刻的吴赟培，感谢赠我精美的吴哥艺术图书、时时与我分享吴哥资讯的马晟楠，感谢赐予我大量珍贵的照片资料和宗教造像类图书的吴宁。感谢在本书写作和修改过程中给予支持的范晶晶、关迪、查克利、周利群、李灿、皮建军、Diego Loukota、孙皓等梵巴同修，以及在生活上带给我诸多欢乐、友爱与帮助的小伙伴冉靓、王佩、陈雍容。深深感谢身在远方仍然牵挂着我、时时鼓励我、帮助我的挚友陈俞霖、覃玉冰、吴孟蓉、吴海波，也感谢通过网络陪伴我度过许多岁月、总是将欢乐分享给我的小绿、Nao、花小连、RS、狮子等小伙伴。多亏朋友们的温暖鼓励与陪伴，即使学业和工作进行到艰难的时刻，我的生活中也依然充满了乐趣。

衷心感谢家人给予我的永无止境的爱与支持。自我 2003 年离家求学，至今已逾十载。在独自攀登象牙塔的过程中，我从未感到无力或是绝望，因为家人始终是我最坚强、最温暖的后盾，在我低落时给予我前进的勇气，在我彷徨时给予我绝对的信任，纵容我的任性，支持我的每一个决定。这十多年以来，我没能好好地陪伴在父母左右，唯有以本书作为成长的证明，献给我挚爱的家人。

本书在筹备出版的过程中，得到了中国社会科学出版社侯苗苗编辑的帮助，在此谨对中国社会科学出版社和侯编辑表示感谢。本书获 2016 年北京外国语大学亚非学院著作出版项目资助，感谢学术委员会及校外评审专家的辛劳。同时感谢北京外国语大学亚非学院孙晓萌院长、葛冬冬书记在此过程中给予我的支持、体谅和鼓励，感谢柬埔寨语教研室同事，同时也是我本科启蒙老师的梁鹏老师、李轩志老师和顾佳赟老师。感谢我可爱的学生们，他们的活泼、勇气和慧黠时时令我备感欣喜，在给予我诸多启发的同时，也促使我不断精益求精、勇往直前。

在六年硕博学习中，为了努力提高自己的素养，我多数时间都处在疾奔的状态。在学于师友，安于爱好，观于内心的同时，也因为过分专注于向着目的地奔跑，以至于无暇旁顾沿途的各类风景与谜题，也导致本书难免在整体上不够圆满、在细节上欠缺精致。在即将开始的新路途中，愿自己能稍微放松心情，以更加审慎的态度、更加开阔的视野，从容地享受求知所带来的无上乐趣。

李颖

2016 年 2 月于昆明